KB077549

R 프로그램으로 배우는

해양 통계학

R 프로그램으로 배우는

해양 통계학

초 판 인 쇄 2023년 12월 20일
초 판 발 행 2023년 12월 29일

저 자 조홍연, 이기섭
발 행 인 강도형
발 행 처 한국해양과학기술원
부산광역시 영도구 해양로 385 (동삼동 1166)

등 록 번 호 393-2005-0102(안산시 9호)
인쇄 및 보급처 도서출판 씨아이알(02-2275-8603)

I S B N 978-89-444-9126-9 (93560)
정 가 23,000원

프로그램으로 배우는

해양 통계학

STATISTICAL DATA ANALYSIS IN THE OCEAN SCIENCE

조홍연·이기섭 저

서문

"누구를 위한 책인가?"

해양 데이터를 다루는 모든 사람을 위한 책이다. 조금 더 범위를 좁히면, 통계 또는 통계를 이용하는 분석을 어렵게 느끼지만 그 통계를 멀리할 수 없는 사람을 위한 책이다.

그리고 데이터와 프로그램을 이용하여 통계적인 분석 결과를 얻기는 하지만, 그 절차가 올바른지 혹은 제대로 하고 있는지 자신이 없고, 출력되는 분석 결과를 해석하는 데 어려움을 느끼는 사람을 위한 책이기도 하다. 그러다보니 이해가 쉬운 또는 비교적 확실하게 이해한 간단한 정보만 사용하고, 잘 모르거나 이해가 잘 안 되지만 중요한 정보를 결과 분석에서 솔직하게 제외하며 안타까워하는 사람을 위한 책이다. 또한 점점 다양하고 방대해지는 데이터 속에서 이를 분석하는 방법을 알지 못하거나 데이터 분석 결과의 해석에 한계를 느끼는 사람들도 염두에 두고 집필하였다.

이에 본서는 다음과 같은 내용을 담고 있다.

(1) 표준화된 분석절차를 제시하고, 분석에서 요구하는 기본 가정을 명확하게 제시
(2) 통계분석으로 널리 이용되는 공용 R 프로그램을 이용하여 제대로 된 분석 결과를 직접 산출할 수 있는 구체적인 방법 제시
(3) 일반적으로 빈번하게 누락되는 중요한 분석 결과의 개념과 의미 설명
(4) 그 이해를 바탕으로 한 수준 높은 통계적인 분석과 결과 해석 지원

이 책의 기본 형식은 (저자가 하는 질문이지만) 질문과 이에 대답하는 방식으로 이루어져 있다. 질문을 구체적으로 기술하고, 그에 대한 답변은 개념적인 짧은 대답(短答)과 기술적이고 실질적인 긴 대답(長答)으로 이루어져 있다. 이 대답을 읽고, 실제 실습을 하면 실질적인 문제에 적용할 수 있을 것이다. 천천히 이론과 개념을 공부(Study)하고, 확실히 이해를 위한 실습(Exercise)하고 실제 업무에 적용(Application)하면서 통계의 세계에 익숙해지기를 바란다. S.E.A.

데이터의 범위는 매우 넓다.

이 책에서 다루는 데이터는 해양연구 현장에서 생산되는 현장 관측자료, 현장에서 얻은 표본을 분석하여 얻은 분석 자료를 대상으로 한다. 그러나 통계분석 도구는 유사한 문제에는 유연하게 반응하기 때문에 통계분석에서 요구하는 기본 형식과 조건을 만족한다면 다른 데이터에도 적용이 가능하다.

책을 집필하면서 아쉬움을 많이 느낀다. 보다 더 잘했으면 하는 마음이 완성되어가는 책에 못 미치는 것은 저자의 한계이다. 이 책을 보면서 잘못된 부분과 부족하거나 보충해야 하는 내용을 알려준다면 저자로서는 가장 감사할 따름이다. 독자의 의견과 부족한 부분은 개정(판)에서 보충하겠다는 약속(?)으로 그 아쉬움을 달래본다. 또한 이 책이 그동안 해양 연구 분야에서 통계를 배우고, 실제 업무에 적용하고자 하는 사람에게 작은 도움이 되기를 바란다.

마지막으로 다양한 데이터 분석을 가능하도록 분석 도구를 개발하는 통계학자와 그 도구를 코드로 만들어 준 사람, 그리고 데이터를 제공해 준 모든 기관과 사람에게 감사를 전한다.

2023년 12월
부산 영도에서

저자

Contents

CHAPTER 02

일반 통계: 모수 추정 및 검정

CHAPTER 03

시간변화 자료

CHAPTER 03
시간변화 자료

CHAPTER 04
공간자료 분석

01

해양 관측자료와 통계분석

C·H·A·P·T·E·R

01 해양 관측자료와 통계분석

1.1 해양 관측자료

해양과학은 대표적인 자연과학 분야이며, 현장 관측이 매우 큰 부분을 차지하고 있으며, 관측자료의 통계적인 분석을 통하여 다양한 연구가 진행된다. 데이터는 연구 분야에서 핵심적이고 필수적인 요소(element)이기 때문에 통계적인 분석에 앞서 그 대상이 되는 데이터를 생산하는 관측에 관한 내용으로 이야기를 시작한다.

우리는 왜 해양을 관측하는가? 그리고 무엇을 관측하는가?
관측데이터로 어떤 것을 알기(얻기) 원하는가?
왜 해양 관측은 반복되는가? 그리고 반복되어야만 하는가?

이 질문에 대한 답은 다음 두 가지 측면에서 찾을 수 있다.

(1) 반복 관측을 하는 과학적인 이유로는 해양의 특성인자가 유의미한 차이로 계속 변화하고 있고, 그 변화 양상을 파악해야 하기 때문이다. 그러나 그 변화 정도가 작거나 속도가 느리면 관측 빈도를 조정한다.
(2) 계속되는 반복 관측으로 소요(투자)되는 경비와 노력 대비 얻는 유·무형의 성과에 대한 평가 측면에서는 관측자료로부터 창출되는 가치는 투자비용보다 커야 한다는 조건을

만족하여야 한다. 그 가치 창출은 자료의 무한한 공유를 통하여 극대화할 수 있다. 대표적인 가치는 '쓸모가 있는' 혹은 '누군가에게는 유용할 수 있는' 공유 자료로서의 가치, 기본 과학교육 자료로서의 자산 가치(무형자산), 역사의 기록과 같이 자연의 역사에 대한 기록으로서의 가치(저장 자료, 리포지터리) 등으로 볼 수 있다.

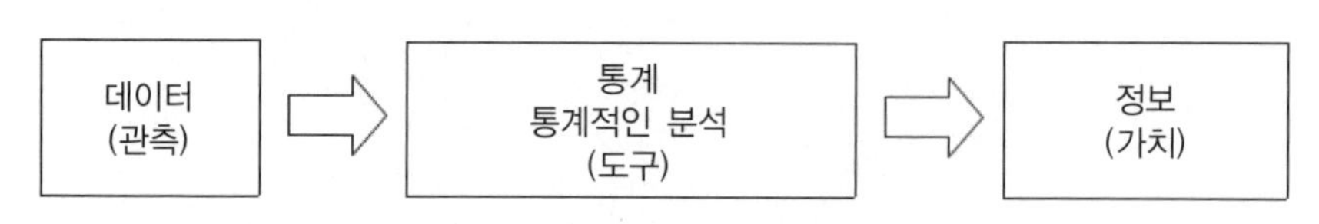

그림 1-1 관측 데이터의 가치창출 과정

우리가 관측하는 바다는 우리 바다로, 우리가 그 바다에 대하여 누구보다도 잘 알고 있어야 함은 당연하다. 그 당연함은 정서적인 관심과 더불어 과학적인 관측조사를 통한 지속적인 정보 축적이 필요하다. 더불어 그 자료를 최대한 공유함으로써 방대한 잠재적 가치 창출에 해양자료와 해양자료 분석이 큰 역할을 수행할 수 있다.

1.1.1 변수와 관측 데이터

1) 분석목적 관점에 따른 데이터 분류와 특성

데이터 분석 관점에서 보면 데이터는 크게 정량적인 속성을 가지는 양적 자료(quantitative data)와 정성적인 속성을 가지는 질적 자료(qualitative data)로 양분된다.

양적 자료는 단어가 의미하는 바와 같이 크기를 '헤아릴 수 있는(measurable)' 자료이며, 대부분의 수치 자료가 해당된다. 양적 자료를 세분하면, 계수(counting)가 가능한, 정수 등으로 표현이 가능한 불연속 수치 자료와 실수 등으로 표현되는 연속 수치 자료로 양분된다. 그리고 변수의 측정 기준, 변동 특성에 따라 다양한 분류 및 범위가 한정(결정)되는 경우가 있다. 항상 양수의 범위를 가지는 자료도 있고, 0～100% 범위로 한정되는 자료도 있다. 이론적으로 $-\infty \sim +\infty$ 범위를 가정하지만, 실질적으로 범위가 한정되는 경우도 빈번하다. 현장에서 관측되는 양적 변수는 실질적인 범위를 가지는 경우가 대부분이다.

한편 질적 자료는 범주(categorical) 또는 요인(factor)변수라고도 하며, 통계 교과서에서 제시하는 구분에 따르면 공칭(명목, nominal)변수와 순위(서열, ordinal)변수로 구분한다. 자료에서 순서/우열 등의 의미 부여가 가능하면 순위변수이고, 불가능한 경우 또는 곤란한 경우에는 공칭변수가 된다. 구분이 크게 어려운 개념은 아니다. 그리고 양적 변수는 필요한 경우 적절한 기준으로 다수의 그룹을 분할하는 과정을 거치는 경우, 범주변수로 변환된다. 그러나 그 반대로 범주변수에 대응하는 적절한 수치 부여는 가능하지만, 연속적인 양적 변수로의 변환은 곤란하다.

일반적으로 널리 제시되는 변수 분류 용어와 기준을 이용하여, 다시 세분하여 정리하면 범주변수는 공칭변수와 서열변수, 정량변수에 대응하는 수치변수는 구간변수와 비율변수로 나누어진다. 공칭(nominal)변수는 범주, 요인 구분만이 가능한 변수(생태구역 등 해역의 공간 구분)이고, 서열(ordinal)변수는 범주 구분과 순위 구분이 가능한 변수(해역의 환경 등급 등)이다. 구간(interval)변수는 수치변수로 구간이 일정하고, 크기 비교가 가능한 변수이며, 일정 범위를 구간으로 간주하는 경우 범주변수로도 변환이 가능하다. 비율(ratio)변수는 모든 변수의 특성을 포함하는 수치변수로, 절대적인 기준의 수치로 표현 가능한 변수이다. 자료 수치에 대한 비율 연산(평가)이 가능한 변수라는 의미로 비율(ratio)이라는 단어를 사용한다.

2) 변수 데이터의 유형

해양 자료를 기준으로 앞에서 설명한 변수 데이터의 유형을 사례로 제시하면 다음과 같다.

(1) 양적 변수(수치변수)

- 연속 변수(실수(real numbers) 수치변수) : 수온, 염분, DO, chlorophyll-a 농도 등
- 불연속 변수(정수(natural numbers)) : 어떤 시간 범위, 공간 범위에서 발생하는 사건의 개수 (매년 발생하는 태풍의 개수, 강도 3.0 이상 지진 발생 횟수, 연간 적조 발생 건수 등)

(2) 질적 변수(범주변수)

- 순서 부여 가능한 변수 : 연안해역의 수질 등급, 자료의 (크기) 순위(rank) 등 양적 변수를 크기 또는 어떤 기준을 적용하여 유한한 개수의 그룹으로 분할하는 경우, 각각의 분할 그룹 변수
- 순서 부여 불가능(무의미)한 변수 : 어떤 기준의 만족/불만족, 어떤 사건의 발생/미발생 등을 표현하는 데이터(이진변수, 부호변수), 우리나라 연안의 생태구역(eco-regions) 등

1.1.2 관측 항목 및 방법

1) 해양 관측자료 항목

해양연구에서 사용되는 자료는 매우 다양하다. 가장 대표적인 자료는 현장 관측자료이지만, 현장에서 발생 가능하거나 또는 검토가 필요한 시나리오 환경 조건을 재현하여 얻어지는 모형 실험(분석) 자료도 하나의 큰 부분을 차지한다. 그리고 최근 현장 관측이 포함할 수 없는 방대한 해양의 시간-공간적인 변화규모를 연구하는 방법으로 모델 자료(또는 re-analysis data, re-processing data) 자료가 이용되고 있다. 각각의 자료는 장단점을 포함하고 있으나, 현재 자료 분석의 우세한 흐름은, 방대한 해양의 경우에는 관측으로 모든 시간-공간 영역을 포함할 수 없기 때문에 수치모델(numerical simulation) 자료에 의존하는 방향으로 진행되고 있다. 반면, 국지적인(local) 현상변화 분석에는 정점/이동 관측자료가 여전히 활발하게 이용되고 있는 상황이다. 실험(분석) 자료는 영향인자를 제어하는 장점이 부각되는 인과관계, 상관관계 분석 연구에 주로 이용된다. 각각의 자료는 독립적으로 생산되기도 하지만, 이론- 현장- 가상환경 등의 개념을 적절하게 조합하여 활용하기도 한다.

그러나 관측 환경은 우리가 제어할 수 없는 영역이기 때문에 그로부터 산출되는 데이터 해석은 어려움이 발생할 수 있다. 분석과 더불어 현장 관측에서 빈번하게 발생하는 결측(missing, 缺測) 구간(시간, 공간), 이상자료 등이 통계적인 분석 또는 분석도구의 활용이 제한한다. 따라서 정제된 자료를 사용하는 경우와는 달리, 현장 관측자료의 통계적인 분석은 현실적인 조건을 감안하여 분석 및 검토되어야 한다.

해양과학 분야의 자료는 관측자료, 실험자료, 모델 자료, 통계·조사(행정) 자료 등등 매우 광범위하고, 일반적으로 인식되는 익숙한 통계자료는 정책/경제/인문/사회 분야의 조사 자료도 포함한다. 어떤 해역에서의 어업 생산량(fish catch), 태풍 발생 개수, 행정구역 인문/사회정보(인구, 어업 종사인구) 등이 해당된다. 그러나 분야를 자연과학 영역으로 한정하는 경우, 데이터 유형 판단 기준에 따른 분류가 가능하다. 대표적인 유형 분류 기준으로는 관측 항목을 학문 분야(fields, domain) 또는 물리-화학(환경; abiotic), 생물(biotic) 또는 두 영역을 조합한 생태인자 등이 된다. 관측 매체도 구분하면, 대기(기체), 해양(액체), 지각(고체)인 경우로 구분이 되고, 지구로 한정하는 경우 지구과학이 된다. 많은 경우, 대중이 접하는 지구과학은 실질적으로 지구의 역사를 다루는 학문이지만, 지구의 환경, 시스템을 연구하는 분야도 포함된다. 또 하나의 기준은 자료의 형식(format), 관측 이론 및 방법, 해양연구 수행방법과 해양 관측자료와의 관계 등도 가능하다. 가장 일반적인 기준을 이용한 분류를 다음에 제시한다.

관측자료는 다양한 기준에 따라 분류할 수 있으나, 일반적으로 학문 분야(항목)에 따라 분류한다. 그러나 관측항목과 관측환경/관측 원리에 따라 관측 방법이 결정되고, 생산되는 자료의 형태가 결정되기 때문에, 실질적인 자료 관리의 관점에서는 관측자료의 유형으로 분류하는 것이 효율적인 방법이다. 그리고 이러한 분류 방식은 전반적으로 해양 연구 분야에서 사용하는 분류 항목과도 일치한다. 따라서 물리 분야의 관측자료는 대표적인 관측방법에 해당하는 센서 기반 관측자료로 분류할 수 있으며, 세부 분류기준을 적용하면 모든 해양 관측항목에 대한 유형 분류가 가능하다. 그리고 관측대상이 되는 공간을 매체(media)로 구분하는 경우, 수권(hydrosphere)에 해당하는 바다를 중심으로, 대기(atmosphere, 공기)와 경계, 저층(암권, lithosphere, bottom sediment)과의 경계 영역으로 구분 가능하다. 그러나 항상 예외가 존재하기 때문에 이 항목은 기타 항목으로 처리한다.

표 1-1 해양 관측자료의 분류

연구 분야(research fields)		관측 항목(parameters)
무생물/비생물 성분 (abiotic or environmental components)	물리변수 (physical quantity)	• 바람, 파랑, 수위, 해류, 기온/수온, 염분, 탁도 • 기본 기상/해상 관측 인자, CTD(depth profile) • 해저지형/지층(층서)
	화학변수 (chemical quantity)	• 수온, 염분, 영양염류(nutrients), chlorophyll-a 농도 • 용존산소(DO), BOD, COD, TOC, 유해화학물질 등
생물 성분 (biotic components)	생물(생태)변수 (biological, ecological variables)	• 식물플랑크톤, 동물플랑크톤, 저서생물, 어류, 종수(no. of species), 풍도(abundance), 생물군집 등 • 식생, 서식 공간의 범위 및 시간(계절) 변화

물리 인자에 대한 가장 대표적인 관측 유형은 부이 등의 시설에 센서를 장착하여 연속적으로 관측(연속 관측)하는 것이다. 해양에서는 관측장비, 센서 등의 고정이 가능한(또는 고정된) 적절한 관측 플랫폼 설치가 비용과 유지관리 문제로 매우 곤란하다. 일반적으로, 부이 등을 이용하는 정점계류 등의 방법이 활용되며, 해역의 물리 관측자료도 대부분 부이를 이용하여 생산한 자료에 해당된다.

2) 해양 관측 유형 및 자료 유형 구분

관측 유형 및 자료 유형의 구분을 위한 기준을 정리하면 다음과 같다.

(1) 현장 센서관측(자동 연속관측, 해역에서의 해상-기상 관측자료)

센서 고정관측과 이동관측으로 구분할 수 있다. 시간 규모 차이는 있으나, 어떤 특정 해역에서 한두 시간 정도의 단기간에 수행되는, 수동으로 할 수 없는 수준의 시간 간격으로 연속 생산되는 자료는 센서-이동관측(주로 선박을 이용한 특정 시기/일자에 한정된 이동관측) 자료로 간주한다. 센서-이동관측은 일시적인/한시적인 센서관측으로 특정 지점에서 연속관측을 수행하는 센서-고정관측과 차이가 있다. 정점계류 자료와의 차이는 간헐적인 센서관측, 연속적인 센서관측으로 정점의 고정 여부가 결정한다.

(2) 원격 센서관측(위성관측, 해저 지질조사 등)

해저 천부/심부지층탐사, 수심측량 등도 원격 센서관측(리모트 센싱)에 해당한다. 육상이나 하늘에서 수행되는 원격 바다(해수, seawater) 관측과 바다의 표층(수면)에서 수행되는 해저지형 원격탐사로 구분할 수 있다. 원격 센서관측은 수신되는 다수의 신호를 처리하여 목표로 하는 항목으로 변환하는 과정(알고리즘)이 요구된다.

(3) 현장 자동(연속)관측(센서관측 아님)

관측지점에 제한이 있다. 보통 육상기반 해안 인접 지점으로 한정되며, 울릉도-독도 지구기후변화 관측시설 자료, 해양환경공단의 해양수질자동측정망 등이 해당된다. 센서관측이 아닌 현장 자동관측은 수동으로 수행되는 관측항목의 분석과정을 현장에서 자동화된 과정으로 대체하는 과정이 해당된다. 자동화된 절차를 따르기 때문에 다양한 항목 관측이 가능하다.

(4) 수동(manual)관측(센서관측)

특정 기간에 목표지점으로 이동하여 관측하며, 정기적인 조사 주기(monthly, seasonal)가 센서관측 주기(시분초, HMS 시간 규모)에 비하여 매우 크다. 불연속 관측으로 간주된다. 대표적으로 CTD(Conductivity-Temperature-Depth) 연직 프로파일(vertical profile) 관측이 있다.

(5) 수동(manual)관측(센서관측 아님)

일반적인 화학/생물 분야 조사관측이 여기에 해당된다. 현장에서 센서를 이용하기도 하지만, 현장에서 표본을 채집하여 분석하는 과정을 거쳐서 자료를 생산한다. 정기적인 조사를 수행할 수 있으나, 관측간격이 보통 계절 단위 또는 반기 단위 수준이다.

방대한 해양 영역을 현장에서 관측하는 방법은 공간적인 한계가 있기 때문에, 현장에서 멀리 떨어져서 넓은 영역을 비접촉 방식으로 조사하는 원격탐사(remote sensing)에 의존하게 된다. 대표적인 원격 관측은 하늘에서 관측하는 방식으로, 인공위성 탐사, 항공탐사, 드론 탐사 등이 해당되며, 주로 해양 표면 관측으로 한정된다. 또 하나의 원격탐사는 물리탐사로 해양 표면에서 저층의 수심과 지층구조를 탐사하는 방법이다. 이러한 방법은 자료의 통계적인 분석보다는 원격탐사 과정에서 얻는 고급 신호 분석으로부터 정보를 얻어내는 방법이다. 이 부분은 별도의 신호해석 영역으로 여기서는 다루지 않는다.

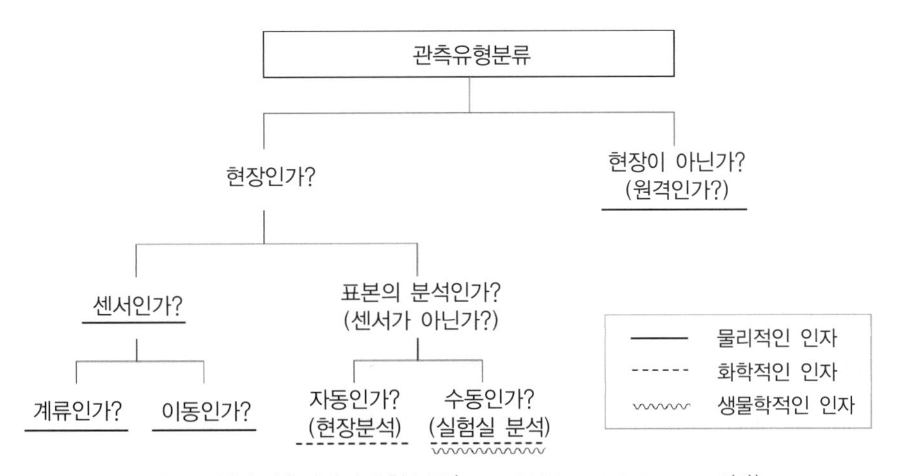

그림 1-2 해양 관측방법의 유형 분류(Cho, 2022. KIDS Report, 4(4))

한편, 관측자료의 물리적 한계(공간적인 정점 개수 제한, 과도한 유지관리 비용-노력 등)를 보완하는 자료로는 수치모델 자료가 있다. 일반적으로 수치모델 자료는 단독으로 생산되지 않고, 위성 관측자료 및 현장관측자료와의 동화(data assimilation) 과정을 통해 생산된다.

차원기준 개념적인 유형 분류		시간	
		×	○
공간	×	I	II
	○	III	IV

그림 1-3 시간과 공간 차원에 따른 자료 유형 분류(Cho, 2022. KIDS Report, 4(4))

모든 (현장) 관측자료는 시간, 공간의 영역에서 생산되지만, 시간·공간 변화가 데이터에 미치는 영향에는 차이가 있다. 영향 유무(有·無) 관점에서 파악한다면 모두 4가지 유형으로 구분할 수 있다. 데이터 형식도 그 유형에 따라 결정된다. 통계적인 분석을 수행하는 경우, 분석 내용 및 도구에 따라 데이터 유형 구분이 선행되어야 한다. 통계적인 분석 도구에 적합한 데이터를 준비하는 것이 도구 사용의 첫 번째 단계이다.

1.1.3 해양 데이터 분류

데이터는 관심 대상이 되는 어떤 항목의 특성을 의미하는 수치(numeric values)이며, 통계에서는 변수(variables)라는 명칭을 사용한다. 그리고 데이터는 변수이기 때문에 다수의 수치로 구성되는 집합(set)이다. 따라서 데이터의 단위는 같은 조건에서 순서대로 얻어져 하나의 변수로 구성되는 집합(데이터세트, data-set)이다. 관측 방법에 따라 데이터 형식(구조, data frame)이 결정되지만, 기본적인 데이터 형식은 벡터, 행렬 구조가 대부분을 차지하고 있다.

데이터의 순서가 생성된 순서만을 의미하는 경우와는 달리, 시간 인덱스를 이용하여 순서를 부여하는 경우 시간변화 자료(temporal data), 공간(위치)에 따라 순서 인덱스를 부여하는 경우 공간자료(spatial data)라고 한다. 개념적으로 가장 복잡한 단계의 데이터는 시간-공간 변화를 모두 포함하는 데이터 집합이라고 할 수 있다.

또 다른 관점에서 데이터 복잡도는 데이터 집합이 생성 조건에 따라 다수의 그룹으로 분류되는 경우와 어떤 하나의 항목이 다수의 항목으로 확장되는 경우이다. 이 경우에 개념적으로 가장 복잡한 수준은 다수의 생성 조건에서, 다수의 항목으로 구성되는 데이터 집합이라고 할 수 있다. 설명을 덧붙이면, 어떤 해양 관측 항목이 모든 계절뿐만 아니라 해역(황해, 남해, 동해)마다 관측되었다면, 하나의 관측 항목이라도 분기되는 그룹의 수는 12개가 된다. 같은 시공간적인 관측 조건에서, 관측 항목이 3개로 늘어난다면, 나눌 수 있는 그룹은 36개가 될 것이다. 다수의 관심 항목(다수의 변수, multi-variate)에 대하여, 다양한 생성 조건에 따라 데이터를 분류하고 분석하는 경우는 매우 복잡한 수준이 된다.

어떤 통계적인 분석 도구를 이용하여 데이터분석을 수행하는 경우, 분석 도구와 그 도구가 요구하는 데이터 유형을 일치시켜야 한다. 이 조건은 분석하고자 하는 부분 또는 전체 데이터 세트의 변수 개수, 조건, 시간-공간 인덱스 등이 통계적인 분석 영역을 결정한다는 의미이다. 통계적인 분석 도구 활용과정에서 데이터세트의 형태를 구분하는 능력은 데이터분석에서 가장 기초가 되는 필수요소이다. 도구의 사용과 그 결과의 해석은 순서로 보면 그 다음이다. 도구에 적합한 연료를 주입하여야 분석 기계가 작동되고, 정보라는 분석 결과를 생산한다. 그 다음은 해석의 단계이다.

표 1-2 통계적인 기준에 따른 해양 데이터의 유형 분류(변수이름은 코드/문자 사용)

유형 구분	변수[변량]의 개수 (no. of the variables)	조건에 따라 구분되는 표본 그룹의 개수 (no. of the groups, factors)	데이터 세트 데이터 구분 인자 (독립변수)
case 1	1, 단변량(uni-variate)	1, 하나의 그룹(one sample)	하나의 순서 인자 (simple (order) index)
case 2	2, 이변량(bi-variate)	2, 두 개의 그룹(two samples)	시간-날짜 인자 (time- and/or date-index)
case 3	2 이상, (이변량 포함) 다변량(multi-variate)	2 이상, 다수의 그룹 (두 개의 그룹 포함) (n samples, n≥2)	장소-공간 구분 인자 (space-, location-index or grid-index, profile-index)
case 4	-	-	시간-공간 조합 인자 (space-time index)

데이터 유형은 변수 개수, 그룹 개수, 데이터 구분인자 유형 구분 개수 조합으로 이루어지며, 이변량을 다변량, 두 개의 그룹을 다수의 그룹에 포함시키는 경우, 가능한 모든 해양데이터는 2×2×4=16가지의 유형으로 구분하여 기술할 수 있다. 본 도서에서는 데이터의 유형을 기술하는 경우, 데이터세트 구분인자를 기준으로 사용한다.

그리고 이같이 분류한 데이터세트는 환경(조건)에 따른 그룹 분류와 다른 변수 추가로 세분한다. 따라서 최종적으로 구분하여 분석하고자 하는 데이터세트는 분석자가 판단하여 다음의 예시와 같이 기술할 수 있어야 한다. 예를 들면, 하나의 정점에서 센서로 표층과 저층을 연속 관측한 수온 자료는, 시간 인덱스를 기준으로 하나의 변수, 관측 지점에 따라 두 개의 그룹으로 구분되며, 'two-sample, uni-variate time-indexed' 데이터로 기술하면 된다.

참고로 상관분석을 위한 자료는 기본적으로 이변량(bi-variate) 자료이며, 평균 차이 검정은 일반적으로 다른 환경 조건에서 생성된 하나의 변수를 갖는 데이터세트를 대상으로 한다.

이상의 데이터를 대상으로 통계적인 분석을 수행한다. 데이터 유형에 따른 대표적인 통계 분석 절차와 구체적인 방법, 결과 해석을 위한 기본 지식과 개념을 소개한다.

1.2 통계분석의 기본 개념 및 가정

통계는 어떤 자료를 다루는 학문이다. 해양 자료를 다루는 분야에는 '해양통계'라는 용어가 적절하다. 따라서 해양통계는 다시 말하면 해양자료 분석이라고 할 수 있다. 해양을 연구하는 사람은 대부분 '해양자료'를 다루어 본 경험이 있음에도 불구하고, 통계학적인 지식을 기반으로 자료 분석을 수행하는 것에는 어려움을 느끼는 경우가 빈번할 것이다. 왜 어려움을 느끼는가? 통계가 낯설기 때문으로 판단된다. 따라서 기본 개념부터 시작할 필요가 있다.

왜 통계학을 배우는가? 통계학을 배우면 무엇을 할 수 있는가? 그에 대한 답은 통계적인 기법을 이용하여 다양한 '자료 분석'을 할 수 있다는 것이다. 결국은 어떤 자료의 어떤 분석 내용으로 세분된다. 다시 질문하면 내가 분석하고자 하는 해양 자료가 어떤 자료인가? 그리고 어떤 분석이 필요한가? 적절한가? 질문에 대한 결정이 필요하고, 그 결정을 위해서는 통계학적인 기본 지식과 해양 연구 분야의 자료에 대한 기본 지식이 요구된다. 해양 자료에 대한 간단한 설명은 교재에서 언급하겠지만, 자료에 대한 다양한 변동 특성 파악 수준은 자료 분석에 대한 경험이 도움이 되기도 한다. 데이터를 이리 저리 그려보며 특성을 파악하는 시각적인 분석이 통계적 분석의 시작이다. 하지만 경험이 부족한 경우, '어떤 분석을 할 것인가?' 하는 문제와 마주치게 된다. 그 어떤 분석을 위한 기본적인 통계지식과 분석하고자 하는 자료에 대한 통계학적인 가정(assumption)을 소개한다.

여하튼 통계적인 분석의 시작은 자료의 특성 구분에서 시작되고, 통계적인 가정이 직접적으로 연결된다. 관련하여 필수적인 용어 하나가 '확률변수(random variable)'이다. 해양 관측자료와 '확률'변수는 같은 의미는 아니지만, 보통 관측자료를 통계적인 용어로는 변수(variables)라고 한다. 따라서 자료(data), 하나의 관측 항목에 해당하는 자료는 하나의 변수(variables)로 간주한다.

1.2.1 통계분석의 기본 개념

통계는 데이터를 다루는 수학의 한 분야이다. 확률이라는 단어를 수반하는 통계, '확통'이라는 축약된 단어가 유명하지만, 확률도 데이터와 밀접하게 관련이 있는 단어이다. 그 연결 관계를 이해하기 위해서는 다음과 같은 단어에 대한 개념 이해가 우선되어야 한다.

우선 상수와 변수부터 시작한다. 상수(constant)는 고정된, 일정한 수이며, 변수(variables)는 변하는 수이다. 자연과학을 연구하는 경우, 관심 대상의 크기를 수치로 표현하는 방법이 일반적이다. 그 관심 대상의 크기를 표현하는 수치가 조건에 따라 변한다는 의미이다. 따라서 변수가 관측 데이터이다. 다양한 조건에 따라 변하는 어떤 관심 항목을 표현하는 수치의 집합이 변수이고, 데이터이다. 그리고 그 데이터로부터 어떤 정보, 일반적으로 관심 대상에 대한 하나의 상수로 표현되는 참값(true value)을 적절하게 찾아가는 또는 추정(estimation)하는 이론적인 도구가 통계이다. 용어를 엄격하게 적용하면, 데이터 기반의 구체화된 추정도구가 통계적인 기법이 된다.

이 개념은 '왜 관측을 하는가'에 대한 가감이 없는 답변이다. 우리가 관심을 가지는, 가져야만 하는 어떤 자연현상에 대한 참값을 찾기 위함이다. 어떤 참값이냐에 따라 다르지만 참값을 찾는 과정은 데이터를 이용하여 찾는 방법이 가장 적절하다. 왜 참값을 직접 찾을 수는 없을까? 실질적인 답을 하자면, 해양과학 영역에서의 완벽한 참값을 찾는다는 것은 불가능하며, 데이터를 이용하여 참값에 근사한 값을 추정해야만 한다는 것이 통계적인 개념이다. 데이터가 표본이고 부분집단이고 이론적으로 참값을 알려주는 전체 집합인 모집단은 실질적으로 감당할 수 없는 무한한 범위로 확장된다. 통계는 데이터로 전체 집합의 정보를 추정하는 도구에 대한 개념과 기법을 알려주는 학문 분야이다. '무엇을 알고 싶은가?' '무엇을 알고자 하는가?' '이 데이터로 무엇을 알 수 있는가?' 등에 대한 참값을 찾아가는 과정을 이 책에서 소개한다. 모든 통계분석의 시작은 내가 가지고 있는 어떤 데이터로부터 시작한다. 통계는 수학의 한 분야이다. 수학적인 기호 사용은 익숙하지 못한 독자에게는 꺼려지는 부분이지만 통계에서도 불가피한 영역이다. 그러나 어떤 기호는 의미를 명확하게 알려주고, 표현을 간결하게 도와주는 효율적이고, 효과적인 도구이다. 그 도구를 사용하려면, 그 도구의 속성을 잘 이해하여야 하며, 그 이해는 그 도구에 대한 구체적이고, 명확한 정의에서 시작한다.

보통 데이터를 표현하는 기호는 다음과 같다.

$$x_i,\ i=1,2,\ \cdots,n$$

여기서, x는 관측항목을 표시하는 기호이고, 첨자는 데이터 하나 하나를 의미한다. 따라서 대상 항목에 대한 데이터의 개수는 n개다. 통상적으로 관측항목을 표현하는 기호는 소문자를 사용하고, 그 가상의 개념적인 전체집합은 대문자로 표현하기도 한다. 관측은 일반적으로 어떤 특정 조건, 시간-공간 범위에서 수행되기 때문에 관측 조건은 데이터의 설명과정에서 반드시 포함하여야 하는 메타데이터이다.

관측항목이 서로 다른 경우에는 다음과 같이 다른 기호 또는 다른 분류 기호를 이용하여 구분한다. 이때 첨자로 사용하는 기호($i,\ j,\ k\cdots$)는 중복되지 않도록 부분적인 영역에서만 사용하도록 범위를 제한할 필요가 있다. 짝(pair)을 이루는 자료의 경우는 $(x_i,\ y_i),\ i=1,\ 2,\ \cdots\ n$ 기호로 표현하고, 그 자료의 개수가 서로 다른 경우에는 $x_i(i=1,\ 2\ \cdots\ n_1)$ 그리고 $y_i(i=1,2\ \cdots\ n_2)$처럼 기호를 달리하여 표현하면 된다. 여기서, $n_1,\ n_2$는 각각 관측 항목 $x,\ y$ 데이터의 개수이다.

1.2.2 통계분석의 기본 가정

다음으로 통계분석에서 가장 자주 소개되는 중요한 가정과 개념을 소개한다. 그 가정은 IID 가정이라고 하고, IID 또는 i.i.d. 약어로 표기되는데, 이 가정의 영문 표현을 직역하면, '독립적이고(independent), 동일한 분포를 따르는 또는 동일한 조건에서 생산된 자료 분포를 따른다(identically distributed)'라는 의미로 독립항등분포라고 해석되는 가정이다. 정리하면, 어떤 자료가 서로 독립이고, 동일한 (확률) 분포함수를 따른다는 가정이다. 통계에서 중요하고 핵심적인 개념이므로 추가 설명을 하면, 자료 하나 하나가 서로 다른 자료의 영향을 받지 않고, 독립적으로 발생한다는 의미(independent)와 더불어 동일한(homogeneous) 환경조건에서 발생하는 자료라는 가정이다. 대부분의 관측자료는 이 가정을 만족하지 못하지만, 통계분석은 여기에서 시작한다. 이 가정을 만족하는 자료는 어떤 자료가 있을까? 우선 이 가정을 만족하는 대표적인 자료는 어떤 자료인가? 가상 환경에서의 동전 던지기와 주사위 던지기의 결과로 나오는 자료가 해당된다. 던지기를 여러 번 실시(trials)하는 경우, 먼저 나온 어떤 결과가 다른 결과에 영향을 주지 않는다는 가정(독립)을 만족하고, 동전 던지기의 결과(H, T), 주사위 던지기 결과(1, 2, 3, 4, 5, 6)는 가상의 동일한 환경조건에서 발생한다는 가정도 만족하는 것으로 간주할 수 있다. 다시 돌아가서, 이런 조건을 만족하거나, 어느 정도(거의) 만족한 것으로 간주되는 해양자료는 어떤 것이 있는가? 저자가 찾은 몇 가지 자료는 연간 발생하는 태풍의 개수, 연속 관측된 파고자료에서 매년 최대 또는 최소 자료를 추출하여 구성한 연간 최대/최소 자료(annual extreme data) 정도이다. 시간적으로 연속되고, 한정된 공간에서의 분포 자료는 독립된 자료가 아니지만, 시간 추세나 공간분포 양상을 제거한 잔차(residuals) 자료는 IID 가정을 만족할 수도 있다.

이러한 자료에 대한 IID 가정을 보면 통계에서 자료의 역할은 핵심적인 내용이다. 이어지는 중요한 다음 개념은 모집단(전체집단)과 표본(부분집단)이라는 개념이다. 통계를 배우는 중요한 목적 중의 하나는 표본을 이용하여 전체집단의 정보를 추정하는 것이다. 그 이유는 전체집단의 정보는 전체집단을 조사하면 되지만, 실질적으로 불가능하기 때문이다. 무한한 규모의 전체집단이라면 조사가 불가능하고, 유한한 전체집단이라 할지라도 조사비용이나 인력의 한계로 거의 불가능하다. 전수조사는 유한한 전체집단을 대상으로 하는 조사로 매우 제한된 영역에서만 수행가능하거나, 매우 중요한 조건에서만 제한적으로 실시되는 방법이다. 통계의 관점에서는 매우 엄청난 비용이 낭비되는 조사로 간주된다. 다시 정리하면, 통계를 배우는 이유는 한정된 자원으로 전체집단의 정보를 가능한 정확하게 추정하는 개념, 이론, 절차를 알려주기 때문이다. 경제적이다. 한정된 자원을 현실로 받아들이면, 통계적인 기법은 경제적인 방법을 알려준다. 통계 교육은 한정된 표본을 이용하여 전체집단의 어떤 정보를 최적 추정하는 기술을 배우는 것을 목적으로 한다. 확률과 통계는 수학의 한 분야이다. 수학에서 전개하는 이론은 이상적인 조건을 가정하기 때문에 실제와는 차이가 있다. 그러나 그러한 이상적인 개념을 기반으로 이론이 확장되고, 완벽한 조건은 아니더라도 현실적인 범위로 확장된다. 따라서 통계적인 분석은 기본적으로 IID 가정을 만족하는 자료를 대상으로 하며, 이 분석을 위해서는 확률에 대한 기본 개념이 되는 데이터의 발생빈도 분포, 발생확률을 함수로 표현하는 확률밀도함수(Probability Density Function, PDF), 누적분포함수(Cumulative Distribution Function, CDF)는 알고 있어야 한다. 다시 기본적인 질문으로 돌아가보자.

왜 통계분석을 수행하는가? 어떤 통계분석을 수행하는가?

통계분석을 통하여 우리가 얻고자 하는 것은 무엇인가?

해양자료 분석 내용 및 방향은 연구목적, 자료의 생산 목적에 따라 매우 다양하다. 따라서 모든 분석 내용을 하나의 교재에서 모두 설명할 수는 없다. 본 교재는 실질적이고 구체적인 분석을 포함하지만, 기본적인 분석 수준의 교재이기 때문에 전반적인 자료 분석에서 수행되는 기본적인 분석, 필수적인 분석, 대표적인 분석을 중심 내용으로 한다. 보다 높은 수준의 분석, 고급 분석은 별도의 논문 또는 전문 도서의 내용을 참조할 것을 추천한다. 이어지는 내용은 각각의 자료 유형에 따라 대표적인 분석 내용과 개념 및 절차를 포함한다.

1.2.3 통계분석 문제 분류

통계를 배우는 목적이나 이유는 무엇인가? 또한 데이터의 통계적인 분석을 통하여 얻고자 하는 것은 무엇인가?

통계분석 문제는 다양한 기준으로 구분하고 있으나, 가장 일반적인 구분은 기술(descriptive) 통계학과 추론 통계학이라는 통계학의 전통적인 구분을 따를 수 있다. 기술 통계학은 데이터의 특성을 대표 수치로 요약하는 '추정(estimation)' 과정이며, 추론 통계학은 데이터로부터 주장하고자 하는 가설(hypothesis)에 대한 통계적인 '판정(decision)'을 수행하는 가설-검정 절차(hypothesis testing)[1]이다. 추정과 판정은 핵심 용어이다.

추정 과정을 조금 더 설명하면, 통계는 우리가 알고자하는 전체집단(모집단, population, entire set)의 정보를 표본으로 구성되는 부분 집단(sample data, sub-set), 데이터로 추정하는 절차이다. 추정은 하나의 대표 수치로 추정하는 점 추정(point estimation)과 통계적인 유의수준(significance level) 개념과 지식을 이용하는 구간 추정(interval estimation)으로 구성된다. 구간 추정은 실질적으로 우리가 추정하는 미지의 모수에 대한 오차구간, 오차범위를 제시한다. 추정 정보의 오차구간, 오차범위는 통계와는 다른 관점에서 매우 중요한 '허용 가능한 범위' 설정 또는 그 범위를 만족하는 표본의 개수 결정 등과 관련된다.

다음은 통계분석의 대부분을 차지하고 있다고 간주되는 '추론' 통계학의 가설-검정 절차이다. 이 과정은 데이터로부터 우리가 주장하는 어떤 정보에 대한 판정을 수행한다. 어떤 변동이 존재하는 불확실한 현실 영역에서 당연한 오류가 발생할 수 있다. 이런 절차를 수행하는 통계 영역이 추론 통계영역이다, 이와 관련된 대표적인 문제는 다음과 같이 요약된다. 데이터

1 가설과 검정은 hypothesis and test이다.

로부터 추론하여 주장하고자 하는 영역은 매우 방대하지만, 기본적인 가설-검정 영역의 문제는 다음과 같은 가설-검정 문제가 기초가 된다. 가설-검정에서 기본적으로 요구하는 가정(assumptions)은 IID 가정에 포함되는 자료의 독립 또는 무작위성(randomness) 검정과 데이터의 정규분포 적합 검정(normality test)이다.

데이터의 정규분포 적합 가정은 다양한 통계적인 검정에서 선택 가능한 검정 방법을 결정(제한)한다. 일반적으로 검정 대상이 되는 데이터나 통계량이 정규 분포를 만족하지 못하는 경우, 분포 가정이 없는 비모수적인 검정 방법을 선택하게 된다. 이 방법은 데이터의 개수가 적은 경우에도 이용되는 검정 방법이다. 그러나 모수적인 검정 방법에 비하여 검정 능력은 낮은 단점이 있다. 검정능력은 '아닌 것을 아니라고 판정하는 능력, 오류가 있는 것을 오류가 있다고 판정하는 능력'으로 정의된다. 반면, 신뢰수준은 '옳은 것을 옳다고, 지지하고 판정하는 능력'이다. 가설-검정에서 체계적인 설명을 추가한다.

이상의 기본 검정을 시작으로 다양한 검정이 수행된다. 그 검정 범위는 해양 연구 현장에서 생산되는 자료 유형에 따라, 개념을 기반으로, 분석하고자 하는 기본 문제 유형으로 시작한다. 또한 통계의 기본이 되는 '가설-검정(test)'이라는 단어는 여전히 분석의 기초를 이루고 있지만, 현장 관측자료의 시간-공간 변화 양상 분석에 중점을 두기 때문에, '데이터 분석(data analysis)'이라는 단어가 자리를 차지하게 된다. 관심 대상이 되는 관측변수의 종류, 개수도 증가하고, 다양해지면서 다변량(다차원) 해석이라는 매우 복잡한 차원 높은(이해하기 매우 어려운) 분석의 세계로 들어간다. 그러나 실질적으로 분석이 요구되는 영역이기에 그 분석 기술을 습득하여야 한다. 분석 내용을 기반으로 문제 유형을 정리하면 시간 변화(time-series or temporal) 자료의 경우는 추세 검정, 변동 주기성분의 유의수준 검정 문제로 대표되고, 공간 분포(spatial) 자료는 관심 지점 또는 격자에서의 불편(unbiased) 공간정보 추정 문제로 대표된다. 한편 다수의 변수로 구성되는 자료는 변수의 상관관계분석과 해석을 위한 차원 축소 기법으로 대표된다.

지금까지 설명한 것이 대표적인 문제 유형이며, 이 책에서 중점적으로 다루는 내용이다.

통계분석 도구는 크고 작은 부품으로 구성된다. 그 부품을 개발하는 즐거움보다는 이해하는 즐거움, 사용하는 즐거움에 집중하기 바란다. 데이터를 요리 재료로 간주한다면, 통계도구는 조리도구라고 할 수 있다. 통계분석 도구를 사용하여 데이터를 적절히 요리하여 멋진 식사를 즐기길 바란다.

1.3 코딩: 통계분석 도구

통계분석에 왜 코딩이 필요한가?

간단한 개념 공부와 연습문제를 푸는 과정은 적은 개수의 자료를 다루고 한두 번의 제한된 연산만을 수행하고 확인하는 과정으로 제한된다. 따라서 문제와 풀이 과정을 이해하는 부분이 중요하다. 그러나 실제로 연구현장에서 해결하여야 하는 문제는 다수의 자료를 다루고, 복잡한 연산을 다수 실행하여야 하는 경우가 일반적이기 때문에 통계분석 프로그램에 의존하거나 컴퓨터 코딩에 의존하여야만 한다. 다양한 컴퓨터 언어를 이용하여 코딩작업을 할 수 있다. 필자는 'R 프로그램'을 추천한다. 교재에서 제시되는 코드는 R 프로그램을 기본으로 한다. 그러나 코딩을 할 수 있거나 절차만 잘 이해한다면, (능숙함에는 약간의 차이가 있을지라도) 언어 변환에는 큰 무리가 없을 것으로 판단한다.

간단한 기술 통계부터 복잡한 모델링까지 통계분석을 수행하는 도구는 SAS, SPSS, Minitab, Origin 등 다양한 프로그램들이 있다. 그중 R 프로그램을 선택하는 이유는 다음과 같은 장점을 지니기 때문이다.

먼저 첫 번째 장점은 오픈소스 소프트웨어라는 점이다. 앞서 언급한 전문 통계프로그램을 비롯하여, 이공계 연구실에서 많이 활용되는 MATLAB 프로그램에도 다양한 통계분석 도구가 개발되어 있다. 그러나 이들을 활용하려면 (개인적인 관점에서는) 활용 빈도에 비해 상당히 값비싼 대가를 지불해야 한다. R 언어는 무료이고, R 언어로 개발된 다양한 라이브러리들도 역시 무료로 사용할 수 있다는 장점이 있다. 또한 'R Studio'라는 R 언어에 최적화된 통합개발환경(Integrated Development Environment, IDE)을 사용할 수 있다.

두 번째 장점은 신뢰성이다. 통계를 비롯한 다양한 자료 분석을 수행하는 R 사용자들은 개발된 라이브러리들에 이론적 오류나 현재 자신의 운영체제 및 환경에서 코드를 구현하는 데 지장이 없는지를 세심하게 신경쓰지 않아도 된다. R 프로그램 개발/운영 핵심집단(R core team)에서 관리하는 라이브러리 저장소에는 과거 개발된 프로그램부터 현재까지 유지되고 있는 프로그램들이 있다. 이 말은 곧 현재도 주요 운영체제(Windows, OS X, Linux)에서 대부분 정상적으로 작동한다는 말이다. 또한 최근 파이썬(Python) 프로그램을 이용한 분석도 활발하게 이루어지고 있지만, 통계분석을 위해 개발된 S 언어부터 이어지는 탄탄한 유산들은 R 언어의 큰 장점이다. R에서 활용되는 라이브러리들은 많은 경우 통계학자들의 검증을 받았으며, 통계 전문 저널에 게재된 것들도 많다. 이러한 생태계는 우리가 훨씬 신경을 덜 써도 믿을 만한 결과를 낼 수 있게 한다.

마지막 세 번째 장점은 '언어'라는 점이다. 상용 프로그램은 어느 정도 정형화된 분석을 신속하고, 효율적으로 수행함으로써 생산성을 향상시킬 수 있다는 장점이 있다. R 프로그램과 같은 경우, 자유도가 높은 언어라는 특성이 학습하는 데 시간과 노력을 더 기울여야 하는 단점으로 비춰질 수도 있지만, 사용자가 분석 방법을 디자인하고 창의적인 분석 결과를 도출하려고 할 때에는 대체 불가한 장점이 될 수도 있다.

이러한 이유로 본서에서는 R 프로그램을 주력 언어로 사용하며, 각 분석 과정들을 재현할 수 있는 코드를 함께 제공한다.

코딩에 관한 설명과 코드 하나하나를 작성하고 실행하는 과정은 사전 지식으로 습득할 것을 권장한다. 여기서는 R 프로그램 등과 같은 코드 작업으로 통계적인 분석을 수행하는 경우, 필수적인 기술이 무엇인지 정도로 내용을 제한하여 기술한다. 실제로 어떤 자료를 분석하기 위해서는 아래에 제시하는 기본적인 준비가 필요하다.

1.3.1 코딩을 위한 프로그램 설치

R 프로그램을 설치하고, 그 프로그램의 기본적인 작동 방법을 알아야 한다. R 프로그램은 공식 홈페이지에서 다운로드 받아서 간단하게 설치할 수 있다. 한편, RStudio 프로그램은 효율적인 IDE 작업 환경을 제공하며, 2022년 사명을 "posit"으로 변경하였다.

R 공식 홈페이지	https://www.r-project.org/
posit(전 RStudio) 홈페이지	https://posit.co/

기본적으로 알아야 하는 R 프로그램 작동방법은 다음과 같다. 이 작업 방법은 통계분석을 위해서는 직접 해봐야 하는 최소한의 연습내용이다. 한두 번만 해보면 바로 알 수 있을 것이다.

(1) 프로그램의 실행과 종료
(2) 프로그램을 이용하여 새로운 코드를 편집(작성), 저장하는 방법
(3) 기존 코드파일을 불러오는 방법
(4) 코드(편집) 화면, 코드를 실행하는 console 화면(command window), 그림으로 결과가 제시되는 경우 생성되는 그래픽 화면 등 다양한 화면으로의 자유로운 이동 등

1.3.2 코드를 작성하고 실행하는 방법

R 프로그램의 기본적인 작동 방법은 간단하게 알 수 있는 반면, 코드를 작성하고 실행하는 과정은 약간은 복잡하다. 기본적으로 편집화면에서 코드를 작성하고, 저장하고, 그 코드를 실행하면 되는 간단한 구조이지만, 코드를 작성하는 내용은 작업내용과 직접적인 관계를 가진다. 따라서 코드를 작성하여 어떤 통계적인 분석을 수행하고자 하는 경우, 다음의 작업을 수행하는 방법은 최소한 숙지하여야 한다. 제시하는 내용을 모두 체크하여 통과하여야 코딩으로 통계적인 분석이 가능하다. 수행 방법보다는 수행할 줄 알아야 하는 내용을 기술한다.

(1) R 프로그램 편집화면에서 코드를 작성(편집)하는 방법
(2) 데이터가 있고, 작성한 코드를 저장하는 작업 폴더를 설정/변경하는 방법
(3) 통계분석을 위한 데이터를 불러오고, 변수 이름을 할당하는 방법
(4) 간단하게 데이터를 시각화(visualize, plot)하는 함수 사용 방법
(5) 통계분석에 필요한 라이브러리를 불러오고, 함수를 사용하는 방법
(6) 기본적인 수학 연산 기호와 기본 함수를 사용하는 방법
(7) 반복되는 연산 및 통계분석 함수(난수발생, 순위정렬 함수 등등) 사용 방법
(8) 어떤 조건의 참, 거짓을 판단하는 코드 작성 방법

TIP — 변수 할당 및 명명(naming)

R 프로그램을 포함한 대부분의 코드는 모든 데이터를 변수로 간주하고, 수치를 그대로 사용한 것이 아니라 하나의 집합으로 간주하여 별도의 이름(변수 이름, variable name)을 붙여서 저장한다(저장하여야 한다). 변수 이름은 코드를 작성하는 사람이 별도로 부여하는 작업이며, 변수 이름은 중복될 수 없다. 변수 이름을 붙여 저장된 정보는 일반적으로 '변수' 또는 '객체'라고 부르며 '〈-' 연산기호를 이용하고 이 행위를 '할당'이라고 한다. 수치정보나 문자정보 모두 프로그래머가 어떤 이름을 부여하여 정보를 할당하고, 그 이름으로 연산을 수행한다. 대수(代數)나 치환(置換)의 개념으로 생각하면 편리하다. 숫자는 그대로 입력하면 되며, 문자는 '' 또는 ""로 감싸주어 문자임을 나타낸다. 할당은 우리가 함수라 부르는 연산규칙을 정의할 때에도 사용한다. 변수 이름을 붙이는 작업은 프로그래머에게는 중요하고, 상당한 분량을 차지한다. 체계적인 변수 이름 부여, 구조적인 이름 부여 방법을 미리 설정하여 사용할 필요가 있다.

여러 가지 작업 능력을 요구하지만, 본문에서 제시하는 코드를 그대로 따라하면 분석 결과를 누구나 확인할 수 있다. 다수의 유용한 함수를 능숙하게 쓰기 위해서는 연습이 필요하다. 익숙하지 않은 경우에도 제시된 코드를 그대로 입력하고, 수행하고 그로부터 얻어지는 결과를 해석하는 과정은 가능하다.

1.3.3 코드 실행 결과를 해석하는 방법

코드를 실행하고, 얻어지는 결과를 해석하는 방법이 가장 중요한 부분이다. 코드 실행 결과는 어떤 라이브러리에서 제공하는 어떤 함수를 사용하였는가에 따라 다르다. 한마디로 '경우에 따라 다르다(case-by-case)'라고 할 수 있다. R 프로그램을 이용하여 계산되는 결과를 확인하고 해석하는 방법은 분석에 사용한 함수에 대한 사전 지식이 필요하다. 그리고 사용하는 함수에 대하여 도움말을 얻는 방법과 함수 사용에 필요한 입력 자료의 형태, 계산되는 결과에 대한 형태를 우선 파악한다. 그다음은 본 전문도서에서 제시하고, 설명하는 개념, 수식 등을 기반으로 다양한 통계 문제에 대하여 설명하는 내용에 대한 이해가 요구된다. 이 부분은 다음으로 이어지는 통계분석 부분에서 다루게 된다.

TIP —— 학습 내용 재현을 위한 예제 코드

이 책에서 다루는 내용들은 R 프로그램으로 그 결과를 재현할 수 있도록 했으며, 프로그램 실행에 필요한 입력자료와 소스코드들은 아래 주소의 Github 저장소에서 다운로드 받을 수 있다.

- https://github.com/Gi-Seop/Ocean_Stats

02

일반 통계:
모수 추정 및 검정

C·H·A·P·T·E·R

02 일반 통계: 모수 추정 및 검정

2.1 기본 통계용어 정의

이 책을 읽는 사람 중에서 통계, 통계학, 통계분석이라는 용어는 모르는 사람은 없을 것이다. 고등학교에서는 '확통(확률과 통계)'이라는 단어가 널리 사용되고, 연구 환경에서도 필수적인 단어로 인식되고 있다. 그럼에도 불구하고 통계를 배운다는 것, 통계를 배워서 어떤 데이터를 분석한다는 것이 낯설고 불편하게 느껴지는 데에는 다양한 이유가 있을 수 있다. 이러한 환경이 통계공부를 주저하고, 어렵게 만들어 간다. 그러나 해양을 포함한 다양한 과학 분야에서 데이터 분석은 피할 수 없는 부분이다. 통계를 공부해야 한다는 인식은 있지만, 어디서부터 시작해야 할지를 모르겠다면 추천하는 첫 번째 절차는 기본 용어에 대한 개념 이해와 암기이다. 새로운 분야를 배우는 첫 단계는 그 분야의 용어를 습득하는 것이기 때문이다. 새로운 언어를 배우는 것도 단어에서 시작하는 것처럼, 통계분석도 통계적인 용어에서 시작한다. 통계 공부의 기초가 되고, 추진 에너지가 되는 필수적인 단어의 개념과 의미, 정의 소개로 이 장을 시작한다. 기본적이고 핵심적인 용어를 질문과 대답 형식으로 기술해보겠다.

Q 통계란 무엇인가?

A 일반적으로 인식되는 용어의 의미는 어떤 유용한 정보를 추출하기 위하여 모아놓은(집계, 集計) 데이터를 의미하지만, 과학적인 측면에서는 그 의미에 분석이 추가된다.

Q 확률(probability)이란 무엇인가?

A 어떤 사건(event)이 일어나는 빈도(발생빈도)로, 0~1 범위의 수치로 표현한다.[1] 그렇다면 사건이란 무엇인가? 동일한 조건(환경)에서 발생하는 (확인 가능한) 구체적인 현상이나 결과이다. 추상적인 설명보다는 사례가 이해를 도와준다. 예를 들면, 주사위를 던지는 경우, 나오는 수가 사건이다. 주사위를 반복하여 여러 번 던지는 경우, 다양한 사건이 발생한다. 이 경우, 주사위를 던지는 행위를 시행(trials)이라고 한다. 시행을 통하여 사건이 발생한다. 시행은 사건이 발생하는 환경이다. 통계에서는 동일한 조건에서의 시행을 의미하며, 동일한 조건이라도 서로 (독립적인) 다른 사건이 발생하고, 그 모든 사건이 전체 사건이 된다.사건은 하나하나 구분하여 계수(計數, count)가 가능하고, 수치 또는 문자 정보로 표현할 수 있으며, 전체 사건과 관심을 가지는 어떤 조건을 만족하는 사건으로도 구분할 수도 있다. 사건의 개념을 관측에 대입하면, 관측을 하는 행위가 시행이고, 그 시행으로 얻어지는 데이터가 사건이 된다. 발생가능한 모든 사건을 전체 집합으로 간주하는 경우, "어떤 사건"은 부분 집합에 해당한다. 그 부분집합을 확률로 표현하는 방법은 부분집합에 해당하는 사건의 개수를 전체 집합의 개수로 나누는 경우, 그 값이 확률이다. 수학적으로는 연속적인 수치(실수)로 표현되는 사건은 작은 범위라도 무한한 수치가 발생하지만, 이 경우의 확률은 연속함수의 적분을 이용하여 표현한다.

Q 확률변수(random variables)란 무엇인가?

A 데이터는 동일한 시행조건에서, 독립적으로 발생하는 모든 사건을 의미하며, 그 사건에 수치 정보를 대응시키는 경우 변수라고 명명한다. 통계적인 개념으로는 '무작위(random)' 조건을 가정하지만, 현실적인 데이터 분석 환경에서는 그 가정의 만족여부를 체크하거나, 만족한다고 간주한다. 간단하게 (좁은 영역에서) 정의하면, 확률변수는 통계적인 분석 대상이 되는 데이터이다.

Q 모(母)집단(population)과 표본 집단(samples)은 어떤 관계인가?

A 데이터 집단은 데이터 집합을 의미하며, 분석 대상이 되는 모든 사건, 데이터의 집합을 모집단(전체 집합)이라고 한다. 표본은 모집단에서 (적절한 기법을 이용하여) 추출한 부분집합에 해당한다. 표본 추출은 다양한 조건이 요구된다. 가장 대표적인 요구사항은 표본은 전체를

---

1 0 = 절대로 일어나지 않는다(NO, 지구가 거꾸로 돈다) 1 = 반드시 일어난다(YES, 내일도 태양은 뜬다).

대표할 수 있어야 한다. 표본은 치우치지 않도록 추출 조건이 동일하게 적용되어야 한다. 왜 표본인가? 그 이유는 전체집합에 대한 조사가 실질적으로 불가능하기 때문이다. 그리고 통계를 공부하는 목적이기도 하다. 전체 사건, 데이터에 대한 정보를 알고자 하는 경우, 필요로 하는 경우, 그러나 그 조사가 실질적으로 곤란한 경우, 바로 그 조건에서 가능한 범위의 표본을 추출하고, 그 표본을 이용하여 전체집단이 정보를 만족할만한 수준으로 추정하는 것이 통계를 공부하는 이유이다.

Q 유의수준(significance level)과 신뢰수준(confidence level)이란 무엇인가?

A 단어가 의미하는 바와 같이, 유의수준(기호 α)은 통계적인 의미를 가지는 크기 수준으로 확률 또는 비율로 표현하고, 신뢰수준은 유의수준의 함수, $(1-\alpha)\times 100(\%)$로 정의된다. 일반적으로 가장 널리 이용되는 유의수준은 0.05 정도의 크기이고, 추정의 관점에서 신뢰수준은 표본 자료를 이용하여 추정한 통계량의 범위에 모수(참값)가 포함된 확률을 의미한다. 그리고 신뢰수준이 0.95(95%)라면, 다수의 표본자료 세트를 이용하여 어떤 통계량의 구간(신뢰구간)을 추정하는 경우, 참값을 벗어나는 경우는 5% 정도 수준임을 의미한다. 달리 표현하면, 전체집단의 평균(참값)이 표본 자료를 이용하여 추정한 범위에 포함될 확률이 신뢰수준이다. 구간 추정에서 추정 대상 구간이 증가하는 경우, 발생하는 문제는 허용오차(margin of errors)가 증가한다는 점이다.

추정 통계량의 구간을 크게 잡을수록 신뢰수준은 증가하지만, 추정하고자 하는 통계량의 범위가 크면 추정의 의미가 크게 감소한다. 무의미한 범위는 정보로서의 가치가 없어지는 범위로서 전체 범위 또는 거의 전체범위가 해당된다. 의미를 가지는 범위는 '좁은 범위로 한정할 수 있는 범위'이다. 그리고 그 범위는 자료의 수와 데이터 변동 크기가 결정한다. 표본을 이용하여 어떤 통계량 추정이 가지는 의미는 추정 구간이 작을수록 추정의 정확도가 증가하고, 신뢰구간의 크기는 감소한다. 신뢰구간의 크기 감소는 추정의 신뢰수준 감소라는 상반되는 의미로 여겨질 수 있기 때문에 해석에 주의를 요하는 개념이다. 참값이 추정 범위에서 벗어나는 확률(오류)을 줄이기 위하여, 필요한 정도로 구간을 확장하는 개념이다. 구간 확장보다는 (허용) 가능한 범위로 구간을 줄여나가는 과정이 추정의 목표이다.

2.2 데이터의 분포 형태 추정

2.2.1 데이터에 대한 기본 정보

모든 통계 문제 및 분석의 시작은 데이터이다. 어떤 데이터가 있다. 최종 단계는 데이터 분석 목적에 따라 다르지만, 바로 다음 단계는 그 데이터를 정리하는 것이다. 대부분의 데이터는 수치(numeric)로 구성되기 때문에 요약하는 것이 중요하다. 반드시는 아니지만, 추천하는 내용은 데이터에 대한 정체파악(identification)을 목적으로 5W1H 원칙을 적용한다. 데이터의 정체 파악을 위한 정보는 육하원칙(六何原則, 5W1H)으로 표현한다. 예를 들면, 태풍 발생 개수 데이터의 경우 다음과 같이 기술할 수 있어야 한다.

"이 데이터는 일본 기상청과 우리나라 기상청에서 제공하는 1951년부터 2022년까지 북서태평양 지역에서 발생한 태풍(용어에서 이미 공간정보 포함)의 발생-소멸 기간 동안 다양한 기상 관측자료 등을 조합하여 추정한 경로, 기상정보 자료에서, 매년 발생한 태풍 개수만을 추출하여 조합한 데이터이다."

누가, 언제, 어디서, 무엇을, 어떻게는 설명이 된다. 다음은 '왜?'이다. 다양한 이유가 가능하지만, 태풍으로 발생하는 피해를 저감하는 목적이고, 그 목적 달성을 위해서는 태풍의 경로 예측이 필요하며, 그 경로 예측을 위해서는 태풍의 위치, 기압, 풍속 등 다양한 기상정보가 필요하기 때문이라고 장황하게 설명할 수 있다. 간단하게는 태풍 피해를 줄이기 위한 기본 데이터 확보라고 할 수도 있고, 태풍 발생 빈도 해석을 위한 통계자료 수집이라고도 할 수 있다. '왜?'라는 것은 명확하기도 하고, 광범위하게 활용되는 데이터의 경우에는 사용자가 특정 목적으로 제한할 수 있다. 일단 이 정도로 메타데이터는 완성이다.

2.2.2 데이터 분석 절차의 첫걸음

데이터 분석의 첫 단계는 수치로 제공되는 자료를 그려서 살펴보는 것이다. 그려서 보는 과정은 자료 순서대로 그리는 방법, 자료의 분포 형태를 대략 파악할 수 있는 막대그래프를 그리는 방법, 대표적인 통계량을 파악하는 상자도시(boxplot) 방법 등이 대표적이다. 그리고 이 방법은 반드시 해야 하며, 그 목표는 데이터의 변화 양상, 범위, 발생 빈도 추정으로 압축된다.

반드시 해야 하는 데이터 분석 절차라면, 왜 반드시 해야 하는가? 질문이 뒤따르고, 그 질문에 대한 답변이 요구된다. 반드시 해야 하는 필수적인 분석이라도, 그 목표가 우선 필요하다. 그 목표는 '데이터의 발생 빈도(확률)을 알고 싶다'이다. "왜?"라는 질문이 이어지고, "그 발생빈도가 변수로 간주되는 데이터의 특성이고, 기본 정보이기 때문에"라고 답할 수 있다.

다시 정리하면, 첫 단계 목표는 분석하고자 하는 데이터의 분포 추정이다. 분포는 연속적인 수치로 표현되는 데이터의 발생빈도 분포이다. 그 시작은 히스토그램이지만, 그 보다 앞서는 것은 순차적으로 제공되거나 얻어진 자료를 도시(plot)하는 것이다. 그 다음은 불연속적인 히스토그램과 연속적인 분포함수를 보여주는 커널(kernel) 밀도함수 추정이며, 간략한 상자도시(box plot)로 마무리한다. 추가로 평균, 표준편차 수치정보를 추가하고, 보조적인 그림 장식으로 마무리한다.

관련하여 대표적인 데이터 발생빈도 분포함수를 정리하면 다음과 같다.

표 2-1 R 프로그램 제공 분포함수 정리(접미사 이용, 체계적이고 일관성을 가지는 함수 이름 부여)

분포함수 이름 (names)	변수 범위 (variable range)	확률밀도함수	누적분포함수	누적분포함수의 역함수 (inverse fn.)	난수발생함수
uniform distribution	0 ~ 1	dunif	punif	qunif	runif
Normal (Gaussian) distribution	−∞ ~ +∞	dnorm	pnorm	qnorm	rnorm
Student-t distribution	−∞ ~ +∞ one df (df1=n−1)	dt	pt	qt	rt
Chi-square(d) distribution	0 ~ +∞ one df (df1=n-1)	dchisq	pchisq	qchisq	rchisq
F distribution	0 ~ +∞ two dfs. (df1=n1−1, df2=n2−1)	df	pf	qf	rf
non-parametric (kernel) distribution	−∞ ~ +∞, bandwidth, kde1d (object)	dkde1d	pkde1d	qkde1d	rkde1d

*df(degree of freedom); uniform 분포; 난수발생의 기본, 정규분포-평균 등 다양한 추정 통계량의 구간, Student-t 분포-자료의 개수가 작은 경우($n \leq 30$)의 추정 통계량(통계측도) 구간추정, X^2(chi-squared) 분포-분산의 구간추정, F 분포-두 표본의 분산 비율 구간추정 등에 활용되는 주요한 확률 분포 함수이다.

TIP ——— **함수를 안다는 것은 무엇인가?**

함수를 안다고 하려면 적어도 다음 내용 정도는 이해하고 있어야 그 함수를 안다고 할 수 있다.

- 함수에 대한 이해는 무엇이 입력변수(독립변수)이고, 함수를 통하여 입력변수가 어떻게 변환되는지를 알아야 한다. 그 변환된 결과가 출력변수임을 알아야 하고, 그 출력변수와 입력변수 관계와 범위를 알고, 함수의 특성을 파악할 수 있다면 조금 더 높은 수준이라고 할 수 있다.
- 그리고 통계에서 다루는 통계에서 '분포함수'로 기술되는 함수에 대한 이해는 기본 함수 이해와 더불어 추가되는 특성을 알아야 한다. 대표적인 특성은 함수는 확률이기 때문에 항상 양수(또는 non-negative) 이어야 하며, 꼬리 영역(입력변수 또는 변량의 경계범위)은 제로(zero)로 접근하여야 한다. 그리고 모든 구간에 대하여 적분을 하는 경우, 확률밀도함수(Probability Density Function, PDF) 면적은 1(=100%), 누적분포함수(Cumulative Distribution Function, CDF) 범위는 0~1이어야 한다. 두 함수의 PDF, CDF, 역함수(inverse CDF), 그 함수로 표현되는 분포함수를 따르는 난수를 원하는 개수만큼 생성할 줄 안다면, 분포함수를 충분하게 안다고 할 수 있다.

2.2.3 데이터 변환

매번 데이터를 변환하는 것은 아니지만, 데이터를 변환하는 경우를 종종 볼 수 있다. "데이터는 왜 변환해야 하는가?" (모든 경우를 대변하는 답변은 아니지만) 적절한 어떤 변환을 하는 경우, 목표로 하는 어떤 기본 가정(범위가정, 분포가정 등)을 만족하거나 수학적인 처리에 유리하기 때문이다. 그렇다면 다음으로 "어떻게 변환하는가?"라는 질문이 이어진다. 여러 가지 변환이 있지만, 일반적으로 구분하면, 선형으로 변환하는 경우, 자료 표현과 수학적 처리가 간단해진다. 그리고 비선형으로 변환하는 경우, 선형 변환과 비교하여 원하는 변환 형태를 유연하게 만족할 수 있다. 그러나 수학적인 처리가 더 복잡해질 수 있다. 선형과 비선형 변환 모두에 해당되는 단점은 공통적으로 데이터가 가지고 있는 속성이 변환된다는 단점이 있다.

해양에서 관측되는 모든 자료는 통계적인 관점에서는 하나 하나의 관측 항목에 대응하는 확률변수이다. 확률변수로 간주되는 관측자료는 자료의 특성 또는 어떤 목적에 따라 적절한 변환이 필요하기도 하며, 요구되기도 한다. 일반적인 자료변환 목적은 (1) 분산의 안정(variance stabilization), (2) 정규분포 가정 만족, (3) 처리기법의 효율 증진 등이 제시되고 있다. 그러나 실질적으로 가장 큰 이유는 자료를 이용한 다양한 추정의 적합수준(목표 신뢰수준)을 달성하기 위한 배경 목적과 더불어 적절한 변환이 '필요'하고, 적절한 변환과정을 통하여 얻어지는 '이익'이 있기 때문이다. 어떤 자료를 평균제로(zero-mean)[2] 자료로 변환하는 경우, 관련된 다양한 수식 처리 과정이 간결해지는 것을 경험할 수 있다.

자료를 변환하면 통계측도도 변환된다. 자료 고유의 변동 크기의 변화발생은 감수하여야 한다. 자료의 변환은 그 기본 개념에 따라 기본적이고도 다양한 방법이 제시되어 있으며, 수식으로 표현하면 다음과 같다.

$$z_i = f(x_i)$$

여기서, x_i는 변환 이전의 관측변수, z_i는 변환 함수(f)를 이용하여 변환된 변수, 아래첨자(i)는 $1, 2, ..., n$이며, n은 자료의 개수이다.

어떤 관측자료의 변환은 기본적으로 수학적인 함수를 이용하며, 수학적인 연산과정을 통하여 간단하게 변환할 수 있다. 가장 기본적인 변환은 선형변환이며, 다음과 같은 식으로 표현된다. 선형변환은 위치조정과 척도(scale) 조정이 가능하며, 그 조정 정도는 함수의 계수(a, b, c)로 처리한다.

$$z_i = f(x_i) = ax_i + b \text{ 또는 } a(x_i - c)$$

이러한 선형변환과 더불어 비선형변환 영역으로 분류되는 다양한 변환함수가 제시되어 있으며, 변환 목적에 따라 변환함수가 포함하고 있는 계수(parameters)를 최적 추정하여야 하는 과정이 수반되기도 한다. 다양한 자료변환 과정 및 개념은 부록에 자세하게 소개한다.

---

2 평균이 '영'인 자료를 의미하지만, '영'이라는 단어는 중복이나 혼동의 여지가 있으므로 제로라는 단어를 이용한다.

2.2.4 데이터 분석 절차

데이터 분석 절차는 너무나도 당연하지만, 일단 이 책을 보는 독자가 어떤 데이터를 가지고 있다는 전제조건에서 시작한다. "나는 어떤 데이터를 가지고 있다. 그럼 분석은 어떻게, 어떤 절차로 하는가?" 하는 내용을 이 절에서 단계별로 소개한다.

Step 1: (수집 또는 생산) 데이터에 대한 정보 정리(5W1H 원칙)
Step 2: 전체 데이터 세트에서 분석하고자 하는 데이터를 추출
Step 3: 데이터 도시(plotting) – visual analysis(시각적인 분석)
Step 4: 데이터의 요약 정보 – 자료의 개수, 기본 통계측도 추정(구간추정)
Step 5: 데이터의 독립 검정, 정규분포 적합 검정(기각 시, 자료변환 검토)

이와 같은 과정을 단변량 데이터에 대하여 수행, 다변량의 경우 각각의 변수에 대하여 수행하면 된다.

다음 절차는 데이터의 유형, 분석 목적에 따라 절차를 선택한다. 개념/가상 데이터가 아닌 실제 관측, 실험 등을 통하여 얻어지는 대부분 데이터는 시간, 공간정보를 포함하고 있지만, 재현이 가능한 실험 데이터 또는 독립 조건을 만족하는 관측 데이터/만족할 것으로 판단되는 관측 데이터는 시간, 공간정보를 무시할 수 있는 확률변수로 간주한다. 그리고 시간 – 공간정보의 영향 유무에 따라 데이터 유형을 구분하면 다음과 같이 시간/공간 조건과 무관한 독립 조건을 만족하는 관측 (통계) 데이터 또는 동일한 조건에서 재현이 가능한 실험 데이터, 시간의 영향을 받는 또는 시간에 따라 변화하는 데이터, 공간의 영향을 받는 또는 공간(지점)에 따라 어떤 변화를 가지는 데이터, 시간 – 공간의 영향을 모두 받는 데이터의 4가지 유형으로 구분된다.

통계분석에서 가장 중요한 용어로 제시되는 확률변수 조건을 만족하는 데이터와는 달리 시간, 공간의 영향을 받는 데이터는 통계분석이라는 용어와 더불어 데이터 분석이라는 용어를 사용한다. 데이터 분석의 의미는 무작위(random, 독립시행 조건) 가정 통계분석과 더불어 어떤 인과(cause-effect) 관계의 구조 또는 설명이 가능한 변화 양상을 표현하는 모델(model)을 포함한다. 독립 조건을 만족하는 데이터를 제외하고는 대부분의 관측자료 분석은 모델로 표현되는 '결정론적인(deterministic) 성분'과 예측 불가능한 '확률론적인(probabilistic, stochastic)

성분'으로 분리하는 경우가 빈번하다.

기본 분석 절차를 수행하고, 이어지는 절차는 분석 목적/통계적인 분석 문제에 따라 달라지지만, 대표적인 문제 유형으로 구분하면 통계 측도 (1) 추정 문제, (2) 가설-검정 문제, (3) 자료에 내재되어 있는 모델을 파악하는 문제로 구분하고, 그 문제는 또 세부적인 요소 문제로 나누어진다. 통계적인 분석 문제는 어떤 하나의 통계 측도 구간추정과 같은 간단한 문제도 있지만 다양한 요소 문제를 포함하는 경우가 일반적이다.

EXERCISE 연간 태풍 발생 개수를 이용한 기본 분석 예시

- 사용 자료: typhoon_no_data_all.csv, typhoon_no_data.csv
- 코드 파일: chapter_2_basic_data_analysis.R

```
# 필요한 라이브러리 호출
# install.packages("robustbase") # 설치가 되어있지 않은 경우 실행
library(robustbase)

# 자료 불러오기
ty_all_data <- read.csv("../data/typhoon_no_data_all.csv")
ty_kor_data <- read.csv("../data/typhoon_no_data.csv")
str(ty_all_data)
year <- ty_all_data$YEAR
nt_all <- ty_all_data$TA
nt_kor <- ty_kor_data$TK
ndata <- length(year)

# 기본 자료 시각화
plot(year, nt_all, type="o", ylim=c(0, 40))
points(year, nt_kor, pch=16, col="red")
```

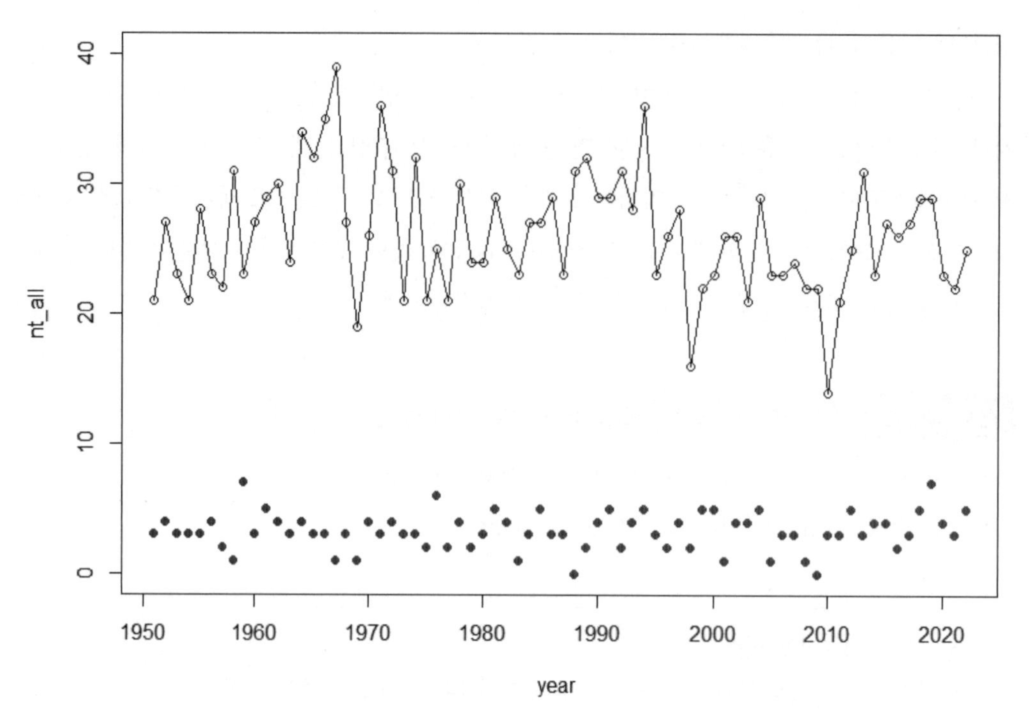

그림 2-1 전체 발생 태풍과 우리나라에 영향을 미친 태풍의 개수를 연도에 따라 시각화한 결과

```
# 히스토그램 및 기본 통계측도 시각화
hist(nt_all, prob=TRUE, breaks="FD",
        xlab="No. of Typhoons per year",ylab="probability",
        cex.lab=1.3, main="")
box(); grid(lty=3)
mc <- mean(nt_all)
nsd <- sd(nt_all)
mm <- median(nt_all)
dst1 <- density(nt_all)
mp <- dst1$x[which.max(dst1$y)]
lines(dst1$x, dst1$y, col="black", lwd=3)
abline(v=c(mc, mm, mp), col=c("red", "cyan", "magenta"), lwd=3)
nxx <- seq(mc-3*nsd, mc+3*nsd, 0.1)
fxx <- dnorm(nxx, mean=mc, sd=nsd)
lines(nxx, fxx, col="blue", lwd=2)
legend("topright", legend=c("mean", "median", "mode"),
        lty=1, lwd=3, col=c("red", "cyan", "magenta"), cex=1.2)
```

```
text(32, 0.08, paste("mean = ", substr(as.character(mc),1,4), sep=""),
cex=1.2, adj=0)
text(32, 0.075, paste("S.D. = ", substr(as.character(nsd), 1,3), sep=""),
cex=1.2, adj=0)
```

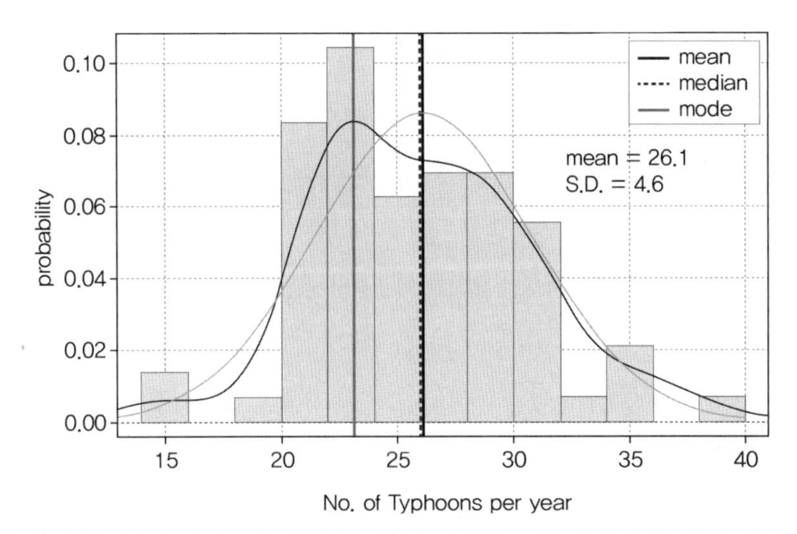

그림 2-2 전체 태풍 발생 개수를 히스토그램과 확률밀도함수로 표현하고, 평균, 중간값, 최빈값을 나타낸 그림. 확률밀도는 정규분포와 Kernel Density를 이용하여 나타냄

```
op <- par(no.readonly = TRUE)
par(mfrow=c(1,2), mar=c(3,3,1,1))
boxplot(cbind(nt_all, nt_kor), horizontal=TRUE, names=c("ALL", "KOREA"))
df1 <- as.data.frame(cbind(nt_all, nt_kor))
adjbox(df1, horizontal=TRUE, names=c("ALL", "KOREA"))
par(op)
```

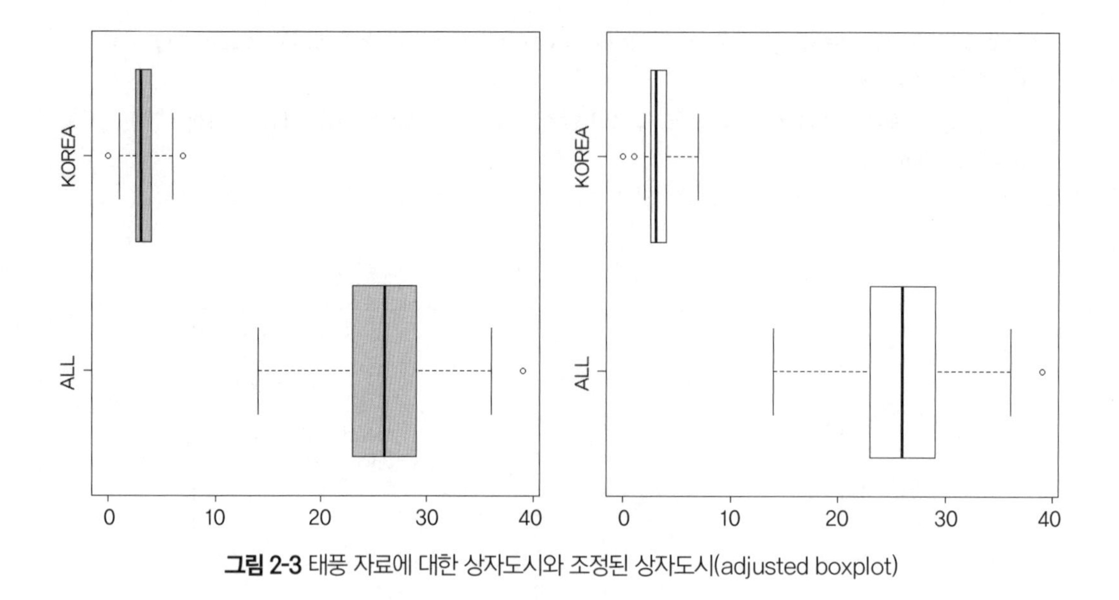

그림 2-3 태풍 자료에 대한 상자도시와 조정된 상자도시(adjusted boxplot)

2.3 모수 추정

2.3.1 데이터 정리 및 요약

다수의 수치로 구성되는 데이터는 데이터의 특성을 반영하는 소수의 수치로 요약하는 과정이 요구된다. 데이터의 특성을 반영하는 수치변수는 어떤 특성을 반영하느냐에 따라 다르지만, 기본적이고 필수적인(essential) 특성 수치를 우선하고, 다른 특정 목적을 반영하는 수치를 추가하면 된다. 그 수치를 아우르는 용어는 통계측도(statistical measures)라고 하지만, 데이터를 이용한 계산을 미지의 참값(모수, population parameters) 추정이기 때문에 모수라고도 한다. 데이터의 특성을 반영하는 대표적인 모수는 평균, 분산이지만, 조금 체계적인 분류를 적용하면 다음과 같은 다양한 통계 측도가 데이터 요약 수치로 추천된다.

$$x_i,\ i = 1,2,\ \cdots\ ,n;\quad x_{(i)},\ i = 1,2,\ \cdots\ ,n$$

중간(median, 중위수, 中位數) 추정은 자료의 정렬이 필요하며, 정렬된 자료를 순위(ordered, rank) 자료라고 하며, 다음과 같이 구분하여 표기를 한다. 일반적으로 오름차순으로 정렬하며,

$x_{(i)}$ 데이터는 오름차순으로 i 번째 순위를 차지하는 자료를 의미한다. median 수치는 순위자료를 이용하며, 중간 순위를 의미한다. 자료의 개수가 홀수인 경우에는 중간순위 $(n+1)/2$ 순위 데이터가 median, 짝수인 경우에는 중간순위가 $n/2$, $n/2+1$ 사이이므로, 두 순위에 해당하는 데이터를 평균하여 median 측도를 추정한다. 각각의 측도에 대한 기호는 다음과 같이 부여한다.

$$\text{mean}(x_i) = \bar{x} = x_c \text{ (center of mass)}$$

$$\text{median}(x_i) = \tilde{x} = x_m \text{ (middle of the data)}$$

$$\text{mode}(x_i) = x_p \text{ (max. frequency = the peak of the data)}$$

데이터의 "모드(mode)"는 "most frequent value"(최빈값), 수학적으로는 확률분포함수가 최대가 되는 변량으로 정의된다. 따라서 연속변수의 경우에는 데이터를 이용한 발생빈도분포 추정이 선행되어야 한다. 불연속변수 또는 히스토그램을 이용하여 간단하게 추정할 수 도 있으나, 이론적인 배경과 추정기준에 근거하는 Kernel 분포함수 추정기법을 제안한다. 빈도 추정 density 함수를 이용하여 연속적인 분포함수(확률밀도함수, $f(x)$)를 추정하고, 그 함수가 최대가 되는 지점에 대응하는 변수가 모드가 된다. 이론적으로는 $f'(x)=df(x)/dx=0$ 조건의

표 2-2 다양한 통계 측도(statistical measures) 정리

Measures		전통적인/일반적인 추정 (classical parameters and methods, non-robust estimation)	로버스트 추정 모수 및 방법 (robust parameters, estimation)
central tendency (location): point		mean(average) mid-range	trimmed mean, Winsorized mean, median, mode
variation, dispersion (spreading): scale-range, interval		standard deviation (or variance), range	IQR(inter-quartile range) MAD(median absolute deviation) coefficient of variation, trimmed-range, Winsorized variance
shape of distribution: curve, function	asymmetry	skewness (coefficient of skewness) (normalized third central moment)	Pearson coefficient of skewness, MC(Median-couple) Quartile-skewness Octile-skewness
	peakedness (tailedness)	kurtosis(normalized fourth central moment)	octile-kurtosis

수식을 반복하여 추정하여야 하지만, 실질적으로는 좁은 간격의 불연속적인(discrete) $f(x)$ 함수를 추정하여, 최대가 되는 확률을 찾으면 된다. 그에 대응하는 변수가 모드이며, 실질적으로는 충분하다. Kernel 밀도추정은 비모수적인 데이터 발생빈도 추정방법이며, 히스토그램과는 달리 연속적이고, 미분 가능한(smooth) 함수로 표현되어 수학적인 처리에 용이하다. 앞서 수행한 히스토그램 시각화 결과를 참고한다.

2.3.2 통계 측도 추정

무엇을 추정하는가? 어떻게 추정하는가?

데이터의 다양한 특성(속성)을 수치로 표현한 것이 통계측도(statistical measures)이며, 그 측도를 추정하는 것에 관한 내용이다. 통계측도라는 용어가 다소 생소할 수도 있으나, 대표적인 통계측도로는 평균과 분산이 있다. 통계측도는 데이터의 어떤 목표 또는 관심을 가지는 속성을 표현하는 수치이기 때문에 그 수치가 가지는 의미가 있으며, 그 의미를 기반으로 통계측도를 구분할 수 있다. 통계측도는 표본(sample, data)을 이용하여 추정하는 수식이나 방법이 제공되어야 한다. 그리고 그 추정은 하나의 대표로 속성을 추정하는 점 추정(point estimation), 범위로 추정하는 구간추정(interval estimation)으로 구분한다. 그러나 이러한 구분보다는 점 추정, 그리고 점 추정 수치를 포함하는 신뢰수준 기반의 구간추정 모두를 수행하는 것이 바람직하다. 통계측도 추정 문제에서는 두 추정을 필수로 간주하여야 한다. 구간 추정은 점 추정보다 다소 복잡해지기 때문에 점 추정으로 멈추는 경우가 빈번하지만, 그 대가는 큰 정보손실로 다가온다.

간단한 것으로 여겨지는 추정 문제부터 시작한다. 그리고 다소 복잡한 수준으로 간주되는 대표적인 통계 문제를 대상으로 구체적인 분석 절차를 제시한다. 통계분석 문제의 복잡한 정도 또는 수준(complexity level)은 단변량(uni-variate) 분석에서 다변량(multi-variate) 분석으로 갈수록, 그리고 하나의 표본자료(one sample)에서 조건이 다른 다수의 표본자료(two or more samples) 분석으로 갈수록, 시간과 공간의 변화 영향을 받는 데이터 구분유형 단계에 따라 증가한다. 가장 간단한 기초적인 분석은 단변량 자료세트 하나에 대한 통계 측도(평균) 추정(uni-variate one sample mean estimation)에서 시작하고, 가장 복잡한 분석은 시간과 공간에 따라 변화하는 다변량 데이터분석(multi-variate spatio-temporal data analysis) 정도의 수준에 해당한다고 할 수 있다. 분석수준이 높은 것과 얻고자 하는 정보를 수월하게 추출할 수 있는가는 통계적인 분석 도구도 중요하지만, 사용하는 데이터의 특성에 따라 결정되기 때문에 별개의 문제로 취급하여야 한다.

컴퓨터를 이용한 모든 계산은 입력을 요구한다. 컴퓨터에게 무엇을 하여야 하는지 알려주고, 필요하고 적절한(적합한) 입력 정보를 주어야 오류 없이 계산을 수행(run)하고, 결과를 제공한다. 여기서는 데이터의 통계 측도(statistical measures) 추정 방법을 설명한다. 통계 측도는 데이터의 어떤 특성을 드러내는(판단할 수 있는) 하나의 대표 수치로, 데이터를 이용한 수식으로 정의된다. 대표적인 통계 측도로는 데이터의 중심을 대표하는 평균, 데이터의 변동 정도를 대표하는 분산, 표준편차, 범위, 데이터의 분포 형태를 파악할 수 있는 왜도계수(coefficient of skewness), 첨도(kurtosis) 등이 있다. 대표 수치 하나만을 계산하는 것은, 점(point) 추정 또는 대표 추정이지만, 추정의 신뢰구간을 포함하는 구간(interval) 추정을 강하게 추천한다. 구간추정은 유의수준(significance level), 신뢰구간(confidence interval)이라는 용어가 사용되며, 개념 이해를 필요로 한다. 더불어 구간추정을 지원하는 수식과 분포함수에 대한 개념 이해도 요구된다. 또한 모든 통계측도에 대한 구간추정 공식이 존재하는 것도 아니고, 그 경우에는 다수의 통계적인 모의(simulation) 과정을 이용하여야 하는 경우도 발생한다. 이러한 이유로 구간추정을 기피하는 경우가 빈번하게 발생하지만, 구간추정은 점 추정 정보를 신뢰할 수 있는 정보를 포함하고, 추정의 불확실성에 대한 정보를 포함하기 때문에 선택이 아닌 필수사항이다. 저자의 경우, 통계측도에 대한 추정 결과에 점수를 부여한다면 10점 만점 기준으로 대표 수치 하나만을 추정하는 경우, 2~3점 정도 부여하고, 불편추정(unbiased estimation)을 수행하면 3~4점 정도, 구간추정을 포함하는 경우에는 9점 이상이다. 저자의 기준으로는 구간추정 결과는 이 정도 대우는 받을 만한 정보이다.

전체집단의 어떤 정보에는 무엇이 있으며, 그 정보는 무엇이라고 하는가? 전체집단의 정보는 미지의 참값으로 간주되며, 모수(母數, population parameters)라고 한다. 통계에서 모수추정이라고 하는 단어는 이것을 의미한다. 모든 자료의 특성을 파악할 수 있는 어떤 수치를 의미하며, 대표적인 통계모수로는 다음과 같이 구분된다. 통계 모수는 통계 측도(measures)라고도 하고, 다수 표본 자료의 어떤 특성을 파악하는 데 도움이 되는 하나의 수치(데이터를 이용하여 계산되는 요약정보)로 대표하기 때문에 요약 통계량(summary statistics)이라고도 한다. 통계분석 이전의 다수의 데이터를 대표하는 수치는 자료의 개수이다.

대표적인 요약 통계량에는 어떤 것이 있는가? 요약 통계량은 다음과 같이 위치((location, central tendency) 모수, 퍼짐(scale, spreading) 모수, 형태(shape) 모수의 3가지 유형과 그 유형을 조합한 파생(derivative) 측도(예를 들면, 변동계수(coefficient of variation), 분산계수(coefficient of dispersion) 등)로 구분할 수 있다.

현장관측에서 얻어지는 데이터는 이상자료(outliers, 유별난 데이터)가 발생하는 경우가 빈번하다. 데이터에 이상자료가 존재하는 경우, 전통적인 통계측도는 그 이상자료의 영향으로 왜곡된 수치정보를 제공하기 때문에, 적절한 요약정보 제공이 방해를 받는다. 이러한 영향을 저감할 수 있는 통계측도는 로버스트(robust) 통계측도라고 하며, 전통적인 요약 통계측도와 더불어 제시한다. 로버스트 추정에 대한 내용은 이 부분에서는 생략한다.

2.3.3 구간 추정

표본 자료를 이용한 (모집단의) 평균 추정은 다음과 같이 이론적으로 정립되어 있다. 모집단의 참값은 미지(unknown)이며, 그리스 문자를 이용하여 표기되는 경우가 일반적이다. 가장 널리 이용되고, 대표적인 통계량에 해당하는 모집단의 평균, 표준편차(분산)를 각각 μ, $\sigma(\sigma^2)$ 기호로 표기하는 경우, 추정 공식은 다음과 같다. 표본 자료는 $x_i(i=1,2,...,n,\ n$=자료의 개수)로 표현하고, 표본 집단의 평균과 표준편차(분산)는 각각 m, $s(s^2)$ 기호로 표기한다. 표본 자료를 이용한 모수 추정은 불편추정(un-biased estimation)을 권장한다. 불편추정은 '편향(bias)'이 없는 추정을 의미하며, 통계학적인 측면에서 추천되는 방법이다.

- 평균, 분산의 점 추정(point estimation) 공식

$$m = \bar{x} = \frac{1}{n}\sum_{i=1}^{n} x_i,\ s^2 = \frac{1}{n-1}\sum_{i=1}^{n}(x_i - \bar{x})^2$$

- 평균의 구간 추정 공식(interval estimation, 유의수준, α 조건)

$$\bar{x} - z_{1-\alpha/2} \cdot \frac{\sigma}{\sqrt{n}} < \mu < \bar{x} + z_{1-\alpha/2} \cdot \frac{\sigma}{\sqrt{n}}$$

여기서, $z_{1-\alpha/2}$ 는 표준정규분포의 누적확률이 $1-\alpha/2$ 조건에 해당하는 변량($-z_{\alpha/2}$)으로, 유의수준 α = 0.05 조건, 신뢰수준 0.95(95%) 조건에서 1.96, α = 0.01 조건에서는 2.57이다. 그러나 구간추정을 하려고 보면, 모집단의 표준편차(σ)를 모르기 때문에 계산을 할 수 없다. 계산을 하려면 표준편차를 표본 집단의 수치로 변경하여야만 한다. 변경 공식은 다음과 같다.

$$\bar{x} - z_{1-\alpha/2} \cdot \frac{s}{\sqrt{n}} < \mu < \bar{x} + z_{1-\alpha/2} \cdot \frac{s}{\sqrt{n}}$$

통계측도 추정에서 중요한 것은 '추정'이라는 본질적인 개념에서 보면 구간추정이 매우 중요하다. 추정하고자 하는 측도의 정의를 명확하게 보여주는 하나의 수식으로 계산되는 점 추정과 더불어 구간추정은 선택이 아닌 필수이다. 모든 추정은 점 추정과 구간추정이 짝을 이루어야 한다. 대체로 중요하거나 널리 이용되는 통계량은 구간추정 공식이 유도·제안되어 있으나, 이론적인 추정 방법이 없는 경우가 일반적이다. 이 경우에는 구간추정을 포기할 것인가? 다른 대표적인 방법이 있다. 그 방법은 Monte-Carlo 기법으로 간주될 수 있는 Bootstrap 방법이다. 일종의 복원 표본추출(re-sampling) 기법이다. 이 방법은 다수의 가상 데이터세트를 반복 발생하고, 그 데이터로 계산되는 다수의 통계 측도를 이용하여 신뢰구간 경계정보를 직접 추출하는 방법이다.

어떤 측도보다 중요한 평균이니, 표본의 개수가 작은 경우, 평균의 구간추정 내용을 추가한다. 표본의 개수가 보통 25~30개보다 작은 경우에는 다음 공식을 이용한다. 구간추정의 범위를 결정하는 계수 계산은 t-분포 함수를 이용한다.

$$\bar{x} - t_{(n-1, 1-\alpha/2)} \cdot \frac{s}{\sqrt{n}} < \mu < \bar{x} + t_{(n-1, z_{1-\alpha/2})} \cdot \frac{s}{\sqrt{n}}$$

여기서, $t_{(n-1, 1-\alpha/2)}$는 자유도(degree of freedom, df, $n-1$), 누적 확률이 $1-\alpha/2$ 조건에 해당하는 t 분포의 변량에 해당하며, R 프로그램의 경우 'qt' 함수를 이용하여 계산한다. 평균과 쌍을 이루는 또 하나의 통계량 표준편차(분산)에 대한 추정은 다음 공식을 이용한다. 분산의 경우, 구간추정의 범위를 결정하는 계수 계산은 $X^2(\chi^2)$-분포 함수를 이용한다.

$$\frac{(n-1)s^2}{X^2_{(n-1, 1-\alpha/2)}} < \sigma^2 < \frac{(n-1)s^2}{X^2_{(n-1, \alpha/2)}}$$

여기서, $X^2_{(n-1, 1-\alpha/2)}$, $X^2_{(n-1, \alpha/2)}$는 자유도(degree of freedom, df, $n-1$) 조건에서 누적 확률이 각각 $1-\alpha/2$, $\alpha/2$ 조건에 해당하는 X^2 분포의 변량에 해당한다. R 프로그램에서는

qchisq 함수를 이용하여 계산한다.

TIP — R 함수를 활용한 통계 측도 추정

통계량을 정의하는 공식을 이용하여 대표를 추정하고, 유의수준(신뢰수준)을 고려하여 구간추정을 수행한다. 각각의 통계량에 대한 추정 공식과 구간 공식은 아래와 같으며, 통계량은 통계측도로 자료의 특성을 표현하는 수치의 의미를 가진다. R 프로그램의 경우, DescTools 라이브러리를 이용할 수 있다. 추정하는 통계량은 표본 자료를 이용하여 참값을 추정하기 때문에, 자료의 개수와 변동의 영향을 받는다. 그 변동 정도는 불확실성을 의미하며, 구간추정으로 정량화된다.

앞서 사용한 태풍 자료를 이용하여, 매년 발생하는 전체 태풍 개수에서 우리나라에 영향을 미치는 태풍 개수의 비율을 추정할 수도 있다. 이는 모집단의 비율(모비율, population proportion)을 추정하는 것이며 R 프로그램의 prop.test 함수를 이용한 계산 방법은 다음과 같다.

```
prop.test(sum(nt_kor), sum(nt_all))

#       1-sample proportions test with continuity correction
#
# data:  sum(nt_kor) out of sum(nt_all), null probability 0.5
# X-squared = 1053.9, df = 1, p-value < 2.2e-16
# alternative hypothesis: true p is not equal to 0.5
# 95 percent confidence interval:
#  0.1110032 0.1414809
# sample estimates:
#         p
# 0.1254652
```

이상의 추정 결과에서 볼 수 있는 바와 같이, 전체 태풍 개수에서 우리나라에 영향을 미치는 태풍 개수의 비율, 점 추정 결과(추정 비율, $\hat{p}$)는 0.125(12.5%), 약 1/8 정도이며, 95% 신뢰수준에서의 구간추정 결과는 $0.11 \leq p \leq 0.14$로, 이는 전체 태풍의 약 11~14% 정도가 우리나라에 영향을 미친다고 95% 신뢰수준으로 주장할 수 있음을 의미한다.

2.4 가설의 검정(hypothesis testing)

가설 - 검정은 우리가 설정한 어떤 가설의 참 - 거짓을 판단하는 과정으로 통계적인 분석과정에서 매우 중요하고 핵심적인 위치를 차지하고 있다. 가설의 참 - 거짓 판단에서 중요한 내용은 오류에 대한 관심이다. 오류를 가능한 방법으로 최대한 줄이는 것이 가설 - 검정의 목표라고 할 수 있다. 따라서 가설 - 검정의 설명은 아래와 같이 분류되는 판단 가능한 모든 경우와 오류 유형에서 시작한다. 아래 행렬은 '혼동(confusion)'행렬이라고 부르지만, 통계분석에서 가설-검정을 공부한 사람은 절대 혼동해서는 안 되는 핵심적인 행렬이다.

표 2-3 귀무가설의 참, 거짓 조건에 대한 판정 유형(혼동행렬)

오류 유형		귀무가설의 실제 상태(미지)	
		참	거짓
(통계적 추론에 의한) 귀무가설에 대한 결정(판정)	기각하지 못함	옳은 추론($1-\alpha$) confidence level	**제2종 오류(β)**
	기각함	**제1종 오류(α)**	옳은 추론($1-\beta$) power

제1종 오류는 실제 귀무가설의 상태가 '참'이나 가설 검정에 의한 판단은 귀무가설을 '기각한' 경우를 말하며, 제2종 오류는 실제 귀무가설의 상태가 '거짓'이나 가설 검정에 의한 판단은 귀무가설을 '기각하지 못한' 경우를 말한다. 여기서 드러나는 문제는 상기 평균차이 검정 사례에서 보았듯, 유의수준 α와 p값은 모두 제1종 오류를 대상으로 한다는 점이다. 즉, '맞는 것'을 '틀리다'고 결정하는 오류(1종 오류)만을 고려하고 '틀린 것'을 '맞다'고 결정하는 오류(제2종 오류)를 간과한다는 것이다. 많은 경우 통계분석 수행 시 유의수준은 0.01, 0.05 또는 0.1 정도를 기본 값으로 수행한다. 유의수준 0.05 사용의 배경은 R.A. Fisher가 수행한 연구를 기반으로 주장한 수치이며, 당시 귀무가설을 증명하기 위한 p 값의 강도로 0.05 정도를 주장한 이후, 전통적으로 사용한 것이다(Fisher, 1992; Dahiru, 2008). 'p 값(p-value)'은 표본으로부터 그 귀무가설이 참이라는 조건에서, 그 가설을 기각하는 오류확률이다.

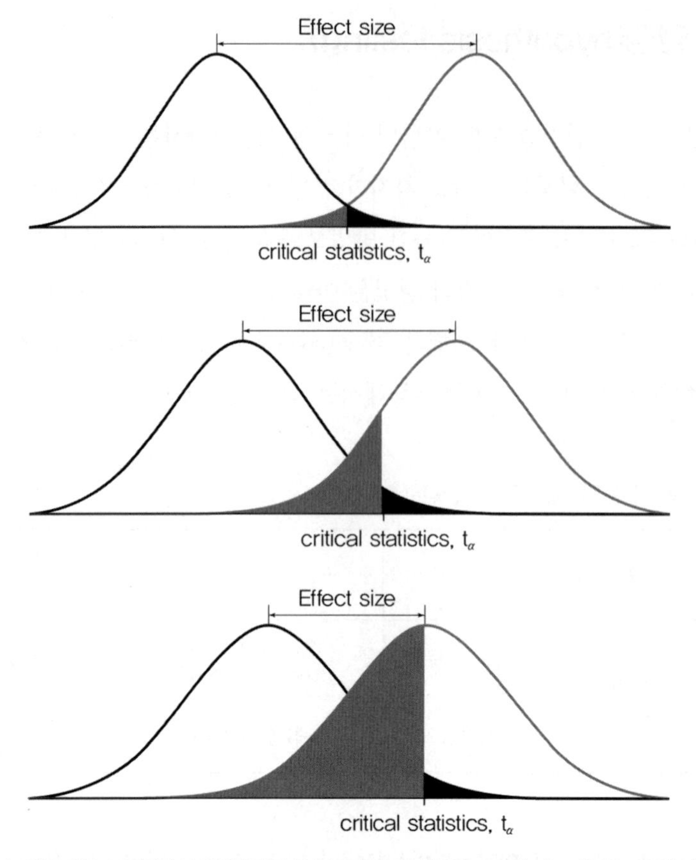

그림 2-4 귀무가설, 대립가설 조건에서 검정통계량의 분포함수와 제1종 오류(α), 제2종 오류(β) 관계와 유효크기(effect size) 차이에 대한 모식도(유효크기에 따라 제1종 오류 크기가 일정함에도 불구하고, 제2종 오류가 크게 변화. 제1종 오류 = 검정색 영역 면적, 제2종 오류 = 회색 영역 면적; 제1종 오류와 제2종 오류는 trade-off 관계)

제1종 오류와 제2종 오류의 관계는 그림과 같이 Trade-off 관계이므로 제1종 오류의 상한선인 유의수준 α를 작게 했을 때 제2종 오류(β)는 커지게 된다. 따라서 자료 특성 및 분석 목적에 따라 유의수준 또는 검정능력(power)을 적절한 수준으로 정해 판단을 하는 것이 필요하다.

참을 참으로 판정하는 능력은 확신(confidence)이라고 하고, 거짓을 거짓으로 판정하는 능력을 파워(power)라고 한다. 검정능력은 제1, 2종 오류를 나타낸 표에서 귀무가설이 거짓일 때 그 가설을 기각으로 판정하는 확률($1-\beta$)을 말한다. 평균 차이 검정의 예에서는 실제 두 집단 간 평균 차이를 검증해내는 확률을 말하며, 이익-손해가 상충되는 거래(trade-off) 관계인 제1종 오류와 표본 수, 효과크기(effect size)에 따라 달라진다. 평균 차이 검정의 검정능력 계산에서 기준으로 설정하는 제1종 오류 확률(유의수준), 표본 수는 이미 알고 있는 정보이므로 효과크기를 알면 검정능력(파워)을 계산할 수 있다(Prajapati et al., 2010).

2.4.1 기본 설정 정보 및 검정절차

가설-검정은 아주 유용한 통계적인 판정기법이다. 그리고 이 기법은 정형화된 절차를 따라 수행되기 때문에 어렵지는 않지만, 여러 단계로 구성되는 약간 복잡한 절차로 구성되어 있다. 그 절차와 절차수행에 필요한 기본 정보를 확인하고 수행하면 된다. 그 절차를 정리하면 다음과 같다.

(1) 제1단계: 검정하고자 하는 귀무가설(H_0, null hypothesis), 대립가설(H_1, H_a, alternative hypothesis)과 표본데이터를 이용하여 계산하는 공식(수식)과 검정 통계량의 분포가 주어진다.
표본의 개수가 작은 경우에는 이론적인 분포 함수가 수학적으로 유도되지 않는 경우가 빈번하고, 그 경우에는 다양한 근사공식 또는 통계모의 기법 등을 이용하여 이산형태의 표로 제시하거나 근사공식을 이용한다. 자료의 개수가 많은 경우에는 대부분의 경우 적절한 분포함수가 제시된다. 이론적인 검정 통계량의 분포함수가 없는 경우(유도가 안 되는 경우)에는 근사함수 또는 유의수준(α), 자료 개수(n) 등의 조건에서 귀무가설 기각-채택 경계가 되는 수치로 구성되는 표를 제시한다. 또는 분포함수를 이용한 사전 계산 정보를 표로 제시하는 경우도 빈번하다.

(2) 제2단계: 제1단계에서 주어진(준비한) 조건에서, 귀무가설에 대한 검정을 수행한다. 이 단계에서 가장 먼저 표본 데이터를 이용하여 검정 통계량을 계산한다.

(3) 제3단계: 계산된 검정 통계량이 검정 통계량의 분포의 채택, 기각 중 어느 영역에 포함되는지를 경계 검정 통계량을 이용하여 판정한다. 또한, 계산된 이 표본의 검정 통계량이 주어진 검정통계량 분포함수에서 그 이상 또는 그 이하가 되는 발생 확률을 계산한다. 이 값을 p-value라고 한다. 귀무가설의 채택-기각 여부는 p-value와 유의수준 α를 비교하여 결정한다. p-value $< \alpha$ 조건에서 귀무가설을 기각하며, 검정통계량을 직접 이용할 수도 있다. p-value의 의미는 다양하게 표현, 기술되지만 간단하게는 귀무가설을 기각할

경우의 오류 확률로, 이 확률은 유의수준보다 작은 경우 귀무가설을 기각할 수 있다.

참고로 검정 통계량을 이용한 채택-기각 영역 경계를 판정하는 영역은 유의수준(α) 기반의 신뢰구간을 의미한다. 이 경우는 양측검정(two-sided test)[3]과 단측검정(one-sided test)[4]의 두 가지로 구분된다. 양측검정은 유의수준 α 조건을 상한, 하한 벗어나는 확률이므로 각각 $\alpha/2$ 수준으로 분할하지만, 단측검정은 유의수준 분할이 불필요하다.

통계에서 널리 이용되는 검정은 다양한 가정을 전제로 수행된다. 이러한 가정에서 가장 대표적인 가정은 데이터의 '정규분포' 가정, 독립 가정, 일정한 분산(equal variance between two or more samples) 가정이다. 따라서 이 가정에 대한 검정은 검정 이전의 검정으로 기본 검정에 해당하여, 사용하고자 하는 검정 방법의 적절·타당함을 판정하는 '필수적인 선행' 절차이다. 그 검정에 대한 대표적인 방법은 다음과 같다.

2.4.2 독립성 검정

어떤 자료가 독립이라는 의미는 어떤 하나의 자료가 다른 자료에 영향을 미치지 않는다는 의미이다. 그 의미는 통계에서 사용되는 변수, 확률변수(random variables)가 가져야 하는 가장 중요한 특성이다. 이상적인 통계(수학) 영역에서 제시되는 가정이지만, 실질적으로도 매우 중요한 의미를 가진다. 현장에서 생산되는 자료는 인접한 공간(지점), 시간의 영향을 받기 때문에 독립 가정을 만족하지 못하는 경우가 빈번하다. 그러나 시간 - 공간의 영향범위를 벗어나는 자료, 또는 설명 가능한 영향을 제거한 잔차 자료 등은 독립을 가정할 수 있다. 독립을 가정하지만 실제로 그런지, 통계적으로 그런지 독립/무작위성(randomness)에 대한 검정은 수행되어야 한다. 일정한 순서(sequence)로 제시되는 어떤 자료에 대한 대표적인 검정 방법은 runs 검정 방법, 추세(trend)의 존재 여부로 독립을 판단하는 Mann-Kendall 검정 방법이 대표적인 검정 방법이다. 이 검정 방법의 귀무가설(H_0)은 '이 자료는 독립이다.' 그리고 추세검정의 경우에는 '이 자료는 무작위성(randomness)을 가진다', '이 자료는 추세가 없다'이다. 독립 검정은 R 프로그램의 randtests, trend 라이브러리에서 지원하는 함수를 선택하여 사용 가능하다.

3 검정 통계량 분포가 상한-하한 경계를 모두 벗어나는 경우

4 검정 통계량 분포가 상한 또는 하한 경계의 한쪽만 벗어나는 경우

대표적인 독립성 검정 함수는 randtests 라이브러리의 runs.test, turning.point.test 함수이고, 추세 검정 함수는 trend 라이브러리의 mk.test 함수이다.

자료의 독립 검정은 추세검정과 순차상관(serial correlation, lag-1 correlation, 신뢰구간 검정) 검정을 모두 수행하여 판단할 필요가 있다. 자료의 순서변수를 독립변수로 가정하여 선형모형으로 추정되는 'slope' 계수의 신뢰구간으로 파악할 수도 있다.

독립성 검정은 다음 코드로 수행한다. 자료는 앞서 시각화에 사용한 태풍 발생 개수 자료를 그대로 사용했으며, 아래 결과에서 볼 수 있듯이 독립성 및 추세 검정은 귀무가설을 기각하지 못하므로 각각 '독립성 만족', '추세 없음'으로 판단한다.

EXERCISE 독립성 검정

- 사용 자료: typhoon_data_all.csv, typhoon_data.csv
- 코드 파일: chapter_2_basic_test.R

```
# 필요한 라이브러리 호출
# install.packages(c("randtests", "trend")) # 설치가 되어있지 않은 경우 실행
library(randtests)
library(trend)

# 독립 검정 수행
runs.test(nt_all)
#        Runs Test
#
# data:  nt_all
# statistic = -0.8601, runs = 31, n1 = 33, n2 = 34, n = 67, p-value = 0.3897
# alternative hypothesis: nonrandomness
runs.test(nt_kor)
#        Runs Test
#
# data:  nt_kor
# statistic = 1.091, runs = 27, n1 = 30, n2 = 18, n = 48, p-value = 0.2753
# alternative hypothesis: nonrandomness
```

```
turning.point.test(nt_all)
#        Turning Point Test
#
# data:  nt_all
# statistic = 0.59673, n = 65, p-value = 0.5507
# alternative hypothesis: non randomness

# 추세검정 수행
mk.test(nt_all)
#        Mann-Kendall trend test
#
# data:  nt_all
# z = -1.1331, n = 72, p-value = 0.2572
# alternative hypothesis: true S is not equal to 0
# sample estimates:
#             S          varS           tau
# -2.330000e+02  4.192033e+04 -9.444866e-02
```

2.4.3 정규분포 적합 검정

정규분포 적합 검정은 어떤 (표본) 자료 또는 표본에서 파생되는 자료가 정규분포를 따르는지를 통계적으로 판단하는 방법이다. 자료의 정규분포 적합 여부는 대부분의 모수적인 검정 절차에서 요구되는 기본적인 가정(assumption)으로, 모수(parametric) 또는 비모수(non-parametric) 검정 방법을 선택하는 기준이 된다. 정규분포 적합 검정 절차에 대한 설명은 R 프로그램을 이용한 방법을 우선 설명하고, 그 방법에 대한 개념 및 세부적인 계산과정, 내용 설명으로 제시한다.

정규분포 검정은 수십여 가지의 검정 방법이 제안될 정도로 중요하다. 정규분포 적합 검정은 다양한 개념을 근거로 하는 다수의 방법이 존재하지만, 여기서는 대표적인 검정 방법으로 추천되는 Shapiro-Wilk 검정과 Anderson-Darling 검정 방법으로 제한한다. 이 두 방법은 모두 순서 통계량(order statistics)을 사용한다.

- 표본으로 사용하는 자료: 부산연안 제4지점(BK1417)에서 측정한 Secchi depth (m) 자료 (관측기간: 2000~2022(23년), 연 4회 관측, 자료의 개수는 92, 관측기관 KOEM)
- Shapiro-Wilk, 검정 방법을 이용한 정규분포 적합 검정은 다음과 같은 코드로 간단하게

수행할 수 있다. 표본 자료에는 "secchi_depth" 변수 이름을 부여한다. 정규성 검정 결과, 두 검정 방법 모두 $p < \alpha$로 귀무가설을 기각한다. 따라서 이 자료는 정규성 가정을 만족하지 못하며, 자료변환 등 추가 절차를 고려해야 한다.

```
# 필요한 라이브러리 호출
# install.packages("nortest") # 설치가 되어있지 않은 경우 실행
library(nortest)

# 자료 불러오기
secchi_depth <- read.csv("../data/Chapter_2/KOEM_BK1417.csv")[,8]

shapiro.test(secchi_depth)
# Shapiro-Wilk normality test
# data:  secchi_depth
# W = 0.94446, p-value = 0.0006641

ad.test(secchi_depth)
# Anderson-Darling normality test
# data:  secchi_depth
# A = 1.3867, p-value = 0.00129
```

함수를 이용하여 통계적인 검정을 수행하는 경우, 결과는 간단하게 검정 통계량(test statistic), 검정 통계량이 따르는 (근사) 분포함수를 이용하여 계산되는 p-value 제시를 기본으로 한다. 결과 해석을 위해서는 검정의 대상이 되는 귀무가설(null hypothesis)이 무엇인가를 확인하여야 한다. p-value 해석은 (1) 표본(자료)이 가설을 지지하는 확률, (2) 귀무가설을 기각하는 경우 오류 확률 등 다양한 의미로 설명되는 내용을 기반으로 해석할 수 있다. 유의수준(significance level, α)을 기준(critical) 오류 확률로 간주하는 경우, 이 기준 오류확률보다 p-value 수치가 작다. 이 의미는 가설을 기각하는 경우, 오류 확률이 매우 작다는 의미로 가설을 기각하는 판정을 내릴 수 있다. Shapiro-Wilk 검정, Anderson-Darling 검정 방법에서 귀무가설(H_0)은 '이 자료는 정규분포를 따른다'(또는 귀무(歸無), null)라는 단어를 부각하면 '이 자료는 정규분포를 따르는 자료와 차이가 없다')로 동일하다. 따라서 정규분포를 따른다는 가설은 기각된다.

정리하면, p-value 기준의 가설 기각-채택은 다음 기준을 따른다. 통계량으로 판단하는 경우에는 유의수준에 대응하는 한계(critical) 통계량을 기준으로 $p < \alpha$인 경우에는 H_0 가설을 기각(reject)하고, $p \geq \alpha$인 경우에는 H_0 가설을 채택(accept)한다는 것으로 판정한다.

지금까지 자료의 정규분포 적합 검정 과정을 살펴보았다. 간단한 도식적인 방법으로는 QQ-plot 기법을 사용하기도 한다. 이 방법은 표본자료의 '정규분포 적합' 여부를 판정할 수는 없으나, 자료의 정규분포 이탈 정도를 도식적으로 확인할 수 있는 장점이 있다. QQ-plot 그림은 R 프로그램의 경우, qqnorm, qqline 함수를 이용하여 간단하게 그릴 수 있으며, 그리는 과정은 다음과 같다.

표본자료: $x_i,\ i = 1,2,\ \cdots\ ,n$

표본자료를 오름차순으로 정렬(순서/순위자료): $x_{(i)},\ i = 1,2,\ \cdots\ ,n.$

여기서, 오름차순으로 정렬된 자료($x_{(1)} \leq x_{(2)} \leq \cdots \leq x_{(n)}$)를 순서통계량(order statistics)이라 하는 경우, 이 통계량을 표본 분위수(sample quantiles)라고 한다. 그리고 각각의 자료 순위에 따라 다음 공식으로 누적확률(cumulative probability, $p_i = (i-0.5)/n$)을 부여한다. 이 누적확률(p_i)에 대하여 표준정규분포 조건에서 얻어지는 이론적인 분위수(theoretical quantiles, z_i)는 다음과 같이 계산한다. $z_i = \Phi^{-1}(p_i)$. 이 계산은 R 프로그램의 경우, qqnorm 함수를 이용한다. 이상과 같이 얻어지는 표본분위수, 이론분위수 자료의 산포도(scatter-plot)가 아래와 같은 QQ plot 함수를 이용한 그림과 같다.

```
qqnorm(secchi_depth)
qqline(secchi_depth, col = 2)
```

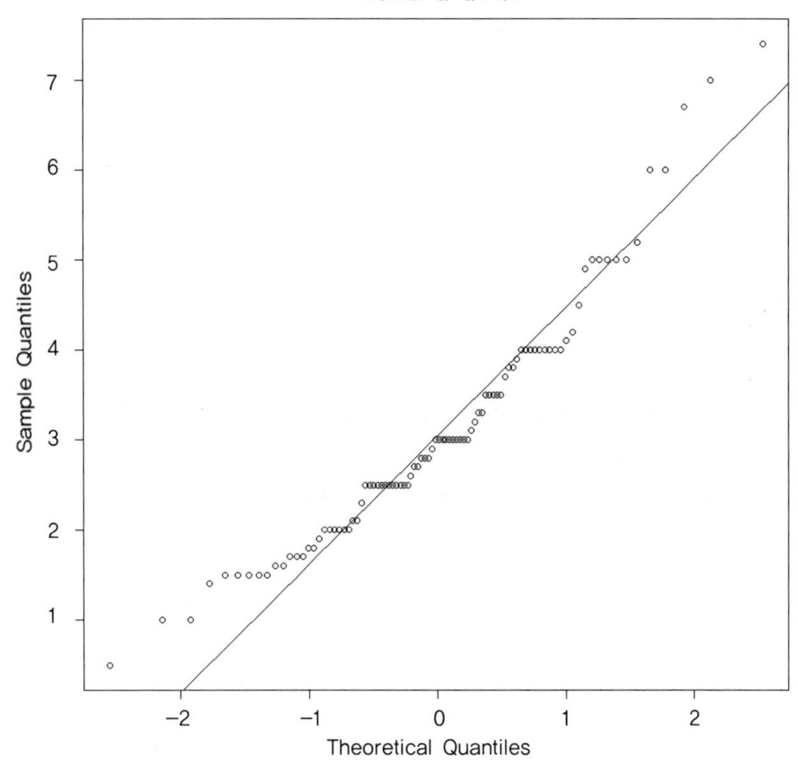

그림 2-5 표본분위수와 이론분위수의 산포도(QQ plot)

다수의 정규분포 적합 검정을 수행한 결과, Secchi depth 자료는 정규분포를 따른다는 가설이 기각되기 때문에 모수적인 검정기법의 적용에 제한이 따른다. 이 경우, 분석방향은 비모수 검정기법을 선택하는 방향과 정규분포를 따르는 자료로 변환하는 과정을 시도하는 부분으로 양분된다. 다양한 자료변환 방법이 있으나, 정규분포 자료의 변환 목적으로는 Box-Cox 변환 기법이 널리 이용되고 있다. 그 변환 공식은 다음과 같다.

$$\lambda \neq 0 \text{ 조건: } Y = \frac{X^{\lambda} - 1}{\lambda},$$

$$\lambda = 0 \text{ 조건: } Y = \log(X)$$

R 프로그램을 이용하는 경우, EnvStats 라이브러리에서 제공하는 boxcox 함수를 이용한다.

이 함수는 어떤 자료를 정규분포에 가장 근접하게 변환시켜주는 매개변수를 추정한다. 그 다음에는 최적(optimal) 추정된 그 매개변수를 이용하여 자료를 변환하고, 변환된 자료를 이용하여 정규분포 적합 검정을 수행하게 된다. Secchi depth 자료를 이용한 그 과정은 다음과 같다.

```
library(EnvStats)
bct <- boxcox(secchi_depth, optimize=TRUE)
bct$lambda
# [1] 0.3654415

# 최적 추정 매개변수를 이용한 Secchi depth 자료변환
lambda_opt <- bct$lambda
Tdata <- boxcoxTransform(secchi_depth, lambda=lambda_opt)
plot(Tdata)
```

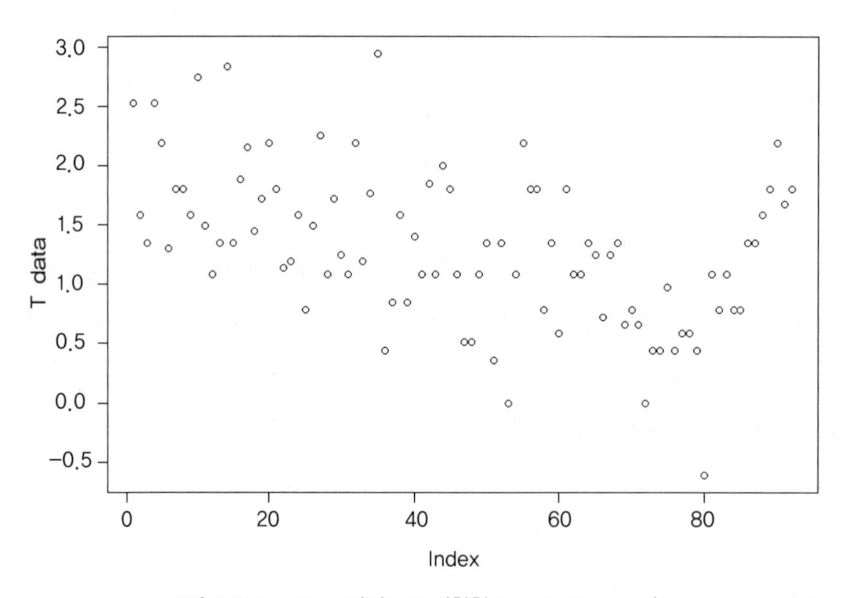

그림 2-6 Box-Cox 기법으로 변환한 Secchi Depth 자료

```
shapiro.test(Tdata)
#       Shapiro-Wilk normality test
#
# data:  Tdata
# W = 0.98759, p-value = 0.5398

ad.test(Tdata)
#       Anderson-Darling normality test
#
# data:  Tdata
# A = 0.41915, p-value = 0.3206
```

이상의 변환된 자료에 대한 Shapiro-Wilk, Anderson-Darling 검정기법을 이용한 정규분포 적합결과를 정리하면, p-value > 0.05 조건을 만족하기 때문에 귀무가설을 기각할 수 없다. 이 판정을 통계적으로 조금 엄격하게 기술하면, '이 변환된 자료는 정규분포를 따른다'는 가설을 기각할 수 없다. p-value 기반 해석은 귀무가설이 '참'이라는 조건에서 수행되기 때문에 해석에 한계가 있다. 귀무가설이 거짓인 경우에도 평가를 하여야 하기 때문에, Type II 오류 기반의 분석도 수행되어야 한다. 일반적으로 정규분포 적합 검정은 CDF 기반의 방법이 널리 이용되고 있다. 확률밀도함수(pdf) 기반의 X^2 방법도 있으나, 표본 데이터를 이용하여 자료 구간을 구분하고, 각각의 구간(bins, class)에 최소 5개 정도의 데이터를 포함하여야 하는 등의 실질적인 기준 만족이 곤란한 경우에는 사용에 제한이 따른다. 자료의 개수가 충분하고, 적절한 형태의 분포함수 형태가 보이는 경우와 범주자료와 같이 구분이 명확한 분포적합 검정에는 매우 유용한 방법이고, 널리 사용되고 있다.

2.5 두 표본의 차이 검정

차이를 검정하는 이유는 무엇일까? 동일한 변수 조건에서 관측시간, 공간 조건에 대한 차이검정, 또는 조건 차이에 대한 표본 통계측도의 차이 검정 등으로 구분되며, 조건의 차이로 데이터의 유의미한 차이가 발생하는가에 대한 관심은 기본적인 관심에 해당한다. 어떤 조건의 데이터에 영향을 미치는가? 그 조건에 대한 영향 여부를 판단하기 위하여 차이 검정을 수행한다.

2.5.1 두 표본의 평균 차이 검정

두 표본의 평균차이 검정은 검정 방법 선택을 위한 사전 검정이 요구된다. 관련된 절차는 다음과 같이 요약되며, 각 단계에서 선택 가능한 방법을 제시한다.

(1) Step 1: 두 표본의 정규 분포 적합 검정을 수행한다. 추천하는 방법은 Shapiro-Wilk 검정 또는 Shapiro-Francia 검정, Anderson-Darling 검정 방법이다.

(2) Step 2: 제1단계에서의 검정 기각, 채택(정규분포 적합조건 만족, 불만족) 여부에 따라 분산(또는 scale 모수) 차이 검정을 수행한다. 표본이 정규분포 적합 조건을 만족하는 경우, 두 표본의 분산 차이 검정 (F-test), Bartlett 검정을 수행하고, 표본이 정규분포 가정을 만족하지 못하는 경우, 두 표본의 (비)모수 분산 또는 다른 분산모수(scale) 차이 검정을 수행한다. Ansari-Bradley 검정, Mood 검정 또는 두 표본의 분산 동질 검정을 수행한다. 모수적 방법인 Bartlett 검정, 비모수적 방법인 Fligner-Killeen 검정을 수행할 수도 있다.

(3) Step 3: 두 표본의 분산 차이, 정규분포 적합 조건에 따라 평균 차이 검정을 구분하여 수행한다. 두 표본이 정규분포를 만족하는 경우, 분산차이로 세분하면, 두 표본의 분산 차이가 있는 경우, Welch-(Aspin)-t 검정, 두 표본의 분산 차이가 없는 경우, t 검정을 수행한다. 두 표본이 정규분포 가정을 만족하지 못하는 경우, 분산차이로 세분하면 두 표본의 분산 차이가 있는 경우에는 Wilcoxon 검정, 두 표본의 분산 차이가 없는 경우에는 추가로 세분하여, 분포 대칭 조건에서는 Fligner-Policello 검정, 분포 비대칭 조건에서는 Brunner-Munzel 검정기법을 선택하여 수행한다.

(4) Step 4(선택사항): 두 표본의 분포 차이 검정은 twosamples 라이브러리의 Anderson-Darling 검정 등을 이용한다.

두 표본의 차이 검정은 지점, 시점, 또는 기타 조건의 차이가 있는 두 그룹(또는 그 이상의) 데이터 세트에 통계적으로 유의미한 차이 검정을 의미하며, 그 차이를 판단하는 측도는 평균이 가장 일반적이지만, 평균 차이 검정에서 분산차이 여부, 자료의 정규분포 적합 여부에 따라 적절한 검정 방법을 선택하는 과정이 요구된다.

표 2-4 두 표본의 차이 검정 측도에 따른 검정 방법

(a) 분산차이 검정	
데이터가 정규분포 조건을 만족하는 경우, 모수적인 검정기법(parametric method)	데이터가 정규분포 조건을 만족하지 못하는 경우, 비모수적인 검정기법(non-parametric method), scale
F-test Bartlett test Friedman test (for k samples)	Levene test Brown-Forsythe test Ansari-Bradley test Mood test Fligner-Killeen (median) test (for k samples)
(b) 평균 차이 검정	
데이터가 정규분포 조건을 만족하는 경우, 모수적인 검정기법(parametric method)	데이터가 정규분포 조건을 만족하지 못하는 경우, 비모수적인 검정기법(non-parametric method), median
[두 표본의 통합 분산을 이용하는 경우] Student t-test ANOVA test(두 표본 이상인 경우) [두 표본의 분산이 다른 경우] Un-equal variance t-test (a.k.a. Welch t test)	Mann-Whitney U test (un-paired groups) (a.k.a. Wilcoxon Rank Sum test) Wilcoxon test (paired groups) (Wilcoxon signed rank (sum) test) Kruskal-Wallis (rank sum) test (for k samples)
(c) 분포 차이 검정(두 표본자료의 분포 차이 검정) (R twosamples 라이브러리)	
확률밀도함수(pdf) 기반 방법	CDF 기반 방법
X^2 - test (데이터를 다수의 bin 간격으로 구분, 하나의 bin 구간에는 최소 5개 이상의 자료가 포함되도록 구성)	Anderson-Darling test Kolmogrov-Smirnov test DTS test

두 표본의 차이 검정 방법은 매우 다양한 방법, 유사한 이름으로 제시되고 있기 때문에 다소 혼동되는 경우가 발생한다. 검정 방법의 '명칭'이 혼동되는 경우, 확실한 확인 방법은 검정 통계량을 계산하는 수식을 비교하면 된다. 검정 방법의 핵심은 통계량 계산 방법과 그 통계량의 분포함수이므로 통계량 계산 수식이 동일하면 같은 방법으로 간주할 수 있다.

2.5.2 두 표본 이상의 분산 차이 검정

어떤 자료의 정규분포 적합 검정, 독립(무작위성) 검정은 하나의 표본에 대하여 수행하였으나, 동일한 분산은 두 개 이상의 표본을 대상으로 한다. 두 개 이상의 표본이라는 의미는 동일한 변수를 대상으로, 다른 조건에서 생산된 변수 또는 어떤 기준으로 분류된 두 개 이상의 그룹 자료를 의미한다. 간단한 경우로 한정하기 위하여 일단 두 표본(두 그룹의 표본)에 대한 분산 차이 검정 방법을 소개한다. 분산 검정 방법의 귀무가설(H_0)은 '두 표본 사이의 분산차이는 없다'이다.

두 자료가 정규분포 적합 조건을 만족하는 경우에는 F-분포를 이용하는 F 검정 방법을 이용한다. 이 방법은 두 표본의 분산 비율을 이용하여 분산의 동일 여부를 판단하는 검정이다. 대표적인 모수 추정 방법이다. 그러나 두 표본 자료가 정규분포 조건을 만족하지 못하는 경우에는 비모수적인 방법을 선택하여야 한다. 대표적인 비모수적 분산 차이 검정 방법은 Levene 검정, Bartlett 검정 방법이 있다. 각각의 검정 방법에 대한 통계량을 수식으로 제시한다. 모든 통계량은 당연히 표본자료를 이용하여 계산이 되는 수치여야 한다.

두 표본을 $x_i,\ i=1,2,\cdots,n;\ y_i,\ i=1,2,\cdots,m$ 기호를 사용한다. 그러나 동일한 변수라는 조건을 부각하기 위하여 다음과 같은 구분기호, 첨자 등도 선호된다.

$x_{i,j},\ i=1,2,\cdots,k$(구분 표본 그룹의 개수, 여기서는 $k=2$),

$j = 1,2,\ldots,n_i$

여기서, n_i는 각각의 표본 그룹에 대한 자료 개수이고, 전제 자료의 개수는 n이며, n_1+n_2와 같다. 일반적인 기호 표현으로는 다수(k) 그룹의 경우, 각각의 그룹 표본 개수를 모두 더하는 기호, $\sum_{i=1}^{k} n_i$를 사용한다.

이제 대표적인 검정 통계량에 대한 수식을 알아보자.

• F 검정 통계량

$$F = s_1^2/s_2^2$$

여기서, s_1^2, s_2^2는 그룹 1, 2에 포함되는 자료의 분산이다.

• Levene(다중집단) 검정 통계량

$$W = \frac{n-k}{k-2} \frac{\sum_{i=1}^{k} n_i (\overline{x}_i - \overline{x})^2}{\sum_{i=1}^{k} \sum_{j=1}^{n_i} (x_{ij} - \overline{x}_i)^2}, \ k > 2$$

$$W = (n-1) \frac{n_1 (\overline{x}_1 - \overline{x})^2 + n_2 (\overline{x}_2 - \overline{x})^{2^2}}{\sum_{j=1}^{n_1} (x_{ij} - \overline{x}_1)^2 + \sum_{j=1}^{n_2} (x_{ij} - \overline{x}_2)^2}, \ k = 2$$

여기서, $\overline{x}$는 전체 자료의 평균이고, $\overline{x}_1$, $\overline{x}_2$ 는 각각 그룹 1, 2에 포함되는 자료의 평균이다. n_1, n_2는 각각 그룹 1, 2에 포함되는 자료의 개수이다.

• Bartlett 검정 통계량

$$X^2 = \frac{(n-k)\ln(S_p^2) - \sum_{i=1}^{k} (n_i - 1)\ln(S_i^2)}{1 + \frac{1}{3(k-1)} \left(\sum_{i=1}^{k} \frac{1}{(n_{i-1})} - \frac{1}{n-k} \right)}$$

$$X^2 = \frac{(n-2)\ln(S_p^2) - \left((n_1 - 1)\ln S_1^2 + (n_2 - 1)\ln(S_2^2)\right)}{1 + \frac{1}{3} \left(\frac{1}{n_1 - 1} + \frac{1}{n_2 - 1} - \frac{1}{n-2} \right)}, \ k = 2$$

여기서, S_p^2는 전체 자료의 분산(pooled variance)이며, 수식 $S_p^2 = (1/(n-2)) \cdot \left[(n_1 - 1)S_1^2 + (n_2 - 1)S_2^2\right]$ 으로 계산된다. 그리고 S_1^2, S_2^2는 각각 그룹 1, 2에 포함되는 자료의 분산이다.

이와 같은 검정 방법은 기본 설치 라이브러리인 stats에서 제공하는 var.test, bartlett.test 함수와 car 라이브러리에서 제공하는 leveneTest 함수를 이용할 수 있다.

다음은 실제 해양환경 관측자료를 이용한 통계적 검정 절차를 나열한 것이고, 이어서 R 코드를 이용한 수행 방법을 제시한다.

1) 두 표본자료 세트 준비 및 기본 가정 점검

- Step 1: 자료의 정규분포 적합 검정(각각의 표본에 대하여 수행, 두 표본 모두 정규분포 적합 조건을 만족하여야 함)
- Step 2: 정규분포 적합 조건 만족 여부에 따른 평균차이 검정 방법 선택

2) 귀무가설(H_0) 설정 및 검정 수행

- Step 3: 선택한 검정 방법을 이용하여 평균 차이 검정을 수행
- Step 4: 검정 통계량 또는 p-value 크기를 이용하여 귀무가설의 기각/채택 여부 판정

EXERCISE 두 표본의 평균 차이 검정: 표층과 저층 용존산소의 평균 농도 차이 검정

- 사용 자료: BK1417_DO.txt
- 코드 파일: chapter_2_mean_difference_test.R

Step 0: 기본 독립 검정(IID 가정 검정), 귀무가설(H_0): 자료는 독립(random)이다.

```
# 자료 불러오기
DO <- read.table("../data/BK1417_DO.txt", header=FALSE)
DOS <- DO$V1
DOB <- DO$V2

# 독립성 검정
library(randtests)
library(trend)
runs.test(DOS)
#         Runs Test
# data:  DOS
# statistic = -0.87539, runs = 22, n1 = 24, n2 = 24, n = 48, p-value = 0.3814
# alternative hypothesis: nonrandomness

runs.test(DOB)
```

```
#        Runs Test
# data:  DOB
# statistic = 0.2918, runs = 26, n1 = 24, n2 = 24, n = 48, p-value = 0.7704
# alternative hypothesis: nonrandomness
```

p-value 기반, 독립 검정 결과를 기술하면, p-value > 0.05 조건에서는 귀무가설을 기각할 수 없다. 따라서 판정은 '자료는 독립이다'라는 귀무가설을 기각할 수 없다.

Step 1: 정규분포 적합 검정, nortest 라이브러리 이용, 귀무가설(H_0): 데이터의 분포는 정규분포와 다르지 않다.

Shapiro-Wilk 검정, Anderson-Darling 검정을 적용한 결과, 귀무가설 채택으로 판정

```
# 정규성 검정
shapiro.test(DOS)
#       Shapiro-Wilk normality test
# data:  DOS
# W = 0.97736, p-value = 0.474

shapiro.test(DOB)
#       Shapiro-Wilk normality test
# data:  DOB
# W = 0.98252, p-value = 0.686

library(nortest)
ad.test(DOS)
ad.test(DOB)
```

Step 2: F 검정 방법을 선택.

Step 3: F 검정을 이용하여 분산 차이 검정 수행. 두 표본에서 분산차이가 없다는 귀무가설을 채택하는 것으로 판정

Step 4: 분산차이 검정이 우선이지만, Step 3 단계를 생략하고 분산이 다른 조건에서 평균차이 검정(Welch 검정) 수행이 가능하다. Step 3에서 검정 결과, 분산차이가 없는 경우, Student t 검정 수행

```
# 분산 및 평균차이 검정
var.test(DOS, DOB)
# F test to compare two variances
#
# data:  DOS and DOB
# F = 1.0512, num df = 47, denom df = 47, p-value = 0.8649
# alternative hypothesis: true ratio of variances is not equal to 1
# 95 percent confidence interval:
#   0.5892624 1.8751005
# sample estimates:
#   ratio of variances
# 1.051155

t.test(DOS, DOB, var.equal=TRUE)
# Two Sample t-test
#
# data:  DOS and DOB
# t = 2.3612, df = 94, p-value = 0.02028
# alternative hypothesis: true difference in means is not equal to 0
# 95 percent confidence interval:
#   0.07873132 0.91085201
# sample estimates:
#   mean of x mean of y
# 8.341042  7.846250
```

p-value < 0.05 조건이므로, '두 표본의 평균 차이는 없다'는 귀무가설을 기각하며, 2종 오류에 대한 평가는 pwr 라이브러리의 pwr.t.test 함수를 이용하여 다음과 같이 수행한다.

```
# 필요한 라이브러리 호출
# install.packages("pwr") # 설치가 되어있지 않은 경우 실행
library(pwr)
ES <- (mean(DOS) - mean(DOB))/sd(c(DOS, DOB))
pwr.t.test(n = length(DOS), d = ES, sig.level = 0.05, power = NULL,
    type = "paired", alternative = "two.sided")
#      Paired t test power calculation
#
#               n = 48
#               d = 0.4707833
#       sig.level = 0.05
#           power = 0.89147
#     alternative = two.sided
#
# NOTE: n is number of *pairs*
```

Power 검정은 검정능력을 판단하는 과정으로, 제2종 오류(β) 계산이 가능하다. 본 분석 결과를 보면, Power = 0.89, 제2종 오류 β = 0.11이다. 제2종 오류는 제1종 오류와 'trade-off' 관계이며, 유효크기와 표본의 개수가 증가할수록 감소하는 경향을 보인다. 'trade-off'는 거래관계로 간주하며, '주는 것이 있으면 받는 것이 있다'처럼, '제1종 오류가 증가하면, 제2종 오류가 감소하고, 제2종 오류가 증가하면 제1종 오류가 감소한다'처럼 상호 작용 양상을 표현하는 경우 사용되며, 최적을 선택하여야 하는 경우, 발생하는 중요한 개념이다.

두 집단 'pairwise'(자료의 개수가 같고, 서로 대응되는) 자료의 평균차이 검정에서, Cohen 유효크기(d)를 사용하며 계산은 다음과 같다.

$$d = \frac{\mu_1 - \mu_2}{\sigma_p},\ \sigma_p = \sqrt{\left(\sigma_1^2 + \sigma_2^2\right)/2}$$

여기서, 평균(μ), 표준편차(σ)의 첨자 1, 2는 두 표본 집단이다.

자연과학 분야라고 해서 반드시 판단의 가중치가 동일해야 한다는 것은 아니지만 현상을 객관적으로 바라본다는 관점은 어떤 상황에서도 유효하다. 특히 실험실에서 통제된 결과가 아닌 현장 관측자료에는 현상의 복잡성을 그대로 내포하고 있기 때문에 0.05 기준은 지나치게 엄격할 수 있다. 또한 현실적 한계로 인해 표본 채집이 한정된 상황에서 무리하게 유의수준을 낮추어 검정을 수행하는 것은 2종 오류의 기하급수적인 증가를 유발하여 분석 결과를 무의미하게 만들 수 있다. 따라서 중요도라는 외부 요소가 개입하지 않는 현상 자체의 객관적인 검증이 요구될 때에는 1, 2종 오류의 합을 최소화하는 방향으로 검정을 수행하는 것이 타당할 것이다. 전통적인 기준은 0.05, 수준을 유지하는 조건에서 거절한 표본 개수를 선정한다. 그러나 주어진 표본 개수 조건에서 오차분석을 하는 경우, 제1종 오류가 증가하는 경우, 제2종 오류는 감소하기 때문에 제1종 오류와 제2종 오류가 대응한 수준으로 선정하는 것을 추천한다.

TIP — pwr 라이브러리를 이용한 2종 오류 점검

pwr 라이브러리는 '검정력'을 계산하기 위해 개발되었다. pwr 라이브러리에는 앞서 다룬 t-test의 검정력을 계산하는 pwr.t.test 함수를 포함하여, 상관 검정의 검정력을 계산하는 pwr.r.test, 카이제곱 검정의 검정력을 계산하는 pwr.chisq.test 등 다양한 통계적 검정기법에 대한 검정력 계산 함수들이 있다. pwr.t.test 함수의 인자를 살펴보면, n, d, sig.level, power를 입력하도록 되어 있는데, 특정 자료 수, 유효크기, 유의수준 조건에서 검정력을 계산하려면 n, d, sig.level을 입력하고 power 인자를 NULL(기본값)로 입력하면 된다. 다른 방식으로 응용할 수도 있다. 예를 들어, 실험을 설계한다고 가정하면, 예상되는 유효크기와 유의수준 하에서 일정 수준의 검정력을 확보하고 싶을 것인데, 이때는 n을 NULL로 입력하고 나머지 요구조건을 다음과 같이 입력하면 된다.

```
pwr.t.test(d = 0.3, sig.level = 0.05, power = 0.8,
           type = "two.sample", alternative = "two.sided")
```

type은 검정자료의 형태를 의미하고, alternative는 양측 검정과 단측 검정 방식을 결정하는 인자이다.

2.5.3 두 표본 이상의 평균 차이 검정

앞서 검정능력(power of the test) 평가를 위해 사용한 t-test는 두 집단의 평균 차이가 있는지 통계적으로 검정하는 기법이다. 많은 경우에 실험이나 관측으로 수집된 자료들은 실험 조건이나 관측시기 또는 지점에 따라 두 개 이상의 집단으로 구분된다. 이 경우 분산분석(ANalysis Of VAriance, ANOVA) 방법으로 여러 집단 간의 평균 차이를 검정한다. 분산분석은 통계학자인 Ronald Fisher에 의해 개발되었고, 여전히 많은 분야에서 사용하는 통계 기법이다.

분산분석을 위한 자료 형태는 다음과 같다. 일반적으로 각 변수들을 파악하기 쉬운 펼친 행렬 형태(wide form)로 자료를 정리하는 경우가 많으나, 프로그램 효율 등을 위해서 각 변수를 색인 값(index)으로 쌓아 올린 벡터 형태(long form)를 선호하기도 한다. 여기서는 Long form 자료를 사용한다. 또한 여기서 사용한 자료에서는 각 Group의 표본 수가 n개로 같으나 실제 분석에 사용하는 자료에서는 Group별로 표본 개수는 다를 수 있다.

1) 행렬형태(wide form) 자료구조

Group Number	Group-1	Group-2	...	Group-k
Data symbols	$x_{1,j}$ $j=1,2,\cdots,n_1$	$x_{2,j}$ $j=1,2,\cdots,n_2$	...	$x_{k,j}$ $j=1,2,\cdots,n_k$

여기서, k는 그룹의 개수이며, 각각의 그룹에 포함된 자료의 개수는 첨자를 이용하여 표현하면 n_j(j=1, 2, ⋯ , k)이고, 전체 자료의 개수 n은 모든 그룹의 자료개수를 합한 $\sum_{j=1}^{k} n_j = n$ 조건을 만족한다.

2) 벡터형태(long form, stacked form) 자료구조

$$[x_{1,1}, x_{1,2}, , \cdots ,x_{1,n_1}; x_{2,1}, x_{2,2}, , \cdots ,x_{2,n_2}; \cdots ; x_{k,1}, x_{k,2}, \cdots ,x_{k,n_k}]^T$$

여기서, $x_{i,j}$는 데이터 기호이며, i는 그룹 인덱스 일련번호($i=1,2,\cdots,k$)이고, j는 각 그룹의 데이터 번호 인덱스이며 그룹자료의 개수까지의 일련번호($n_1, n_2, \cdots ,n_k$)에 해당한다.

F 분포를 이용하여 검정할 자료의 분산 비율 F_X는 다음과 같이 계산한다.

$$F_X = \frac{BMS}{WMS}$$

여기서, BMS와 WMS는 각각 그룹 간, 그룹 내에서의 변동성분 크기를 의미하며, 다음과 같이 계산한다.

$$BMS = \frac{BSS}{(k-1)}, \ BSS = \sum_{i=1}^{n} n_{ij}(\overline{x_{ij}} - \overline{x})^2$$

$$WMS = \frac{WSS}{(n-k)}, \ WSS = \sum_{j=1}^{k}\sum_{i=1}^{n}(x_{ij} - \overline{x}_j)^2$$

여기서, $i = 1, 2, \cdots, k$, $j = 1, 2, \cdots, n_i$이며, $\overline{x}_j$는 j번째 그룹의 평균, $\overline{x}$는 전체 자료의 평균이다.

R을 이용한 분산분석 통계량 계산과정은 다음과 같으며, 추가로 계산 결과의 검증을 위해서 R에서 내장 함수로 제공하는 aov 함수를 이용하여 통계량 및 확률값을 검증한다. 더불어, 분산분석을 이용해 집단 간 유의한 평균 차이가 있다는 것이 검증되었으나, 어떤 집단 사이의 평균이 다른지 아직은 알 수 없다. 이때 사용하는 방법이 사후검정(post-hoc)이다. 평균 차이 검정의 경우 사후검정을 통해 집단을 하나씩 짝지어 유의한 평균차이가 있는지 추가로 검정한다. 여러 기법들이 있으며 여기서는 Tukey's HSD(Honest Significant Differences) 기법을 사용한다. 이 방법 역시 R에서 기본으로 제공하는 함수이며, 앞서 수행한 분산분석 함수인 aov로 생산된 결과자료를 입력자료로 받고, aov_data 결과 객체를 TukeyHSD 함수에 입력한다.

HSD 기법으로 계산된 p값은 t-test나 분산분석처럼 평균차이가 없다는 귀무가설을 전제로 하므로 유의수준보다 낮을 경우 유의한 차이가 있는 것으로 해석한다.

EXERCISE 두 표본의 평균 차이 검정: 표층과 저층 용존산소의 평균 농도 차이 검정

- 사용 자료: KOEM_BK1417.csv
- 코드 파일: chapter_2_ANOVA_test.R

```
# 자료 불러오기
idata <- read.csv("../data/KOEM_BK1417.csv")

# 분산분석 수행: 수질등급의 계절별 차이
aov1 <- aov(idata[,39] ~ as.factor(idata[,4]), data=idata)

# 요약 및 사후검정
summary(aov1)
                     Df Sum Sq Mean Sq F value  Pr(>F)
as.factor(idata[, 4])  3  10.29   3.431    4.48 0.00564 **
Residuals             88  67.39   0.766
---
Signif. codes:  0 '***' 0.001 '**' 0.01 '*' 0.05 '.' 0.1 ' ' 1

phoc <- TukeyHSD(aov1, conf.level=0.95)
plot(phoc)
```

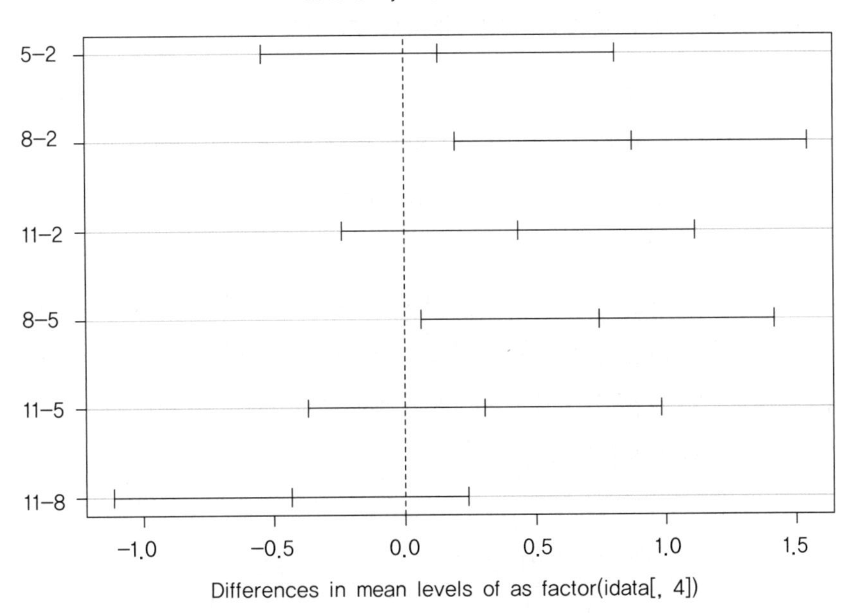

그림 2-7 TukeyHSD 함수를 이용한 분산분석 결과의 사후검정

분산분석 결과, 계절별 수질 등급의 차이가 없다는 귀무가설이 기각된다($p < 0.05$). 따라서 구체적으로 어떤 계절에서 차이가 발생하는지를 사후검정(Post-Hoc)을 통해 확인한다. 사후검정 결과, 8월과 5월, 8월과 2월에서 수질 등급의 차이는 95% 신뢰구간이 0(차이 없음)을 포함하지 않으므로 유의미한 평균 차이가 있는 것으로 판정한다.

2.6 두 독립변수의 상관분석

두 변수의 상관분석은 두 변수가 어느 정도 상호 변화 양상이 유사한지를 수치로 판단하는 방법이다. 이 방법은 상관 여부를 판단하는 검정과 상관이 있다면 어느 정도인지를 판단하는 과정으로 구분되지만, 실질적으로는 상관분석과 검정(correlation analysis, correlation test)이라는 이름으로 동시에 수행된다. 다만 해석의 관점에서는 분리하여 해석 결과를 기술할 필요가 있다. 상관분석은 선형 상관분석에 해당하는 Pearson 수치 상관분석과 Spearman, Kendall 순위 상관분석으로 구분한다.

2.6.1 피어슨 상관계수(Pearson correlation coefficient)

상관분석은 두 변수를 대상으로 수행하며, 두 변수 간에 (선형) 상관이 있는가를 통계적으로 검정하는 절차이다. 상관계수는 두 변수가 변할 때 상대 변수가 얼마나 변하는지를 나타내는 무차원수이며, 단위가 다른 두 변수의 관계를 나타내기 위해 $-1 \sim 1$ 사이로 표준화하여 나타낸다. 상관계수는 회귀모형에서 독립변수와 종속변수로 표현하듯 인과관계를 나타내지는 않는다. 음의 상관계수는 한 변수 x가 변할 때 다른 변수 y가 반대 방향으로 변하는 것을 의미하며, 양의 상관계수는 변수 x, y가 서로 같은 방향으로 변하는 것을 의미한다. 여기서 말하는 상관계수는 모상관계수 ρ가 아닌 '표본 상관계수 r을 의미한다.

다음은 표본 상관계수의 추정식이다.

$$r_{XY} = \frac{s_{XY}}{s_X \cdot s_Y} = \frac{COV(X,Y)}{\sqrt{V(X) \cdot V(Y)}} = \frac{SXY}{\sqrt{SXX \cdot SYY}}$$

여기서, 표본의 평균, 분산, 표본의 공분산(co-variance)은 다음과 같이 정의된다.

$$\bar{x} = \frac{1}{n}\sum_{i=1}^{n} x_i, \ \bar{y} = \frac{1}{n}\sum_{i=1}^{n} y_i,$$

$$s_X^2 = V(X) = \frac{1}{n-1}\sum_{i=1}^{n}(x_i - \bar{x})^2 = \frac{SXX}{n-1},$$

$$s_Y^2 = V(Y) = \frac{1}{n-1}\sum_{i=1}^{n}(y_i - \bar{y})^2 = \frac{SYY}{n-1},$$

$$s_{XY} = COV(X, Y) = \frac{1}{n-1}\sum_{i=1}^{n}\left[(x_i - \bar{x})(y_i - \bar{y})\right] = \frac{SXY}{n-1}$$

여기서, $SXY^2 \le SXX \cdot SYY$(Cauchy-Schwartz 부등식, 분산-공분산 부등식, $[COV(X, Y)]^2 \le V(X) \cdot V(Y)$) 조건을 만족하므로, $-1 \le r_{XY} \le 1$ 조건이 된다.

상관계수의 기본 개념은 변수 x와 y의 총 변화량과 x와 y가 동시에 변하는 변화량의 비율이다. 즉 두 변수가 같은 방향 또는 완전히 상반되는 방향으로 변화할 때 이상적으로는 1 또는 -1의 상관계수가 나오며, 식에서 볼 수 있듯 변수 x와 y의 편차가 무작위로 발생하여 총 합이 0으로 상계(相計)될 때, 상관계수는 0에 근접한다.

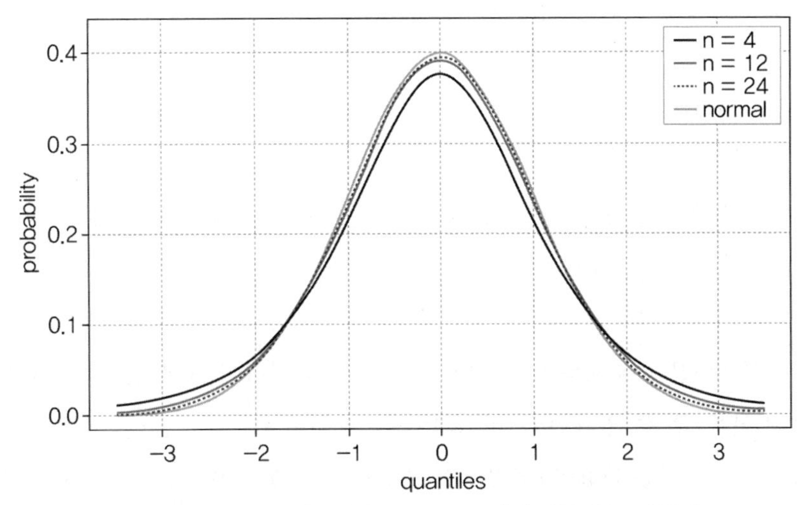

그림 2-8 자료의 개수(n, 자유도, $\nu = n-1$)에 따른 t분포의 형태

통계에서 표본에 대한 통계량은 표본이 달라질 때마다 변화할 수밖에 없는데, 표본의 통계적 특성을 통해 이 변화 범위를 추정하며, 이를 '유의성 검정(Significance Test)'이라고 한다. 통계량의 신뢰구간은 표본 수 n의 영향을 받는다. 유의성 검정은 표본 수 n, 표본 통계량 등에 따라 특정 분포를 따른다고 가정하며, 대표적으로 많이 사용하는 분포는 t, F분포이다. 표본 상관계수는 t분포를 따르므로 상관계수의 유의성 검정에는 t분포를 사용한다.

Student-t 분포의 형태에서 볼 수 있듯 자유도가 클 때, 즉 표본 수가 충분할 때에는 정규분포에 수렴하지만, 표본 수가 적을 때에는 분포 양 끝 부분의 확률이 증가한다. 이는 유의성 검정을 수행할 때 원하는 유의수준 내에서 가설에 대한 판단을 하는 것이 어려워짐을 의미하며 상관계수를 예로 들면, '특정 표본의 상관계수는 어느 범위에 있을 것인가?'에 대한 물음에, '−1.0~1.0의 범위에 있을 것이다'라고, 판단에 아무런 도움도 안 되는 무의미한 수준으로 대답하는 것과 같다.

상관계수의 유의성 검정 과정(절차)은 다음과 같다.

Step 1: 가설 설정(두 변수 사이에 선형 상관은 없다)

$H_0 : \rho = 0, \quad H_1 : \rho \neq 0$ (null and alternative hypotheses)

Step 2: 표본 자료를 이용한 검정통계량 계산(r = 표본 상관계수, n = 자료의 개수)

$$t_r = \frac{r\sqrt{n-2}}{\sqrt{1-r^2}}$$

Step 3: 기각역 결정(양측 검정일 경우) (표본 통계량의 기각-채택 경계 수치를 계산)

기각역 $-t_{\alpha/2,\, n-2} \le t_r \le t_{1-\alpha/2,\, n-2}$

표본 검정 통계량은 t-분포를 따른다면, 이 분포를 이용하여 표본 검정 통계량에 대한 확률, p-value 계산을 할 수 있다. 여기서, α는 유의수준이다.

상관계수의 신뢰구간은 Fisher의 Z 변환을 이용하여 원하는 유의수준의 신뢰구간을 정규분포에서 구한 뒤, 다시 상관계수 값으로 돌리는 방식이다. 상관계수의 신뢰구간 계산과정은 다음과 같다.

$$CI(r) = F(r) \pm z_{se}$$

여기서, $F(r) = \frac{1}{2}\ln\frac{1+r}{1-r}$, $z_{se} = \Phi^{-1}(\alpha)\frac{1}{\sqrt{n-3}}$, $\Phi^{-1}(\alpha)$는 유의수준 α에 대한 정규분포 변량 분위 함수(quantile function) 값이다.

EXERCISE 표층 저층 용존산소 자료를 이용한 상관계수의 유의성 검정

상관계수의 유의성 검정은 R에서 기본 함수로 제공하는 cor.test 함수를 이용해 수행할 수 있다. 자료는 앞서 사용한 DOS, DOB 객체를 이용한다. 간단한 코드이므로, 별도 파일은 제공하지 않는다.

```
# 상관계수의 유의성 검정
cor.test(DOS, DOB)
# Pearson's product-moment correlation
#
# data:  DOS and DOB
# t = 8.7315, df = 46, p-value = 2.529e-11
# alternative hypothesis: true correlation is not equal to 0
# 95 percent confidence interval:
#  0.6518838 0.8770677
# sample estimates:
#       cor
# 0.7897405
```

계산 결과, 귀무가설 $H_0 : \rho = 0$을 기각했을 때 오류확률(1종 오류)은 0에 수렴할 정도로 매우 작게 나타나 표층과 저층 용존산소의 '상관관계는 없다'라고 할 수 없다. Pearson 방법으로 계산된 표본상관계수 약 0.79의 95% 신뢰구간은 하한이 약 0.65, 상한이 약 0.88 정도로 나타났다.

2.6.2 순위 상관계수

두 변수의 상관분석은 '두 변수 사이에는 상관이 있다'는 귀무가설에 대한 검정이 핵심이다. 그러나 계속하여 상관이 있다면 또는 없다고 할 수 없다면, 상관 정도에 대한 분석이 뒤따른다. Pearson 상관계수를 이용한 방법과는 달리, 어떤 분포를 가정할 필요 없는 비모수 상관분석이 있다. 대표적인 방법은 순위 통계량을 이용하는 Spearman 순위 상관계수, Kendall 순위 상관계수를 이용하는 방법이 있다. 상관분석은 상관계수의 구간추정으로 수행한다. 구간추정 범위에 무상관 계수(no correlation, 0)가 포함되는 경우에는 '두 변수 사이에 상관이 없다.'는 가설을 기각할 수 없다.

R 프로그램에서는 rank 함수를 이용하면 자료의 순위 정보를 제공하며, 순위의 기본은 가장 작은 순서부터 순서대로 오름차순이다. 내림차순은 별도의 옵션 처리가 필요하며, 순위 함수를 사용할 때 주의가 필요하다. 쌍을 이루는 두 변수를 다음과 같이 표현한다.

$$(x_i,\ y_i),\ i = 1, 2,\ \cdots, n$$

이 경우, 순위상관계수를 계산하는 수식과 절차는 다음과 같다.

1) 스피어만 순위상관계수(Spearman's rank coefficient, ρ_S)

$$\rho_S = 1 - \frac{6\sum_{i=1}^{n}[R(x_i) - R(y_i)]^2}{n(n-1)(n+1)}$$

여기서, $R(x_i)$, $R(y_i)$ = 각각의 변수 순위자료이며, $1 - n$ 범위의 정수이다.

신뢰구간을 계산하는 공식은 Bonett & Wright(2000) 공식을 이용한다. 또 하나의 방법은 근사한 범위를 제시하는 Monte-Carlo 모의 기법으로, 표본의 분포를 따르는 다수의 난수(확률변수)를 발생하여 계산하는 방법으로, 이론적인 유도과정 없이 바로 적용 가능한 장점이 있다. 반복 표본추출(re-sampling) 기법을 이용하는 경우에는, Bootstrap 방법이라고도 한다. ρ_S 계수의 표준오차는 다음과 같다.

$$SE_S = \sqrt{\frac{1+r^2}{2(n-3)}}$$

2) 스피어만 순위상관계수 구간추정 과정

Step 1: 상관계수를 다음 수식을 이용하여 변환한다. 변환된 변수는 정규분포를 따른다.

$$z_r = \frac{1}{2}\ln\left(\frac{1+\rho_S}{1-\rho_s}\right)$$

Step 2: 정규분포 조건에서 이용되는 수식을 이용하여 상한과 하한 경계를 계산한다.

$$z_{LL} = z_r - z_{1-\alpha/2} \cdot SE_S$$

$$z_{UL} = z_r + z_{1-\alpha/2} \cdot SE_S$$

z_{LL}과 z_{UL}은 각각 정규분포 기준의 하한(lower limit)과 상한(upper limit)

Step 3: 계산된 경계수치를 다시 변환(역변환)하고, 구간 추정결과를 표기한다.

$$\rho_{LL} = \frac{e^{2z_{LL}}-1}{e^{2z_{LL}}+1}$$

$$\rho_{UL} = \frac{e^{2z_{UL}}-1}{e^{2z_{UL}}+1}$$

ρ_{LL}는 역변환된 하한값, ρ_{UL}은 역변환된 상한값이며, $\rho_{LL} \le \rho_S \le \rho_{UL}$ 조건을 만족함

3) 켄달 순위상관계수(Kendall's rank coefficient, ρ_τ)

Kendall 순위상관계수는 순위조합자료를 이용하며, 다음과 같은 기호를 사용한다.

$$(x_i, y_i),\ (x_j, y_j),\ i=1,2 \cdots n;\ j=i \cdots n,$$

비교 가능한 조합의 개수는 $n(n-1)/2$개이며, 두 자료의 순위 조합에서 순위 일치 자료와 순위 불일치 자료의 개수를 계수(counting)한다. 순위 일치, 불일치는 다음 기준으로 판단한다. 동률 순위 자료는 tied 조건에 해당하는 개수로 별도로 계수한다. 이때, 가능하다면 흩트림(jittering) 기법을 이용하여 tied-data 발생을 방지한다. 여기서, $x_i > x_j$, $y_i > y_j$ 또는 $x_i < x_j$, $y_i < y_j$ 조건을 만족하는 자료 조합 개수는 N_{cd} (일치, concordant), $x_i > x_j$, $y_i < y_j$ 또는 $x_i < x_j$, $y_i > y_j$ 조건을 만족하는 자료 조합 개수는 N_{dp} (불일치, discordant), $x_i = x_j$ 또는 $y_i = y_j$ 조건을 만족하는 각각의 자료 개수는 N_{tx}, N_{ty}이며, 구분에 따른 각각의 조건을 만족하는 자료 개수를 세분한다. $x_i = x_j$, $y_i \neq y_j$ 조건을 만족하는 개수는 N_{x0}; $x_i \neq x_j$, $y_i = y_j$ 조건을 만족하는 개수는 N_{y0}; $x_i = x_j$, $y_i = y_j$ 조건을 만족하는 개수는 N_{xy0} 수리를 부여한다. 동일 조건 수치(같은 값, tie) 조건은 범주 변수에서 빈번하게 발생하고, 정밀도가 낮은 자료에서도 발생하는 경우가 빈번하다. 적절한 흩트림(jittering) 기법을 이용하면 번거로운 'tie' 조건 배제가 가능하다.

Case 1: $N_{tx} = N_{ty} = 0$ 조건 (No tie 조건)

$$\tau = \frac{N_{cp} - N_{dp}}{\frac{n(n-1)}{2}} = \frac{2}{n(n-1)} \sum_{i=1}^{n-1} \sum_{j=i+1}^{n} [sign(x_i - x_j) \cdot sign(y_i - y_j)],$$

Case 2: $N_{tx} \neq 0, N_{ty} \neq 0$ 조건, $N = \frac{n(n-1)}{2} = N_{cp} + N_{dp} + N_{x0} + N_{y0} + N_{xy0}$

$$\tau_b = \frac{N_{cp} - N_{dp}}{\sqrt{N - (N_{x0} + N_{xy0})} \cdot \sqrt{N - (N_{y0} + N_{xy0})}}$$

Kendall 상관계수의 신뢰구간을 계산하는 공식도 Bonett & Wright(2000) 공식을 이용한다. Kendall 상관계수의 표준오차는 다음과 같다.

$$SE_K = \sqrt{\frac{0.437}{n-4}}$$

4) Kendall 순위상관계수 구간추정 과정

Step 1: 상관계수를 다음 수식을 이용하여 변환한다. 변환된 계수는 정규분포를 따른다.

$$z_\tau = \frac{1}{2}\ln\left(\frac{1+\tau}{1-\tau}\right)$$

Step 2: 정규분포 조건에서 이용되는 수식을 이용하여 상한, 하한 경계를 계산한다.

$$z_{LL} = z_\tau - z_{1-\alpha/2} \cdot SE_K$$

$$z_{UL} = z_\tau + z_{1-\alpha/2} \cdot SE_K$$

z_{LL}과 z_{UL}은 각각 정규분포 기준의 하한(lower limit)과 상한(upper limit)

Step 3: 계산된 경계수치를 다시 변환(역변환)하고, 구간 추정결과를 표기한다.

$$\tau_{LL} = \frac{e^{2z_{LL}}-1}{e^{2z_{LL}}+1}$$

$$\tau_{UL} = \frac{e^{2z_{UL}}-1}{e^{2z_{UL}}+1}$$

τ_{LL}는 역변환된 하한값, τ_{UL}은 역변환된 상한값이며, $\tau_{LL} \le \tau \le \tau_{UL}$ 조건을 만족함

2.7 두 변수의 회귀분석

2.7.1 회귀분석의 기본 가정과 분석 절차

회귀분석은 독립변수를 이용하여 종속변수를 추정하는 것이 대표적인 목적이며, 두 변수에서 원인이 되는 변수가 독립변수, 그 원인에 반응하는 변수가 종속변수가 된다. 선형 회귀모형의 경우에는, 선형함수를 이용하여 종속변수를 추정하고자 함이 목적이다. 그러나 통계적으로는 그 추정을 위한 회귀모형이 통계적인 의미를 가지는지 먼저 판단한다.

정리하면, 독립변수와 종속변수의 관계를 (선형)함수로 표현한다. 무엇이 분석에서 요구되

는 필수 정보인지 그 내용을 기술한다.

(1) 회귀모형의 적합 판정

(2) 모형의 매개변수 추정, 추정 매개변수의 신뢰구간추정/적합 성능

(3) 모델의 예측 성능평가/잔차의 독립가정 검정

• 기본 입력자료: 서로 쌍(pair)을 이루는 두 변수(또는 두 그룹)의 자료 (x_i, y_i)

• 기본 가정

- 두 변수의 관계 설정, 독립변수(x_i)와 종속변수(y_i),

- 독립변수 변화에 따른 종속변수의 변화 양상은 선형(linearity)

- 선형 회귀함수를 이용한 종속변수 추정 잔차는 정규분포를 따름 $\sim N(0, \sigma_R^2)$

- 잔차는 독립이며 잔차와 종속변수는 독립($E(r_i \cdot r_j) = 0 (i \neq j)$, $E(r_i \cdot y_i) = 0$)

TIP — 회귀분석과 함께 수행하는 통계적 검정

정규분포 적합 검정, 잔차의 독립 검정 등 회귀분석 기본 가정에 대한 통계적인 검정이 요구된다. 잔차의 독립 검정은 Durbin-Watson 검정 방법이 대표적이며, lmtest 라이브러리에서 그 함수를 지원한다.

회귀분석은 매우 광범위한 영역에서 사용되는 분석으로 정형화된 함수 이용이 가능하며, 절차는 다음과 같다.

Step 1: 선형 회귀모형을 수행하는 함수를 이용하여 회귀분석을 수행

Step 2: 분석 모형 결과에서 F 검정 결과를 이용하여 회귀모형의 적절 여부 판단

- F 검정의 귀무가설이 기각되어 모형이 적절하다고 판정된 경우, 다음 단계를 진행
- 그렇지 않으면 분석을 중단

Step 3: 잔차의 독립 검정, 정규분포 적합 검정

Step 4: 추정 매개변수의 신뢰구간추정

Step 5: 추정 매개변수를 이용하여 예측하는 종속변수의 신뢰구간추정

보다 구체적으로 (선형) 회귀분석 기본 가정과 절차를 정리하면 다음과 같다.

• 기본 가정

Step 0: 두 변수의 인과관계 지정(독립변수-종속변수 등의 용어 사용)

- 두 변수의 변동 양상은 $y = \alpha + \beta x$ 형태의 선형함수 모델로 가정한다.
- 잔차는 다음과 같으며, 정규분포를 따르고 독립이다.

$$r_i = y_i - \hat{y}_i = y_i - (\hat{\alpha} + \hat{\beta} \cdot x_i)$$

$E(r) = 0,\ r \sim N(0, \sigma_r^2)$, 잔차의 독립, $E(r_i \cdot r_j) = 0\ (i \neq j)$, $E(y_i \cdot r_i) = 0$

• 분석 절차

Step 1: Sum of Squared-Residuals(SSR) 최소조건을 만족하는 모델의 계수 최적 추정

- 수학적인 최적화(optimization) 문제로, 선형 모델의 경우 이론적으로 쉽게 유도된다.

Step 2: 종속변수의 분산 성분 분리

- 모델로 설명되는 성분과 무작위 변동성분으로 분리되며, 분리된 성분에 대한 분산 차이 검정을 수행한다. F-통계량을 이용해 모델 적합 검정을 수행한다.

$$\Sigma(y_i - \bar{y})^2 = \Sigma(y_i - \hat{y}_i)^2 + \Sigma(\hat{y}_i - \bar{y})^2 \ ,\ i = 1, 2, \cdots, n$$

Step 3: 선형 모델 적합 검정을 만족한 경우, 모델 추정 계수의 신뢰구간 추정

Step 4: 잔차 성분의 정규분포 적합 검정, 독립 검정

Step 5: 선형 모델을 이용한 종속(반응)변수 예측 신뢰구간 추정

Step 6: Regression 모델의 이상자료 진단(영향자료, leverage 등)

2.7.2 회귀계수 추정의 원리

선형회귀는 독립변수(x)를 이용하여 종속변수(y)를 추정하는 데 사용한다. 모형을 이용한 모든 추정값에는 항상 추정오차(error of estimation)가 발생하기 마련인데, 이 오차를 일반적으로 잔차(residuals; e_i)라고 부르며 다음과 같이 표현한다.

$$e_i = y_i - \hat{y}_i$$

잔차는 모형의 추정에 사용된 값들과 모형으로 계산한 값들(fitted value)의 차이이며, 복수

형 표현에서 알 수 있듯, 이 잔차를 하나하나 살펴보는 것이 아니라 정보가 축약된 하나의 값으로 표현하며 평균제곱근오차(Root Mean Squared Error, RMSE)를 가장 많이 사용한다.

$$RMSE = \sqrt{MSE} = \sqrt{\frac{1}{n-2}\sum_{i=1}^{n}\left(y_i - \hat{y}_i\right)^2},\ SSE = \Sigma\left(y_i - \hat{y}_i\right)^2$$

선형회귀를 설명하며 가장 먼저 오차에 대한 이야기를 꺼낸 이유는 선형회귀의 회귀선 추정식이 오차에서 출발하기 때문이다. 다시 자료로 돌아가서, 독립변수 x를 이용해 종속변수 y를 추정할 때에 가장 적합한 하나의 직선을 긋는다고 한다면 모든 y와의 제곱합이 가장 작은(거리가 짧은) 직선이 최선일 것이다. 이를 최소자승법(ordinary least square method)이라 하며, 관측값의 집합 y_i와 직선식 $\hat{y}_i = \hat{a}x_i + \hat{b}$의 손실함수(loss function) $L(a,b)$가 아래의 식과 같을 때,

$$L(a,b) = \sum_{i=1}^{n}\left(y_i - \left(ax_i + b\right)\right)^2 = \sum e_i^2$$

손실함수(L)를 최소화하는 매개변수(a, b)를 구하기 위해서는, 손실함수의 a와 b에 대한 각각의 '편미분 값 = 0' 조건을 부여하면, 아래와 같은 수식으로 정리되어 구할 수 있다.

$$\min L(a,b) = \min\left(\sum e_i^2\right)$$

$$\frac{\partial L(a,b)}{\partial a} = \sum_{i=1}^{n}\left[\left(y_i - \left(ax_i + b\right)\right)\times\left(-2x_i\right)\right] = 0$$

$$\frac{\partial L(a,b)}{\partial b} = \sum_{i=1}^{n}\left[\left(y_i - \left(ax_i + b\right)\right)\times\left(-2\right)\right] = 0$$

$$\hat{a} = \frac{\sum_{i=1}^{n}\left(x_i - \bar{x}\right)\left(y_i - \bar{y}\right)}{\sum_{i=1}^{n}\left(x_i - \bar{x}\right)^2} = \frac{SXY}{SSX},\quad \hat{b} = \bar{y} - \hat{a}\bar{x}$$

선형회귀 분석은 적합하고자 하는 선형함수의 매개변수, 절편(intercept)과 경사(slope) 추정

을 가장 우선하고 있으나, 가장 적합한 회귀모형 추정이 아니라 회귀모형의 적합 여부에 대한 검정이 더 우선되어야 하는 판단이다. 이는 종속변수의 변동양상 크기를 대표하는 분산검정의 문제이다. 회귀모형을 구성하는 종속변수를 이용하여 추정하고 모델에 의해 설명이 가능한 독립변수 성분의 분산과 무작위 변동성분인 잔차 분산의 비율이 통계적으로 유의미한 차이가 있어야 한다는 의미이다. 전체 종속변수 자료의 변동 크기에서 회귀모형을 이용하여 설명되는 분산 크기가 차지하는 비율이 유의미한 수준이어야 한다. 따라서 회귀모형 검정의 귀무가설은 다음과 같다.

H_0 : 회귀모형에 대한 종속변수 설명 크기는 없다(무시할 만하다).

앞선 과정을 통해 추정한 a와 b는 표본을 이용해 추정한 회귀계수이므로 모집단에서 표본을 다시 추출하게 되면 달라진다. 이때 다시 추출하는 표본의 회귀계수가 얼마나 변동할지 추정해볼 수 있는데 변동범위를 이용하여 회귀계수들의 신뢰구간을 계산할 수 있다. 모집단의 회귀계수는 모르기 때문에 불편추정량인 표본 회귀계수를 이용하여 모회귀계수를 추정한다.

표본회귀계수 a와 b의 분포는 정규분포를 가정하며, 모분산을 표준오차로 추정하므로 자유도 $n-2$인 t분포를 따른다. 따라서 a와 b의 신뢰구간은 다음 식을 이용해 계산한다.

$$SSX = \sum_{i=1}^{n} \left(x_i - \overline{x}\right)^2 \text{일 때,}$$

$$\hat{a} - t_{1-\alpha/2, n-2}\sqrt{\frac{MSE}{SSX}} \le a \le \hat{a} + t_{1-\alpha/2, n-2}\sqrt{\frac{MSE}{SSX}}$$

$$\hat{b} - t_{1-\alpha/2, n-2}\sqrt{MSE\left[\frac{1}{n} + \frac{\overline{x}^2}{SSX}\right]} \le b \le \hat{b} + t_{1-\alpha/2, n-2}\sqrt{MSE\left[\frac{1}{n} + \frac{\overline{x}^2}{SSX}\right]}$$

위 두 식에서 MSE는 본래 모집단의 분산이어야 하나, 표본을 이용해 추정하기 때문에 표본이 바뀌면서 분산이 바뀌게 되면 임계치의 값이 달라진다. 회귀분석의 기본가정 중 하나인 잔차의 등분산성은 이 때문에 요구된다. 변량 $t_{\alpha/2,n-2}$, $t_{1-\alpha/2,n-2}$는 자유도 $n-2$의 t분포에서 각각 $\alpha/2$, $1-\alpha/2$ 유의수준의 임계치(threshold)를 의미하며, $t_{1-\alpha/2,n-2} = -t_{\alpha/2,n-2}$ 관계를 유지한다. 유의수준 $\alpha = 0.05$라면 신뢰구간의 양측 임계치는 자유도 $n-2$의 t분포에서 각각 2.5%와 97.5%가 된다.

선형회귀에서는 회귀직선의 기울기(a), 절편(b)에 대한 변동범위뿐만 아니라 새 정보를 이용한 예측값의 신뢰구간도 계산할 수 있다. 여기서 다루는 선형회귀를 비롯한 모든 모형은 미지의 값을 예측하는 것이 목적이기 때문에 현재 적합(fitting)한 모형을 사용해 예측하는 변수의 변동성도 중요한 정보이다. 선형회귀에서는 새로운 독립변수 x_n로 종속변수 y_n를 예측했을 때 나올 수 있는 값의 범위이며 다음 식과 같이 계산한다. 다수의 독립변수를 이용하여 예측이 필요한 종속변수를 추정할 수 있다.

$$PI_U = t_{1-\alpha/2, n-2} \cdot MSE \cdot \sqrt{1 + \frac{1}{n} + \frac{(x_n - \bar{x})^2}{SSX}}$$

$$PI_L = t_{1-\alpha/2, n-2} \cdot MSE \cdot \sqrt{1 + \frac{1}{n} + \frac{(x_n - \bar{x})^2}{SSX}}$$

$$\hat{y}_n - PI_L \le y_n \le \hat{y}_n + PI_U$$

여기서, 종속변수 $\hat{y}$는 새 독립변수 x로 예측한 값이고, 회귀계수 추정과 마찬가지로 t분포의 자유도는 $n-2$이다.

EXERCISE 선형회귀분석 및 모형의 신뢰구간 추정

- 사용 자료: Busan_MSL_data_1961_2022.csv
- 코드 파일: chapter_2_linear_regression.R

오픈소스 소프트웨어 R에서는 선형회귀를 몇 줄의 코드로 간단히 수행할 수 있다. 실제 수행 코드는 4줄로 매우 짧지만, 모델 적합 결과에는 많은 정보가 포함된다. summary 함수로 모델 객체의 요약정보를 볼 수 있으며 여기에는 모델 진단에 필수적인 정보들이 포함된다.

```
# 부산의 평균해수면 자료를 불러오기
idata <- read.csv("../data/Busan_MSL_data_1961_2022.csv")
```

```
# 연도와 평균해수면 자료를 각각 'year'와 'msl'객체에 저장
year <- idata$YEAR
msl <- idata$Mean

# lm 함수를 이용 year에 따른 msl 변화 모델링
model <- lm(msl ~ year)
# 모델 적합 결과 진단
summary(model)
# Call:
#   lm(formula = msl ~ year)
#
# Residuals:
#   Min     1Q Median    3Q    Max
# -4.452 -1.366 -0.032  1.592  8.633
#
# Coefficients:
#   Estimate Std. Error t value Pr(>|t|)
# (Intercept) -412.5215    32.6752  -12.62   <2e-16 ***
#   year           0.2414     0.0164   14.71   <2e-16 ***
#   ---
#   Signif. codes:  0 '***' 0.001 '**' 0.01 '*' 0.05 '.' 0.1 ' ' 1
#
# Residual standard error: 2.289 on 59 degrees of freedom
# (결측으로 인하여 1개의 관측치가 삭제되었습니다.)
# Multiple R-squared:  0.7858,   Adjusted R-squared:  0.7822
# F-statistic: 216.5 on 1 and 59 DF,  p-value: < 2.2e-16
```

앞서 설명한 대로 가장 먼저 F-통계량 및 F-검정 결과를 확인한다. 이는 전체 모델이 유의한지 판단하는 총평과 같은 수치이기 때문에 가장 먼저 확인한다. 대부분의 경우, 산점도에서 육안으로 가늠되는 경향성이 없다면 F-검정 결과도 유의하지 않을 수 있다. 여기서는 0에 수렴하는 값으로, 모델이 전체 자료를 의미 있게 설명하는 것으로 판단할 수 있다.

다음은 결정계수 부분을 확인한다. 모델이 유의한 설명력을 갖추었다면 결정계수는 그 설명력이 어느 정도인지 나타낸다. 결정계수는 자료의 전체 분산에서 모델이 설명하는 분산의 비율을 의미하므로 여기서는 총 분산의 약 79%를 설명한다고 할 수 있다.

마지막으로 추정된 계수의 유의성과 값을 확인한다. 마찬가지로 p-value를 기준으로 판단하며 여기서는 a와 b 모두 통계적으로 유의한 것으로 판단할 수 있다. 더불어, 독립변수인 year의 계수는 약 0.24로, 꾸준한 해수면의 상승 경향이 있음을 알 수 있다.

자료와 선형회귀모형 적합 결과는 다음과 같이 시각화한다. abline 함수에 적합된 모델 객체인 model을 입력하기만 하면 선형 모델을 그려준다.

```
# 선형회귀모델 시각화 (그래픽 매개변수 조정 포함)
op <- par(no.readonly = TRUE)
par(mar = c(5,5,5,5))
plot(x = year, y = msl,
     main = "Year~MSL Linear Regression",
     xlab = "YEAR", ylab = "Mean Sea Level",
     pch = 16, las = 1,
     cex.main = 3, cex.lab = 2.5, cex.axis = 1.5)
abline(model, lwd = 2)
par(op)
```

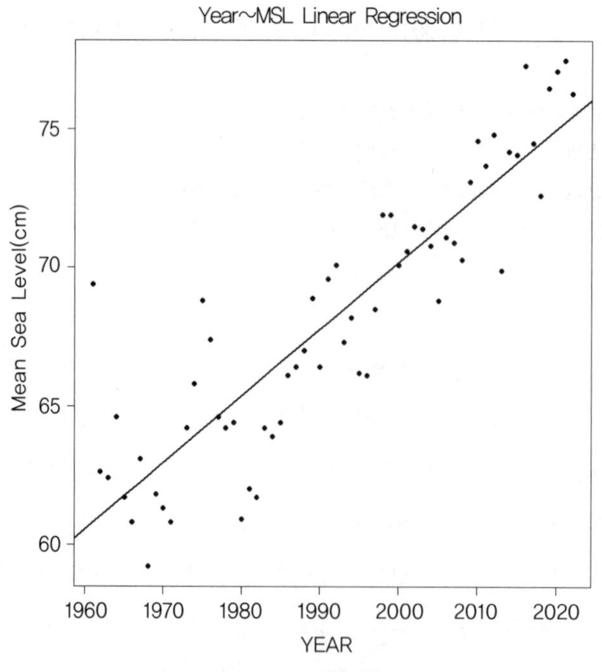

그림 2-9 연평균 해면고도의 산점도와 회귀직선

앞서 설명한 회귀직선의 신뢰구간(confidence interval)과 종속변수의 예측오차(prediction interval)의 변동범위를 계산하고 시각화할 수 있다. R에 내장된 함수인 confint 함수와 predict 함수를 이용해 계산하며 predict 함수의 interval 인자를 confidence 또는 prediction으로 조정하여 계산한다. 앞의 그림 패널을 열어둔 상태에서 다음의 코드를 실행한다. confint 함수와 predict 함수에서 신뢰구간 및 예측구간의 기본값(default)은 95%의 신뢰수준으로 설정되어 있다.

```
# 선형회귀모델 신뢰구간 시각화
confint(model)
#                    2.5 %       97.5 %
# (Intercept) -477.904339 -347.1386114
# year           0.208526    0.2741747

# 예측에 사용할 새 독립변수
newx <- seq(min(year), max(year), 0.1)
conf <- predict(model,
                newdata = data.frame(year = newx),
                interval = "confidence")
pred <- predict(model,
                newdata = data.frame(year = newx),
                interval = "prediction")

# 계산한 신뢰구간의 상한선과 하한선
lines(newx, conf[, 3], lty = 2, lwd = 2, col = 2)
lines(newx, conf[, 2], lty = 2, lwd = 2, col = 2)

# 계산한 예측구간의 상한선과 하한선
lines(newx, pred[, 3], lty = 6, lwd = 1.5, col = 4)
lines(newx, pred[, 2], lty = 6, lwd = 1.5, col = 4)

# 범례
legend("topleft", lty = c(1, 2, 6), lwd = c(2, 2, 1),
       seg.len = 3, text.font = 2, box.lty = 0,
       legend = c("reg.line", "conf.interval", "predicted"),
       col = c(1, 2, 4), cex = 1.2,
       horiz = F)
box()
```

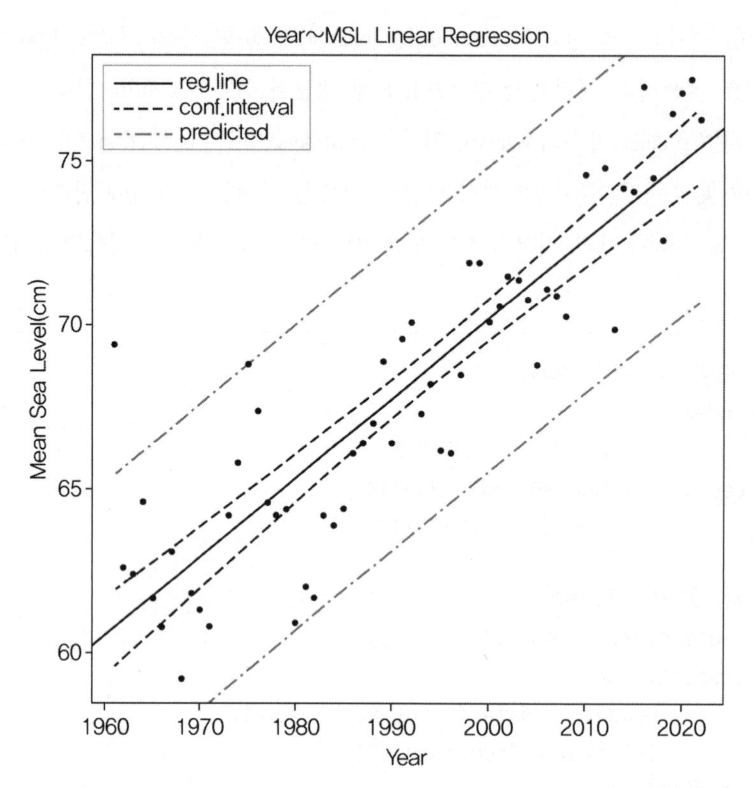

그림 2-10 신뢰구간과 예측구간이 추가된 그림 1. 검은 실선은 회귀직선, 검은 점선은 회귀직선의 95% 신뢰구간, 회색 점선은 모형의 95% 예측구간을 의미한다(단위, cm/year).

summary 함수를 이용한 모형의 정보를 통해 해당 표본을 이용한 선형회귀 계수의 신뢰구간을 계산할 수 있다.

```
# 모델 요약 정보를 이용한 t 분포에서의 상·하한 임계치 계산
# alpha = 0.05 조건일 때
alpha <- 0.05
n <- length(summary(model)$residuals)

# 자유도 61인 t 분포의 유의수준 5% 범위
# 여기서는 상한 97.5%값을 계산하며, 하한 2.5%는 부호가 음수로 바뀜
threshold <- qt(p = 1-alpha/2, df = n-2)

# 임계치 확인
threshold
```

```
# [1] 2.000995
# 추정치와 표준오차 정의
b_est <- summary(model)[[4]][1] # b 추정치
a_est <- summary(model)[[4]][2] # a 추정치
b_se <- summary(model)[[4]][3] # b 표준오차
a_se <- summary(model)[[4]][4] # a 표준오차

# a, b의 상·하한 오차 계산
b_upper <- b_est + threshold * b_se
b_lower <- b_est - threshold * b_se
a_upper <- a_est + threshold * a_se
a_lower <- a_est - threshold * a_se

# 결과를 Table 형태로 만들기
CI_result <- data.frame(c(b_lower, a_lower), c(b_upper, a_upper))
colnames(CI_result) <- c("2.5 %", "97.5%")
rownames(CI_result) <- c("(Intercept)", "year")

# confint(model) 실행 결과와 값 비교
CI_result
#                 2.5 %           97.5%
# (Intercept) -477.904339 -347.1386114
# year          0.208526       0.2741747
```

위 계산 결과에서 주어진 조건의 하한, 상한 임계치는 각각 $t_{0.025,\,54} =-2.0$, $t_{0.975,\,54} = 2.0$이고, 기울기 $\hat{a}$, 절편 $\hat{b}$의 95% 신뢰구간은 각각 $0.21 \leq \hat{a} \leq 0.27$, $-477.90 \leq \hat{b} \leq -347.14$로 계산되었다. 기울기와 절편의 p값은 유의수준 0.05 조건에서 통계적으로 유의미한 것으로 나타났다. 여기서 유의미함은 해당 매개변수가 종속변수에 의미 있는 영향을 미치는지를 말하며 기울기의 변동범위에 제로(0)를 포함하는지 가설검정을 통해 제시하는 확률이다.

선형회귀는 많은 분야에서 일반적으로 많이 사용하는 기법이지만 추정된 회귀계수를 이용한 선형 관계식 이외의 부가 정보들을 사용하는 경우는 드물다. 선형회귀의 신뢰구간 계산 및 오차분석을 통해 현재 표본을 이용해 구성한 모형의 신뢰도, 예측 성능과 같은 유용한 정보를 파악할 수 있다.

2.7.3 두 변수의 로버스트 회귀분석

회귀분석은 하나(또는 다수)의 독립변수와 하나의 종속변수의 선형 관계를 추정하는 기본적인 기법으로, 이변량(bi-variate) 또는 다변량(multi-variate) 자료의 분석에 널리 이용되고 있다. 그러나 독립변수나 종속변수에 하나 또는 소수의 이상자료(outliers) 등이 포함되는 경우에는 그 자료의 영향이 크게 반영되어 추정결과가 편향 또는 왜곡되는 경우가 발생한다. 'robust' 단어는 이상자료에 둔감한, 저항할 수 있는 '굳건한(robust)' 방법이라는 의미로 가지며, robust 회귀분석은 이상자료의 영향에 굳건하게 저항하는, 이상자료의 영향을 크게 절감할 수 있는 선형회귀 분석 기법이다. 대부분의 (또는 다수의) 다른 자료와는 크게 차이가 나는 자료를 포함하는 관측자료나 실험 자료를 분석하는 과정에서, 이상자료를 제거하는 경우에는 자료 선별이라는 오해를 받을 수 있으며, 분석에 포함할 경우에는 편향된 추정이 발생한다. 이런 경우, 이상자료를 포함하고, 그 영향을 가중계수로 조정할 수 있는 robust 회귀분석 기법의 사용이 권장된다.

하나의 독립변수(x)와 하나의 종속변수(y)로 구성되는 자료(자료의 개수, n)의 선형 회귀분석으로 제한하는 경우, 기본적인 회귀분석과 robust 회귀분석의 이론적인(수학적인) 선형함수 매개변수 추정($\hat{y} = \hat{a}x + \hat{b}$, 추정 매개변수 $\hat{a}$, $\hat{b}$) 과정은 다음과 같다.

잔차(residuals, $r_i = y_i - \hat{y}_i$)를 관측자료(종속변수, y_i)와 추정자료($\hat{y}_i = \hat{a}x_i + \hat{b}$; $\hat{a}$= slope, $\hat{b}$ = intercept)의 차이로 정의하는 경우, 가장 일반적으로 이용되는 매개변수 추정방법은 잔차 제곱형태의 함수로 손실함수(loss function, $L(r\ ;\ \hat{a}, \hat{b})$)를 정의하여, 그 함수를 최소화하는 매개변수를 추정하는 방법으로 최소자승법이라고 한다. 그러나 robust 회귀분석은 손실함수를 잔차의 함수 형태로 정의하고, 잔차가 증가하는 경우 작은 가중계수를 부여하는 일종의 가중 최소자승법(weighted least squares method, Eq. 2) 유형으로 간주된다. 잔차의 함수(Eq. 2 $\rho(\cdot)$ 함수) 표현은 Huber 함수, Hampel 함수, Turkey's Bi-weight(Bi-square) 함수 등이 제안되고 있으며, Huber 함수가 일반적으로 널리 이용된다.

다음 식의 최적화 문제(optimization-minimization of the function)는 손실함수를 각각의 매개변수로 미분하여 영(zero)으로 설정하면 이론적으로 유도된다.

$$\min_{\hat{a}, \hat{b}} \sum_{i=1}^{n} r_i^2 = \min_{\hat{a}, \hat{b}} \sum_{i=1}^{n} (y_i - \hat{a}x_i - \hat{b})^2$$

그러나 다음에 제시되는 식을 기반으로 하는 최적 매개변수 추정은 이론적인 유도가 불가하기 때문에 적절한 초기조건을 부여하여 다수의 반복(추정 매개변수가 수렴 조건을 만족하는 단계)을 수행이 요구된다. 또한 가중계수를 부여하는 함수 선정이 요구된다. 그러나 이 방법은 대부분의 통계분석 언어에서 함수로 제공하고 있으며, 간단하게 이용할 수 있다. R에서는, rlm 함수가 있다.

$$\min_{\hat{a},\hat{b}} \sum_{i=1}^{n} \rho(r_i) = \min_{\hat{a},\hat{b}} \sum_{i=1}^{n} \rho(y_i - \hat{a}x_i - \hat{b})$$

EXERCISE 로버스트 선형회귀분석

- 사용 자료: Busan_MSL_data_1961_2022.csv
- 코드 파일: chapter_2_robust_regression.R

일반적인 회귀분석과 robust 회귀분석의 이해를 위한 예제 자료는 앞서 사용한 부산의 평균해수면 자료를 이용하였다. 앞서 다룬 일반 선형회귀분석과 로버스트 선형회귀분석의 결과를 비교했고, 각각 lm, rlm(라이브러리 MASS 필요) 함수를 이용하였다.

```
# rlm 사용을 위한 MASS 라이브러리 불러오기
library(MASS)

# 자료 읽기
idata <- read.csv("../data/Busan_MSL_data_1961_2022.csv")
year <- idata$YEAR
msl <- idata$Mean

# 연도에 따른 평균해수면 변화 시각화
op <- par(no.readonly = TRUE)
par(mar = c(5,5,5,5))
plot(x = year, y = msl,
     main = "Year~MSL Robust Linear Regression",
     xlab = "YEAR", ylab = "Mean Sea Level(cm)",
```

```
      pch = 16, las = 1,
      cex.main = 3, cex.lab = 2.5, cex.axis = 1.5)

# lm, rlm 모델 적합
fit1 <- lm(msl ~ year)
fit2 <- rlm(msl ~ year) # 가중계수(범위 0-1) 정보는 fit2$w

# 계수정보 추출
oa <- fit1$coefficients[1]
ob <- fit1$coefficients[2]
ra <- fit2$coefficients[1]
rb <- fit2$coefficients[2]

# 회귀직선 계산
OLS <- oa + ob*year
RLS <- ra + rb*year

# lm, rlm 적합 결과 시각화
lines(year, OLS, col="red", lwd=2)
lines(year, RLS, col="blue", lwd=2)

# 범례
legend("bottomright", pch = c(16, NA, NA),
       lty = c(0, 1, 1), lwd = c(2, 2, 2),
       seg.len = 3, text.font = 2, box.lty = 0,
       legend = c("Data", "Ordinary Curve", "Robust Curve"),
       col = c(1, 2, 4), cex = 1.2,
       horiz = F)
```

Robust 회귀분석 결과, 가장 작은 가중계수(0.315, 최적 추정 회귀곡선에서 가장 벗어난 자료)를 가지는 1961년 자료가 유별난 자료로 판단되어, 이 자료를 제거하고 동일한 분석을 수행한 결과도 제시하였다. 이 자료를 제거한 경우, 두 곡선의 차이는 매우 미미한 정도로, 일반 회귀분석이라 할지라도 Robust 회귀분석 결과에 근접함을 알 수 있다.

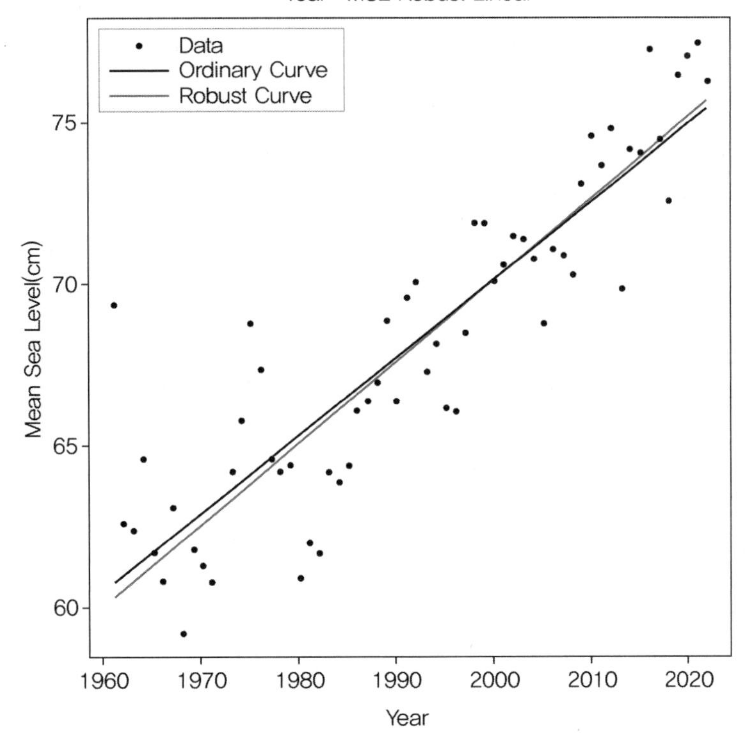

그림 2-11 이상자료 제거 전후의 회귀 곡선 비교

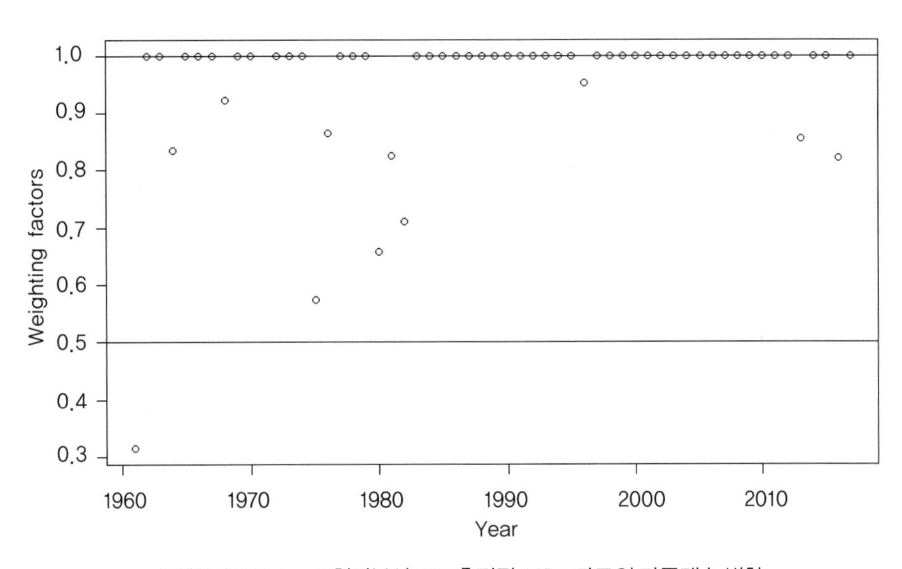

그림 2-12 Robust 회귀분석으로 추정된 MSL 자료의 가중계수 변화

Robust 추정 기법을 이용한 경우와 일반적인 기법을 이용한 경우의 차이는 이상자료의 개수 및 정도(대부분의 관측자료에서 벗어난 정도)의 차이와 직결되어 있다. 따라서 이상자료의 영향이 미미하다고 판단되는 경우에는, 기존의 회귀분석 기법을 적용하여도 무난하지만, 어떤 하나의 자료 또는 소수의 자료가 뚜렷하게 큰 차이를 보이는 경우, 그 자료를 포함하고 회귀 곡선을 추정하는 경우에는 robust 분석 기법의 적용이 가장 적절한 대안으로 판단된다. 더불어 "default" 함수로 제시하는 Huber 함수뿐만 아니라, 가중계수 변화가 보다 큰 Bi-weight 함수 등의 option 선택의 비교·검토도 필요하다.

03

시간변화 자료

C·H·A·P·T·E·R

03 시간변화 자료 (Temporal or Time-Series Data)

3.1 시계열 자료의 특성 및 기본 매개변수

3.1.1 시계열 자료의 형식 및 특성

시계열(time series data) 자료는 관측자료를 측정한 시간 정보를 골격(독립변수)으로 하고, 그 시간에 측정된 다양한 항목의 크기를 표현하는 수치, 즉 시간변수와 관측항목 변수로 구성된다. 항목이 한 개인 경우에는 단변량(uni-variate), 항목이 두 개 이상인 경우에는 다변량(multi-variate) 시계열 자료라고 한다. 여기서는 단변량 시계열 자료 분석을 우선으로 한다. 분석의 시작은 시계열 자료를 시각화하는 것에서 시작한다. 시간 변수는 문자와 숫자의 속성을 모두 가지고 있고, 유일하고(unique) 일정한 규칙에 따라 증가만 한다. 이러한 시간변수를 다루는 방법은 크게 두 가지로 구분할 수 있다. 하나는 시계열 자료가 가지는 일정한 관측 간격 특성을 고려하여 일련번호 또는 연속되는 수치로 변형하여 사용하는 방법이고, 또 다른 하나는 날짜(date)와 시간(time) 변수 처리를 지원해주는 라이브러리를 이용하는 방법이 있다. 여기서는 통계적인 분석 내용을 주로 다루기 때문에, 시간변수 처리에 관한 세부적인 내용은 생략한다(부록 참조).

시계열 자료 분석을 위한 가장 기본적인 측도는 상관계수이다. 상관계수는 이변량(bi-variates)에서 정의되지만, 시계열 자료에서는 다른 시간에 관측한 자료 사이의 상관개념으로 상관계수라기보다는 시간의 함수라는 개념에서 상관함수라고 한다. 이 경우 단변량, 이변량 모두 상관함수 정의가 가능하며 다음과 같이 정의된다. 시간 간격은 시계열 자료의 지체(lag) 간격으로 관측 간격의 정수 배율이 된다. 시계열 관측자료의 분석은 변동 구조 분석에 중점을 두고 있으며, 변동 구조 분석은 변동성분을 주기에 따라 구분하는 방법과 순차적인 상관구조 분석으로 구분된다. 그 방법의 적용에 앞서 시계열 자료의 분석에서 가장 중요한 정상성의 개념을 설명한다.

1) 정상(stationary)과 비정상(non-stationary) 특성 정의

평균, 분산 등과 같은 자료의 분포 특성인자(측도) 등이 시간에 따라 변화하지 않는 시계열 자료를 정상 시계열 자료라고 한다. 정상성 가정은 시계열 자료 분석에서 기본으로 요구하는 과정이며, 분석하고자 하는 시계열 자료가 정상인지 아닌지 판단하는 과정이 분석 이전에 수행되어야 한다. 간단한 시각화를 통해서 정성적으로 시계열 자료의 정상 여부를 판단할 수도 있지만, 통계적인 검정 방법을 거쳐 판단하는 과정이 이론적인 근거를 기반으로 하는 바람직한 선택이다.

시계열 자료의 분석에서는 가장 먼저 추세의 존재 여부를 먼저 판단한다. 데이터의 정상 상태는 "이 자료의 분석 시간범위(구간)에서 평균 및 분산이 일정하다"로 정의된다. 따라서 평균 및 분산의 시간 변화가 없다는 의미이며, 추세가 있다면 시간에 따라 평균이 변하게 된다. 다시 말해, 추세 제거(detrend)는 시간에 따른 평균 변화를 제거하는 과정이다. 분산의 경우에는 분산 안정(일정한 크기 유지) 조건 유지를 위한 변환이 요구된다.

시계열 자료의 정상상태 검정을 수행하는 대표적인 방법은 Augmented Dickey-Fuller(ADF) 검정, Zivot-Andrews 검정, KPSS(Kwiatkowski-Phillips-Schmidt-Shin) 검정 등이 있으며, 선형 추세 검정을 가정한다. 이 함수는 tseries, urca 라이브러리에서 지원한다. 정상상태를 가정하고 추세검정에 중점을 두고 수행하는 경우에는, Mann-Kendall 검정 방법이 널리 이용되며, trend 라이브러리에서 이 함수를 지원한다.

관측기간 1년 이상의 장기 시계열 자료의 경우에는, 추세검정과 계절 성분 검정도 포함되어야 한다. 어떤 원인(driving force)이 예상되는 변동 구조는 시계열 자료에서 우선 신호 성분으로 분리해야 한다. 이 관점에서 시계열 성분의 구성 성분을 간단히 표현하면 다음과 같다.

$$X_t = T_t + S_t + \epsilon_t$$

여기서, X_t는 원시(raw)신호이고, T_t는 추세 성분, S_t는 계절 성분, ϵ_t는 잔차 성분을 의미한다.

통계적인 특성은 잔차 성분 분석에 중점을 둔다. 잔차 성분의 분산과 구조적인 변동을 보이는 신호 성분의 분산 비율 또는 범위 비율은 Signal-to-Noise Ratio 수치로 신호의 강도와 의미 판단에 활용한다. 신호처리의 관점에서 신호 성분을 분리하는 기법은 Fourier 변환을 기반으로 하는 Spectral 분석기법이다. Fourier 변환은 일정한 간격의 주파수 성분 분석으로 알려져 있는 대표적인 분석기법이다. 순차적인 시계열 모델은 자기회귀(auto-regressive) 모델을 기반으로, ARIMA 모형이 대표적이며, 보조변수(auxiliary variable)를 활용하는 ARIMAX, 잔차 성분의 분산 변화를 반영하는 ARCH 모델 등으로 확장된다. AR 계열 모델은 매개변수 추정 과정이 요구되며, 최적 차수의 모델 선정 기준도 제시한다.

이후 분석에 사용하는 자료는 한국해양조사원에서 제시하는 부산 조위 관측소 평균 해수면 자료이며 Busan_MSL_data_1961_2022.csv 파일을 사용한다. 자료의 관측 기간은 1962년부터 2022년까지 전체 57년이다. 1961년 자료는 이상자료로 판단되어 분석에서 제외했고, 1972년 결측 자료는 imputeTS 라이브러리에서 제공하는 na_kalman 함수를 이용하여 보충(filling-in)하였다. 결측자료 보충 방법은 인접자료를 이용한 보충, 평균 자료를 이용한 보충, 추세 함수를 이용한 보충 등 매우 다양하며, 자료의 특성/변화 양상, 통계적인 추정에 미치는 영향 등을 고려하여 선택하면 된다. 다음은 자료를 읽고, 앞서 설명한 추세 제거 등 약간의 전처리 후 시각화하는 코드이다.

EXERCISE 시계열 자료의 전처리

- 사용 자료: Busan_MSL_data_1961_2022.csv
- 코드 파일: chapter_3_basic_ts_analysis.R

```
# 필요한 라이브러리 불러오기
library(imputeTS)
library(trend)
library(randtests)
library(nortest)
```

```
# 자료 읽기
idata <- read.csv("../data/Busan_MSL_data_1961_2022.csv")
idata <- idata[-1,] # 1961년 자료는 분석에서 제외

# 연, 월 단위 자료 정렬
YY <- idata$YEAR
nYY <- length(YY)
month <- seq(1962, 2022, length.out=61*12)
AMSL <- idata$Mean
MMSL <- as.vector(t(idata[,2:13])) # 행렬형식 자료를 벡터로 변환

# na_kalman 함수를 이용한 결측값 대치
AMSL <- na_kalman(AMSL)
MMSL <- na_kalman(MMSL)

# 시계열 자료 시각화
plot(YY, AMSL, type="o")
plot(month,MMSL, type="l", lwd=1.2)
```

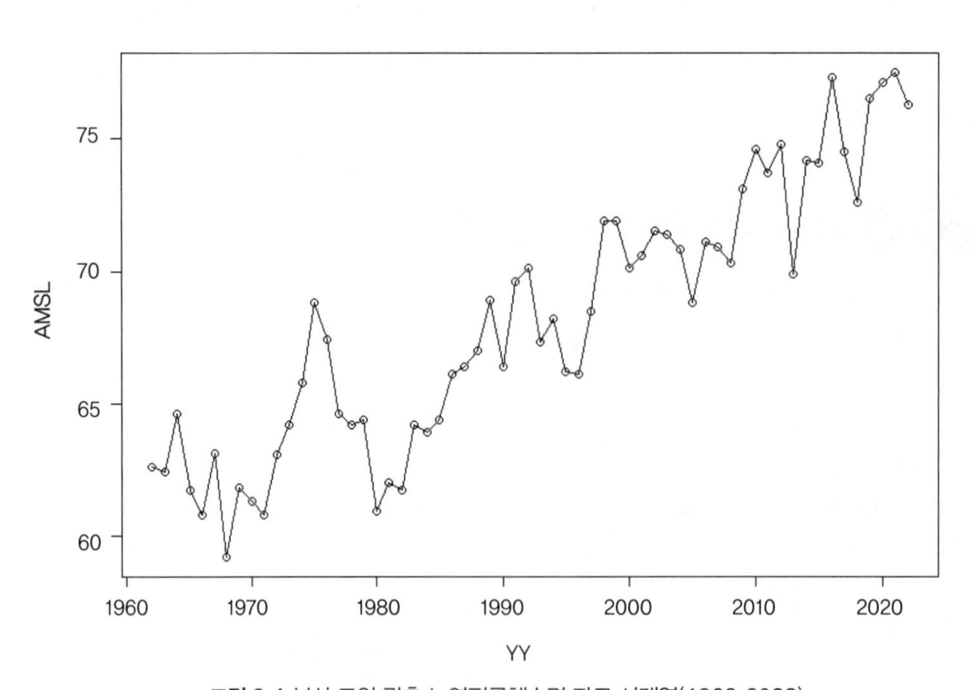

그림 3-1 부산 조위 관측소 연평균해수면 자료 시계열(1962-2022)

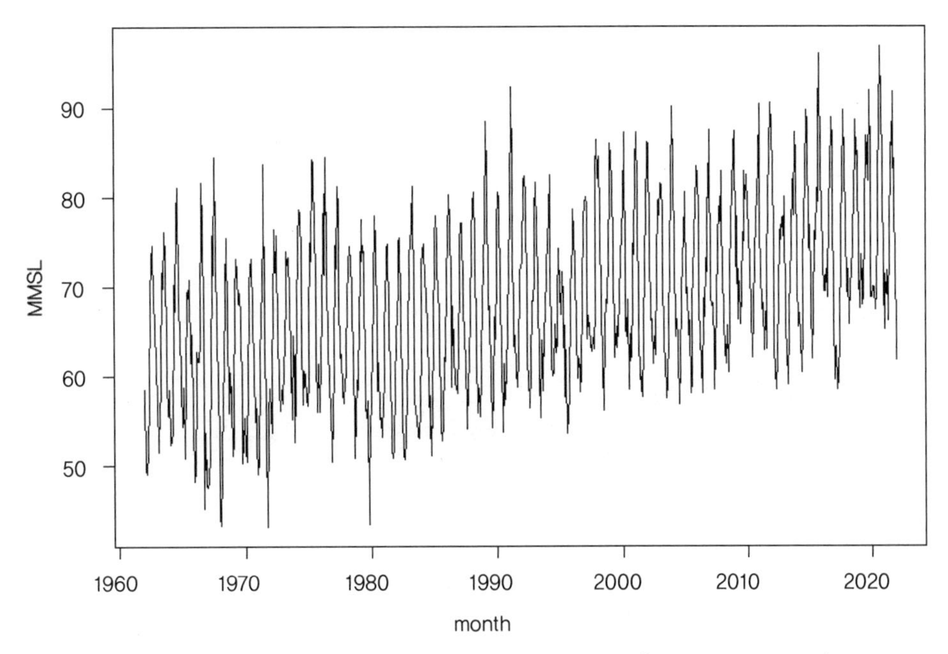

그림 3-2 부산 조위 관측소 월평균해수면 자료 시계열(1962.1.~2022.12.)

3.1.2 기본 통계측도

두 개의 변량 시계열 자료(X, Y)를 다음과 같이 표기한다고 가정하고, 관측간격 및 관측기간은 동일한 것으로 가정한다.

자료 형식: $(t_i,\ x_i,\ y_i),\ i=1,2,\ \cdots,\ n.$

관측 시간: $t_i,\ i=1,2,\ \cdots,\ n,$ 여기서 n = 자료의 개수

관측 자료: $X_t=\{x(t_i)\},\ Y_t=\{y(t_i)\},\ i\ =\ 1,2,\ \cdots,\ n$

관측 시간 간격(Δt)은 다음과 같이 계산되며 일정하다. 일반적으로 시계열 자료는 센서를 이용하여 관측되며, 관측은 사전에 설정된 시간 수치로 입력한다. 관측 간격은 시계열 자료의 단위 시간이 된다.

$$\Delta t=t_2-t_1\ =\ t_3-t_2\ =\ \cdots\ =\ t_n-t_{n-1}$$

$$\tau\ =\ k\Delta t,\ k=0,\ \pm 1,\ \pm 2,\ \cdots$$

자기상관함수(Auto-Correlation Function, ACF)와 교차상관함수(Cross-Correlation Function, CCF)는 시간 지체 크기(τ, lag number)의 함수이며, $\rho(\tau)$로 정의한다. ACF($\rho_{XX}(\tau)$)와 CCF ($\rho_{XY}(\tau)$)는 각각 다음과 같이 계산한다.

$$\rho_{XX}(\tau) = E[X_t \cdot X_{t+\tau}]$$

$$\hat{R}_{XX}(k) = \frac{1}{(n-k)\sigma^2}\sum_{i=1}^{n-k}[x(t_i) \cdot x(t_{i+k})],\ 0 < k < n,\ \text{실질적으로는 } n/4.$$

$$\hat{R}_{XX}(0) = 1,\ \hat{R}_{XX}(-k) = \hat{R}_{XX}(k)$$

$$\rho_{XY}(\tau) = E[X_t \cdot Y_{t+\tau}],\ \rho_{YX}(\tau) = E[Y_t \cdot X_{t+\tau}]$$

$$\hat{R}_{XY}(k) = \frac{1}{(n-k)\sigma_X\sigma_Y}\sum_{i=1}^{n-k}[x(t_i) \cdot y(t_{i+k})],\ -n < k < n,\ \text{실질적으로는 } n/4.$$

$$\hat{R}_{YX}(k) = \frac{1}{(n-k)\sigma_X\sigma_Y}\sum_{i=1}^{n-k}[y(t_i) \cdot x(t_{i+k})],\ -n < k < n,\ \text{실질적으로는 } n/4.$$

신뢰구간(유의수준 α)은 일반적으로 $\pm z_{(1-\alpha/2)} / \sqrt{n}$ 수식을 이용하며, Pearson 상관계수 신뢰구간의 경우에 적용이 가능하다. CCF의 경우, $k=0$ 조건에서 $\hat{R}_{XY}(0) = 1$ 조건, $\hat{R}_{XX}(-k) = \hat{R}_{XX}(k)$ 조건은 만족되지 않는 경우가 일반적이다. 그리고 ACF는 좌우 대칭이기 때문에 시간 지체 τ를 양수로 범위를 한정한다. 시간 지체는 측정시간 기준, 다음 관측 시간 간격이 한 단위(Δt)로, ACF는 동일한 시간 차이가 나는 자료의 상관계수를 의미한다. 동일한 시간 차이는 시간 간격 기준, 0(시간 차이 없음), 1 단위부터 $n-1$ 단위 간격까지 계산이 가능하나, 실질적으로 관측 자료를 이용하는 경우 시간 간격이 증가할수록 조합되는 자료의 개수가 감소하기 때문에 최대 지체시간으로 범위를 한정하여 계산한다. 일반적으로 이용되는 최대 지체시간은 $n/4$ ($n \geq 50$) 정도를 권장하지만, 가용한 자료의 개수를 고려하여 조정이 가능하다.

시계열 자료는 연속되는 시간 간격에서 관측한 자료로, 관측 간격이 충분히 길지 않기 때문에 하나의 앞선 관측이 다른 관측 자료에 영향을 미치거나, 서로 상관이 있는 특성을 가진다. 따라서 어느 정도의 시간 간격까지 상관이 존재하는가를 간단하게 파악하는 측도 중의 하나로 ACF, CCF 변동 양상을 이용한다. 한편, ACF 계산은 긴 시간의 상관이 존재하는 경우,

중간 관측 자료에 의한 간접 상관도 영향을 미치기 때문에 이 영향을 배제하는 부분 자기상관함수(partial Auto-Correlation Function, pACF)가 보다 유용한 측도로 제안·활용되고 있다. 보다 복잡한 수식과 조건부확률 통계개념이 적용되고 있지만, 상관시간의 거리 파악 및 대표적인 시계열 자료의 차수 파악에 유용한 정보를 제공한다.

주어진 시계열 자료, $x(t_i)$, 지체 단위 k 조건에서 정의되는 부분 pACF($\phi_{k,k}$)는 다음과 같이 정의된다.

$$k=1,\ \phi_{1,1} = \rho(x_t, x_{t+1}),$$
$$k \geq 2,\ \phi_{k,k} = \rho(x_{t+k} - \hat{x}_{t+k}, x_t - \hat{x}_t) = \rho(r_{t+k}, r_t),$$

여기서, $\hat{x}_{t+k}$, $\hat{x}_t$는 x_t, x_{t+k} 사이의 자료($\{x_{t+1}, x_{t+2}, \cdots, x_{t+k-1}\}$)를 이용하여 최적 선형 추정한 값으로, 중간 변수의 영향을 제거하기 위하여 도입한 변수이다.

$$\hat{x}_{t+k} = \beta_1 x_{t+k-1} + \beta_2 x_{t+k-2} + \cdots + \beta_{k-1} x_{t+1}$$
$$\hat{x}_t = \alpha_1 x_{t+1} + \alpha_2 x_{t+2} + \cdots + \alpha_{k-1} x_{t+k-1}$$

pACF는 기본 개념에 근거하여 계산해도 되지만, 계산 시간 절감을 위해서 일반적으로 Durbin-Levinson 알고리즘을 사용하며, 다음과 같이 순차적인 계산과정을 거쳐 추정할 수 있다.

$$\phi_{n,n} = \frac{\rho(n) - \sum_{k=1}^{n-1} [\phi_{n-1,k} \cdot \rho(n-k)]}{1 - \sum_{k=1}^{n-1} [\phi_{n-1,k} \cdot \rho(k)]}$$

여기서, $\phi_{n,k} = \phi_{n-1,k} - \phi_{n,n} \cdot \phi_{n-1,n-k}$, $1 \leq k \leq (n-1)$, n = 최대 지체시간(max lag number) 단위이다.

계산은 지체시간 $k=1$ 조건에서부터 시작하여 최대 지체시간까지 순차적으로 수행한다. 보다 수월한 이해를 위하여 그 과정을 상세하게 세부 단계로 구분하여 설명한다면 다음과 같다.

Step 1: 지체시간 1 조건(lag number = 1)에서 시계열 자료의 자기상관계수를 계산한다. $\rho(1)$. $\phi_{1,1} = \rho(1)$ 조건을 적용하면 지체시간 1 조건에서 부분 자기상관계수가 계산된다($\phi_{1,1}$).

Step 2: 지체시간 (n=2) 조건에서 자기상관계수 $\rho(2)$를 계산하고, 계속하여 부분 자기상관계수와 관련 계수를 계산한다($\phi_{2,2}$, $\phi_{2,1}$, 미지의 추정 계수).

$$\phi_{2,2} = \frac{\rho(2) - [\phi_{2-1,1} \cdot \rho(2-1)]}{1 - [\phi_{2-1,1} \cdot \rho(1)]} = \frac{\rho(2) - \phi_{1,1} \cdot \rho(1)}{1 - \phi_{1,1} \cdot \rho(1)}$$

$$\phi_{2,1} = \phi_{1,1} - \phi_{2,2,} \cdot \phi_{2-1,2-1} = \phi_{1,1} - \phi_{2,2} \cdot \phi_{1,1}$$

Step 3: 지체시간 (n=3) 조건에서 자기상관계수 $\rho(3)$를 계산하고, 계속하여 부분 자기상관계수와 관련 계수를 계산한다($\phi_{3,3}$, $\phi_{3,2}$, $\phi_{3,1}$).

$$\phi_{3,3} = \frac{\rho(3) - [\phi_{3-1,1} \cdot \rho(3-1) + \phi_{3-1,2} \cdot \rho(3-2)]}{1 - [\phi_{3-1,1} \cdot \rho(1) + \phi_{3-1,2} \cdot \rho(2)]}$$

$$= \frac{\rho(2) - (\phi_{2,1} \cdot \rho(2) + \phi_{2,2} \cdot \rho(1))}{1 - (\phi_{2,1} \cdot \rho(1) + \phi_{2,2} \cdot \rho(2))}$$

$$\phi_{3,1} = \phi_{3-1,1} - \phi_{3,3,} \cdot \phi_{3-1,2-1} = \phi_{2,1} - \phi_{3,3} \cdot \phi_{2,1}$$

$$\phi_{3,2} = \phi_{3-1,2} - \phi_{3,3,} \cdot \phi_{3-1,3-2} = \phi_{2,2} - \phi_{3,3} \cdot \phi_{2,1}$$

Step 4: 이상과 같이 유사한 과정을 거쳐, 최대 지체 시간까지 계산할 수 있다.

EXERCISE Partial ACF 계산을 위한 상세 설명 수식 예시

$$\phi_{1,1} = \rho(x_{t+1}, x_t)$$

pACF(1) = ACF(1)

$\phi_{2,2} = \rho(x_{t+2} - \hat{x}_{t+2}, x_t - \hat{x}_t)$, **pACF(2)**

$\hat{x}_{t+2} = \beta_1 x_{t+1}$, $x_{t+2} = \beta_1 x_{t+1} + e_t$ 선형모델에서 매개변수(β_1) 최적 추정

$\hat{x}_t = \alpha_1 x_{t+1}$, $x_t = \alpha_1 x_{t+1} + e_t$ 선형모델에서 매개변수(α_1) 최적 추정

$\phi_{3,3} = \rho(x_{t+3} - \hat{x}_{t+3}, x_t - \hat{x}_t) = \rho(r_{t+3}, r_t)$, **pACF(3)**

$\hat{x}_{t+3} = \beta_2 x_{t+2} + \beta_1 x_{t+1}$,

$x_{t+3} = \beta_2 x_{t+2} + \beta_1 x_{t+1} + e_t$ 선형모델에서 매개변수 최적 추정

$\hat{x}_t = \alpha_1 x_{t+1} + \alpha_2 x_{t+2}$,

$x_t = \alpha_1 x_{t+1} + \alpha_2 x_{t+2} + e_t$ 선형모델에서 매개변수 최적 추정

$\phi_{4,4}$, $\phi_{5,5}$ - 이하 연속되는 부분(partial) 자기상관계수도 유사한 과정으로 직접 계산한다.

3.2 시계열 자료의 추세 및 독립 검정(independence test)

3.2.1 추세 진단 및 처리(제거, detrending)

일정 시간 간격으로 측정된 자료는 선행 자료와 후행 자료의 상관이 예상되기 때문에 상관이 없어지는 기간보다 큰 간격으로 자료를 추출하는 경우, 그 자료의 독립을 보장할 수 있다. 시계열(time-series) 자료의 '상관이 없어지는 시간'을 의미하는 상관 제거 시간(de-correlation time)은 자기상관계수를 이용하여 산정하게 된다. 자기 상관계수가 통계적으로 무상관 범위(±1.96·SE, 95% confidence level)에 해당하는 지체 시간보다 큰 시간이 상관 제거 시간이 된다. 이 보다 충분히 큰 시간 간격으로 자료를 다시 추출하는 경우 그 자료는 독립 가정을 만족할 수도 있다.

추세 검정은 순차적인, 어떤 (시간적인) 순서를 가지는 자료의 '추세 여부'를 검정하는 과정이다. 추세를 가지는 자료는 우선 추세를 제거하고, 추세가 제거된 잔차(residuals) 자료를 대상으로 분석을 수행하게 된다.

대표적인 추세검정 방법으로는 Mann Kendall 검정이 있으면 세부 검정과정은 다음과 같다.

이 방법은 R에서 trend 라이브러리의 mk.test 함수를 이용하여 간단하게 수행할 수 있다.

Mann Kendall 검정의 귀무가설: "이 자료는 독립적인 자료, 추세가 없는 자료이다".
Mann Kendall 검정 통계량(S) 계산 방법:

$$S = \sum_{j=1}^{n-1} \sum_{i=1}^{n} sign(x_i - x_j);\ (x_i,\ i = 1,2,...,n)$$

여기서, $sign(x) = \begin{cases} +1 & x > 0 \\ 0 & x = 0 \\ -1 & x < 0 \end{cases}$, 부호 함수(sign function)이고, 검정 통계량(S)의 평균은 0(zero), 분산(σ_S^2)은 다음과 같다.

$$\sigma_S^2 = \frac{1}{18}\left\{n(n-1)(2n+5) - \sum_{k=1}^{p}[t_k(t_k-1)(2t_k+5)]\right\}$$

여기서, p는 동일한 값을 가지는 자료 세트(tied group)의 개수, t_k는 k번째 동일 자료의 개수 (≥ 2)이다. 확률변수가 실수인 경우에는 실질적으로 동일 자료가 존재하지 않지만, 반올림 오차 등의 영향으로 동일한 수치의 자료 존재가 가능하다. 계산의 번거로움을 제거하기 위하여 자료에 jittering 기법 등을 이용하여 $p=0$ 조건을 부여할 수도 있다.

검정 통계량 S를 다음과 같이 정규화된 통계량(z)으로 변환하고, 그 통계량을 이용하여 p-value 산정을 다음과 같이 수행한다. 통계량은 근사하게(approximately) 정규분포를 따른다.

$$z = sign(S)\frac{(|S|-1)}{\sigma_S}(\text{근사적으로는 } z = \frac{S}{\sigma_S}),\quad p = \frac{1}{2} - \Phi(|z|)$$

통계량 S는 Kendall's τ (= total number of pair-wise inversions, $x_i < x_j$) 수치와 다음과 같은 관계이다.

$$\tau = \frac{S}{D}$$

$$D = \left[\frac{1}{2}n(n-1) - \frac{1}{2}\sum_{k=1}^{p} t_k(t_k-1)\right]^{1/2} \cdot \left[\frac{1}{2}n(n-1)\right]^{1/2}$$

여기서, p-value 의미는 귀무가설을 기각할 경우의 오류 확률이며, 이 오류 확률이 통상 0.05 (또는 0.01, significance level)보다 작은 경우는 귀무가설 기각이 적절하다. 즉, 검정에 사용된 자료는 '추세가 없다'라는 가설을 '기각한다'로 판정한다. 비슷한 표현 같지만 '추세가 없다고 할 수 없다'와 '추세가 있다'는 문장은 논리적으로 큰 차이가 있다.

3.2.2 독립 검정 방법의 적용 및 분석

시계열 독립 검정 또한 앞서 2장에서 설명한 runs.test 함수를 활용하며, 추세가 있는 경우 선형회귀 모형으로 추세를 제거한 잔차 자료의 상관 검정과 독립 검정을 수행한다. 다음은 추세 제거 전후 조건에서 Mann Kendall 추세 검정을 수행한 코드와 결과이다. 이상자료 및 결측자료는 회귀분석 또는 다양한 통계적인 검정 결과에 상당한 영향을 미칠 수 있기 때문에 미리 처리하고, 통계적인 검정을 수행할 필요가 있다.

```
# 선형회귀 모형에 적합
fit1 <- lm(AMSL ~ YY)

# 잔차 추출
r_AMSL <- fit1$residuals

# 잔차 시각화
plot(YY, AMSL, type="o")
```

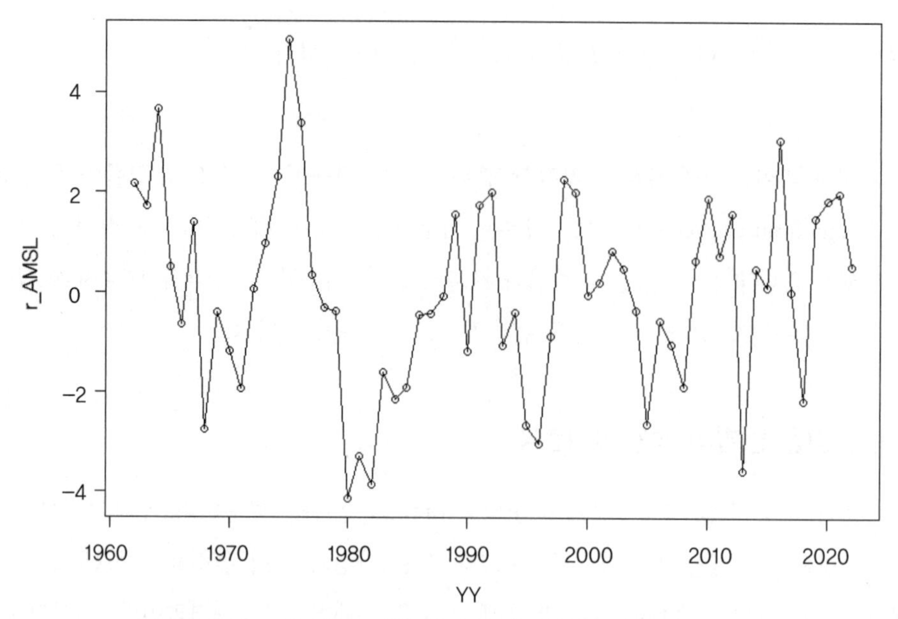

그림 3-3 부산 조위 관측소 연평균해수면 자료의 잔차 시계열(1962~2022)

추세 제거 전의 부산 MSL 자료(변수 AMSL)와 선형 추세를 가정하여 추세를 제거한 잔차 자료(r_AMSL)의 추세 검정 코드 및 결과는 다음과 같다. 추세 검정에는 mk.test 함수를 이용하고, 독립성 검정은 runs.test 함수를 이용한다.

```
# 추세 제거 효과 비교
mk.test(AMSL)
# z = 8.4217, n = 61, p-value < 2.2e-16

mk.test(r_AMSL)
# z = 0.46672, n = 61, p-value = 0.6407

runs.test(AMSL)
# statistic = -5.9896, runs = 8, n1 = 30, n2 = 30, n = 60, p-value = 2.104e-09

runs.test(r_AMSL)
# statistic = -3.125, runs = 19, n1 = 30, n2 = 30, n = 60, p-value = 0.001778
```

시계열 자료의 추세 검정 귀무가설 H_0는 '추세가 없다'이며 다시 설명하면, 판단의 기준인 p-value는 참인 H_0 가설을 기각할 오류의 확률이다. 이 오류가 유의수준보다 작으면, H_0 가설을 기각한다. 여기서 유의수준 α는 0.05로 설정한다.

이상에서 볼 수 있는 바와 같이 추세 검정 함수를 이용하면, 추세 검정 통계량과 대립가설, p-value 정보가 제공된다. 간단하게 p-value 기준으로 결과를 해석하면, 부산 MSL 자료의 귀무가설을 기각할 경우, 그 오류가 α보다 작기 때문에 귀무가설을 기각할 수 있다. 즉 '부산 MSL 자료는 추세가 없지 않다'는 결론을 내린다. 반면 잔차 자료는 귀무가설을 기각할 경우 그 오류 확률이 α보다 매우 크기 때문에 귀무가설 기각이 곤란하다. 따라서 '부산 MSL 잔차 자료는 추세가 없다'는 귀무가설을 채택한다.

한편 독립성 검정 결과는 귀무가설 H_0가 '자료는 (시간 변화에에 대하여) 독립적이다'이며, 원시자료와 추세가 제거된 자료 모두 runs.test 결과가 $p < 0.05$ 조건을 만족하기 때문에, 귀무가설을 기각한다. 따라서 '부산 MSL 자료와 잔차 자료는 독립이다'라고 할 수 없다. 잔차의 추세검정 결과와는 상반된 결과를 제시하고 있다. 그러나 mk.test 검정 결과는 예상한 바와 같이 '부산 MSL 자료는 독립이다'라는 가설을 기각하고, 잔차의 독립가설을 채택하는 예상할 수 있는 결과를 제시한다. runs.test 검정 방법이 독립성 검정에서 매우 엄격한 기준을 적용하고 있는 것으로 판단할 수 있다. 물론 p-value 기준의 한계도 있을 수 있지만, 검정 방법의 특성도 반영되기 때문에 가능한 다른 방법도 적용하여 종합적으로 판단하는 방법이 요구된다. 추가로 bartels.rank.test 검정을 수행한 결과는 runs.test 결과와 동일한 결과를 제시하고 있다. 반면 turning.point.test 검정 결과는 mk.test 검정 결과와 동일한 결론을 제시한다. p-value 기준만으로는 자료의 독립성 검정의 한계가 있는 것으로 판단된다. 한편 잔차 자료의 자기상관 계수를 보면 1년 시간 지체(lag-1) 자료에서 유의할 만한 수치가 보이므로, 자료의 독립성 가설은 기각된다고 할 수 있다.

```
# bartels.rank.test, turning.point.test 함수를 이용한 추가 검정
bartels.rank.test(AMSL)
# statistic = -7.1868, n = 61, p-value = 6.632e-13

bartels.rank.test(r_AMSL)
# statistic = -3.6911, n = 61, p-value = 0.0002233
```

```
turning.point.test(AMSL)
# statistic = -0.82912, n = 60, p-value = 0.407
turning.point.test(r_AMSL)
# statistic = -1.6442, n = 61, p-value = 0.1001
```

해양에서의 현장 관측 자료는 항목에 따라, 관측 빈도에 따라 다양한 특성을 가지고 있으며, 구조적인 변화 양상을 포함하고 있을 수 있다. 따라서 현장 모니터링 자료는 원시자료와 추세성분을 제거한 각각의 자료에 대하여 추세 검정과 독립성 검정이 요구된다. 이러한 검정은 R에서 제공하는 함수를 이용하여 수월하게 수행할 수 있으나, 상반된 결과를 제시하는 경우가 발생할 수 있다. 상반된 검정 결과를 제시하는 경우에는 검정 방법의 특성을 파악하는 방법이 요구되나, 가용한 다양한 방법을 모두 적용하여 종합적인 분석이 요구되기도 한다.

결론적으로, 부산 MSL 자료와 잔차 자료를 분석한 결과, MSL 자료는 추세가 있다는 가설을 채택할 수 있다.

3.3 시계열 모델의 구조 및 매개변수 추정

3.3.1 시계열 자료의 탐색

시계열 자료의 정보를 간략하게 파악하는 방법으로 성분을 분해하는 방법이 있다. 동일한 크기의 계절성분을 가정하는 추세, 계절성분 분리함수를 이용하여 다음과 같이 각각의 성분에 대한 분산정보 정보 비교도 가능하다. 시계열 성분 분리에 관한 방법은 경험 모드 분해(empirical mode decomposition, EMD) 기법과 같은 고급 분석기법들이 있지만 여기서는 간단한 R 프로그램에서 제공하는 stl 함수를 이용하여 탐색적 자료 분석 단계의 검토 과정만 소개한다. 분석 대상 자료는 앞서 사용한 MMSL 객체이다.

각각의 분리성분에 대한 분산정보를 보면, 계절성분이 약 63, 추세성분이 약 24, 잔차가 약 11 정도로 나타나고 있다. 한편 acf 함수를 이용하여 잔차 자료의 자기상관을 살펴보면 1년 시간지체(lag-1) 자료에서 유의할만한 수치가 나타나므로 연속되는 자료가 유의미한 상관을 가지는 것으로 파악되어 잔차 자료의 독립 가설은 기각된다.

```
# ts 객체 변환
tMMSL <- ts(MMSL, frequency = 12, start = c(1962, 1))

# stl 함수를 이용한 시계열 성분 분리
dmp1 <- stl(tMMSL, s.window = "periodic")

# 개별 성분 시각화
plot(dmp1)
```

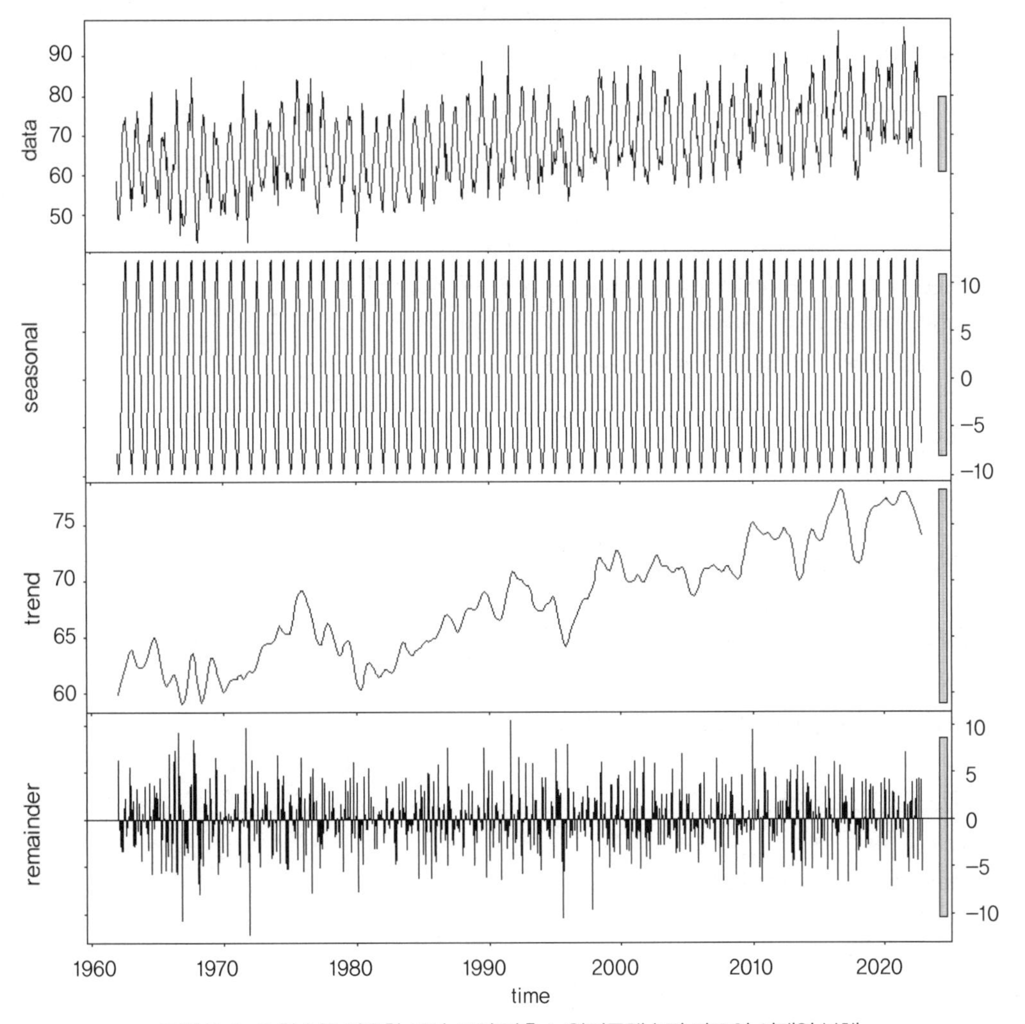

그림 3-4 stl 함수를 이용한 부산 조위 관측소 월평균해수면 자료의 시계열 분해

```
# ts 객체 변환
# 계절, 추세, 잔차 순서로 분산 확인
var(dmp1$time.series[,1])
var(dmp1$time.series[,2])
var(dmp1$time.series[,3])

# 잔차 자기상관 확인
acf(r_AMSL)
```

잔차 성분의 분포 형태는 정규분포에 근사한 것으로 보이며 이를 검증하는 코드는 다음과 같다. 먼저 히스토그램을 그리고, 잔차의 분포 매개변수인 평균, 표준편차를 이용하여 이를 따르는 정규분포를 함께 그린다. 마지막으로, shapiro.test 함수를 이용해 정규성 검정을 수행한다. 잔차의 정규성 검정 결과, p-value가 유의수준보다 크기 때문에 정규성을 만족한다고 판정한다.

```
# 성분분리 잔차(reaminder)의 분포함수 - 정규분포 적합 과정
# 잔차를 수치형 자료로 변환
rr <- as.numeric(dmp1$time.series[,3])

# 히스토그램 그리기
hist(rr, prob=T)

# 잔차의 통계정보로 정규분포 생성
mr <- mean(rr); msd <- sd(rr);
mxx <- seq(min(rr), max(rr), 0.1)
fxx <- dnorm(mxx, mean=mr, sd=msd)
lines(mxx, fxx, col="blue", lwd=2)

# 잔차의 정규성 검정
shapiro.test(rr)
# Shapiro-Wilk normality test
#
# data:  rr
# W = 0.99714, p-value = 0.2282
```

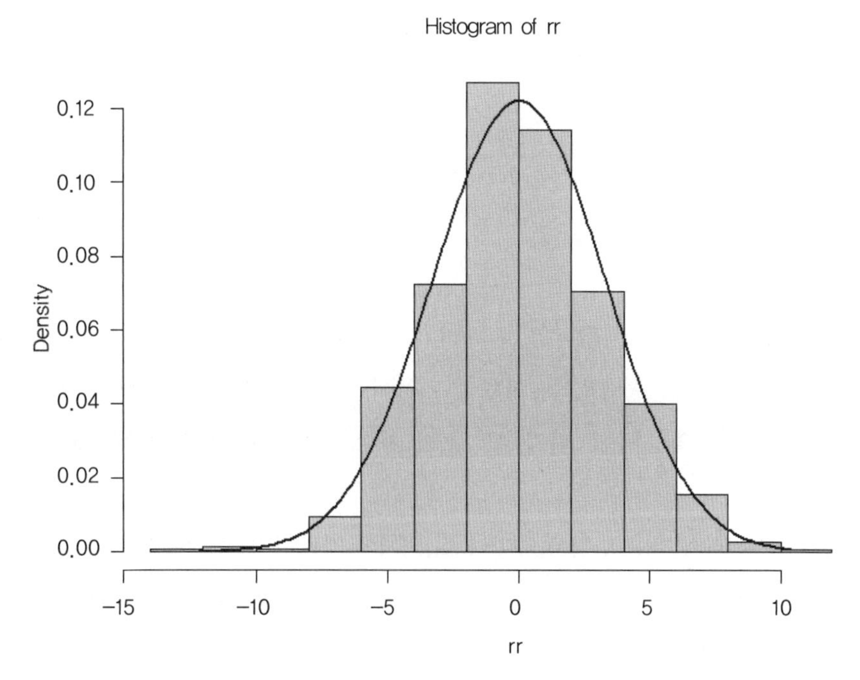

그림 3-5 분해된 부산 월평균해수면 자료의 잔차 히스토그램과 잔차의 통계정보 기반의 정규분포

3.3.2 시계열 자기상관 모델(ARIMA)

시계열 자료의 변동양상을 설명하는 모형 중에서 가장 기본이 되는 모형은 ARIMA 모형이다. 이 모형은 현재 시점에서의 자료, 차분 자료는 과거 시점의 자료와 추정오차의 영향을 받는다는 개념을 수학적으로 다음과 같이 표현하고 있으며, 자료를 이용하여 매개변수를 최적 추정하는 과정이 요구된다. 이 모형은 Time-Series(이하 TS) 자료에 대한 가장 기본이 되는 모형으로, 모형의 매개변수 추정 및 다양한 진단 결과를 제공하는 함수가 제공되고 있기 때문에 기본 개념만 이해하면 그 의미해석이 가능하다. 앞서 설명한 바와 같이, ARIMA 모델의 기본 요구사항은 다음과 같다.

- 추세가 없을 것
- 과거 자료(정보)의 선형 조합으로 구성되는 구조
- 시간에 따른 자료의 평균, 분산이 일정한 정상상태(stationarity)

단변량 시계열 자료를 이용하여 차분(I)을 제외한 ARMA 모형 방정식을 표현하면 다음과 같다.

$$y_t = \phi_0 + \phi_1 y_{t-1} + \cdots + \phi_p y_{t-p} + \theta_1 e_{t-1} + \cdots \theta_q e_{t-m} + e_t$$
$$i = 1, 2, \cdots, n$$

여기서, 현재 자료는 y_t, 과거 자료는 y_{t-i}이고, 현재 시간은 t, 과거 시간은 $t-i$이다. ϕ_p $(\phi_0, \phi_1, \cdots, \phi_p)$와 $\theta_q(\theta_1, \cdots, \theta_q)$는 자료를 이용하여 추정하여야 하는 모델 매개변수이며, p와 q는 ARIMA 모형의 차수로 각각 AR 모형 차수, MA 모형 차수에 해당한다.

AR 모델의 경우, 최적 차수 추정은 얼마나 먼 과거의 자료까지 모델에 사용할 것인지를 결정하는 문제이며, 모델 선택의 기준으로 널리 이용되는 기준은 Akaike Information Criterion(AIC) 수치로 결정한다. 한편 ARIMA 단어의 중심에 있는 I(integrated) 단어는 실질적으로 자료의 차분을 의미하며, 시계열 자료의 추세를 제거하거나, 정상상태를 유지하기 위하여 이용된다. 차분 차수에 따라 다음과 같이 차분이 적용된 새로운 단변량 자료 z_t로 ARMA 모형을 구축하는 과정으로 하나의 단계가 추가되는 것을 의미한다.

$$I = 1: \ z_t = y_t - y_{t-1}$$
$$I = 2: \ z_t = (y_t - y_{t-1}) - (y_{t-1} - y_{t-2}) = y_t - 2y_{t-1} + y_{t-2}$$

이상과 같이 차분 차수가 증가된 변환자료를 이용하여 ARMA모형을 추정하며, 경계에서 계산이 안 되는 자료는 제외한다.

3.3.3 계절성을 고려한 ARIMA 모델

SARIMA 모형의 S(seasonal) 단어는 단년(one year) 이상의 장기자료인 경우, 매년 반복되는 양상을 표현하는 방법으로, S 차수의 AR 모형 성분을 포함한다. 자료가 연 4회의 계절 관측자료인 경우에는, 4개 간격, 월별 자료의 경우에는 12개 간격의 계절 AR 차수 성분이 추가되는 모형으로, 다음과 같이 S 차수 성분을 별도로 포함한다.

$$y_t = \phi_0 + \phi_1 y_{t-4} + \phi_2 y_{t-8} + \cdots + \phi_p y_{t-4p} + e_t \quad \text{(seasonal data 조건)}$$

$$y_t = \phi_0 + \phi_1 y_{t-12} + \phi_2 y_{t-24} + \cdots + \phi_p y_{t-12p} + e_t \quad \text{(monthly data 조건)}$$

이상의 시계열 자료에 대한 ARIMA 모형 매개변수 추정은 R 프로그램에서 제공되는 함수를 이용하여 간단하게 수행할 수 있다. 사용하는 자료는 기상청에서 제공하는 온실가스 자료이며 관측지점은 안면도이고, 관측 항목에서 대기 중 이산화탄소(이하 CO_2) 항목을 선택했다. 첫 번째 열은 연, 월 정보이고, 2열은 ppm 단위로 기록된 대기 중 CO_2 농도 값이다. 예제에서는 기상청에서 제공하는 안면도 월별 CO_2 농도자료를 이용하며, 각각의 절차는 다음과 같은 R 라이브러리에서 제공하는 함수를 이용하여 수행한다. forecast 라이브러리는 ARIMA 모형을 위한 다양한 함수를 제공하고 있으며, 결측 구간의 자료 추정이 필요한 경우, 앞서 MSL 자료에서처럼 imputeTS 라이브러리를 활용하여 대치한다. 관련 코드는 단계에 따라 설명을 포함하고, 순서대로 수행하면 된다.

EXERCISE 대기 중 이산화탄소 자료를 이용한 (S)ARIMA 모델링

- 사용 자료: co2_monthly_data.csv
- 코드 파일: chapter_3_ARIMA_model.R

```
# 자료 읽기
idata <- read.csv("co2_monthly_data.csv")

## Four station - 안면도, 제주 고산, 울릉도, 독도
str(idata)
ndata <- nrow(idata)
nyear <- ndata/12

YY <- seq(1999,2022,1)
month <- seq(1999, 2022, length.out=nyear*12)

ACO2 <- idata[,2]
plot(month, ACO2, type="l")
```

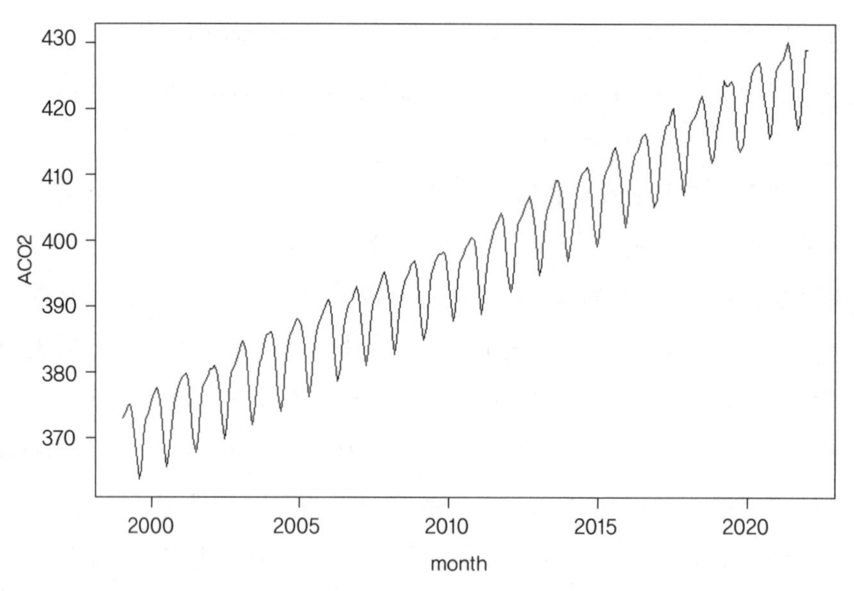

그림 3-6 안면도 관측 지점의 월별 대기 중 이산화탄소 시계열(1999.1.~2022.12.)

일반적인 ARIMA 모형은 시간에 따라 순차적인 자료로 간주하기 때문에 절대적인 시간 정보가 없어도 수행이 가능하다. 그러나 SARIMA 모델을 구축하기 위해서는 연간 자료 개수가 몇 개인지, 언제가 시작 연도인지를 입력하여야 한다. 이 정보를 입력하여 구성한 변환된 자료를 이용하여 SARIMA 최적 모델을 추정한다. 최적 ARIMA 모형은 forecast 라이브러리에서 지원하는 auto.arima 함수를 이용하여 다음과 같이 추정할 수 있으며, 기본 추정 정보를 확인할 수 있다. SARIMA 모형은 ts 함수를 이용하여 벡터 자료를 time-series 객체로 변환하여 수행하여야 한다. 예제에서는 전체적인 모형 구조 파악을 위한 최적 매개변수 추정은 전체 기간의 자료를 이용하여 수행했다.

```
# 원본 자료를 ts 객체로 변환
tACO2 <- ts(ACO2, frequency=12, start=c(1999,1))
class(tACO2)
[1] "ts"

# stl 함수를 이용한 성분 검토
dmp1 <- stl(tACO2, s.window="periodic")  ## {stats} 기본 라이브러리
plot(dmp1)
```

```
var(dmp1$time.series[,1]) # [1] 17.50891
var(dmp1$time.series[,2]) # [1] 265.9416
var(dmp1$time.series[,3]) # [1] 0.1982488

# forecast 라이브러리 불러오기
library(forecast)

# ARIMA 및 SARIMA 모델 적합
aarima <- auto.arima(ACO2)
asarima <- auto.arima(tACO2)
```

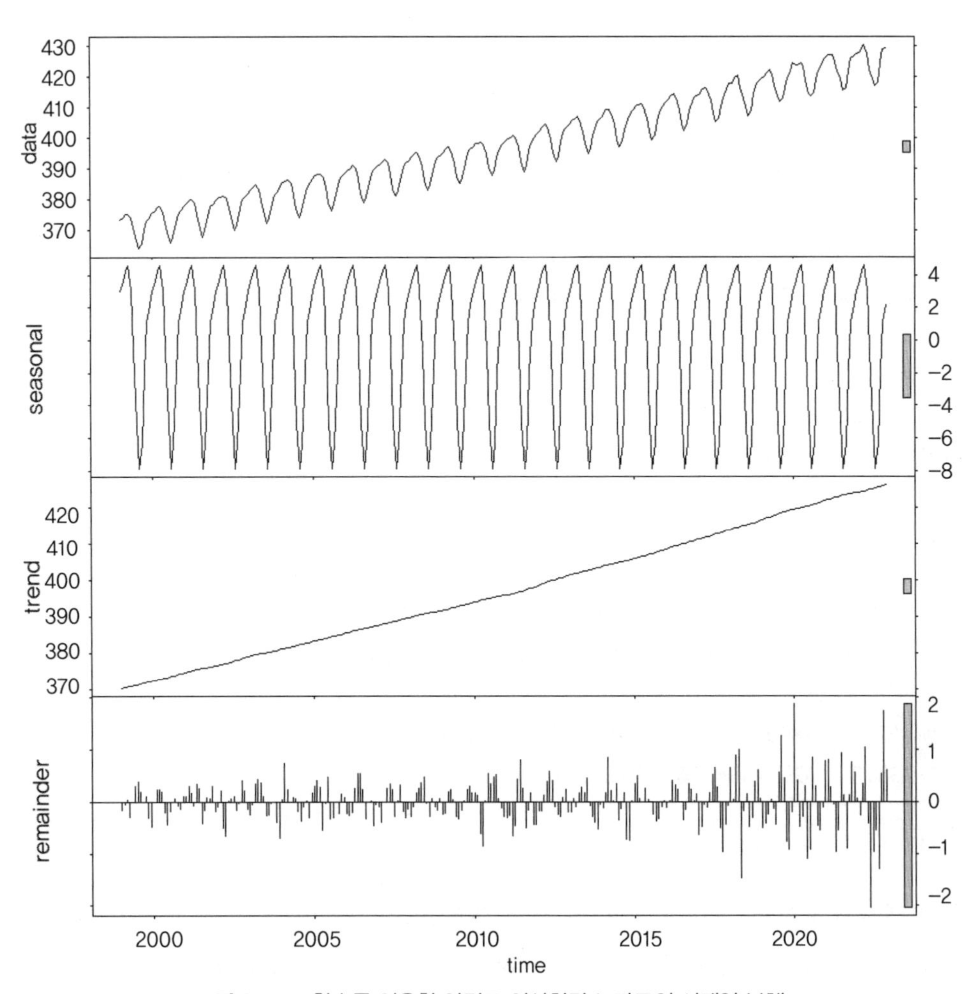

그림 3-7 stl 함수를 이용한 안면도 이산화탄소 자료의 시계열 분해

기본 성분분리 stl 함수로 검토한 CO_2 자료는 증가하는 경향의 선형 추세가 존재한다. 선형 추세 성분의 분산이 약 266으로 매우 큰 것을 확인할 수 있으며, 앞서 언급한 시계열 모델의 기본 가정인 정상성을 만족하지 않는다. 그러나 auto.arima 함수는 차분 차수를 조정하여 정상성을 만족하는 모형을 자동으로 찾아준다.

```
# ARIMA 모델과 SARIMA 모델 비교
aarima
# Series: ACO2
# ARIMA(3,1,3) with drift
#
# Coefficients:
#          ar1      ar2     ar3      ma1      ma2     ma3   drift
#       1.8254  -1.2364  0.1831  -1.0989  -0.6311  0.7946  0.1939
# s.e.  0.0691   0.1162  0.0687   0.0425   0.0708  0.0398  0.0160
#
# sigma^2 = 0.9354:  log likelihood = -398.46
# AIC=812.92   AICc=813.44   BIC=842.2

asarima
# Series: tACO2
# ARIMA(2,1,4)(0,1,1)[12]
#
# Coefficients:
#           ar1      ar2     ma1      ma2      ma3      ma4     sma1
#       -1.4421  -0.8727  1.3317  -0.0150  -1.1328  -0.5571  -0.8017
# s.e.   0.0597   0.0635  0.0861   0.0861   0.0791   0.0738   0.0497
#
# sigma^2 = 0.1899:  log likelihood = -161.1
# AIC=338.2   AICc=338.74   BIC=367.13
```

이상의 결과에서 보면, ARIMA 모형의 경우 매개변수 p, d, q는 각각 3, 1, 3이 최적으로 추정되었으며, 월 단위의 계절 성분이 고려된 SARIMA 모형은 p, d, q가 각각 2, 1, 4이 최적으로, P, D, Q는 각각 0, 1, 1이 최적 차수로 추정되었다. 최적 ARIMA, SARIMA 모형의 잔차

분산은 각각 약 0.94, 0.19로, 계절성을 고려하는 SARIMA 모형의 잔차 분산이 상당한 정도로 감소하고 있음을 알 수 있다.

3.3.4 모형의 예측 성능평가

최적 시계열 모형 추정에서 산출되는 잔차의 분산은 예측오차와는 차이를 보인다. 모형 구축에 사용된 자료는 평가에 다시 사용하지 않아야 하므로 2021년, 2022년 자료는 모형의 예측 성능평가를 위하여 모형 구축에서 제외하고 test_data 객체에 평가 자료로 별도로 정의했다. 모형의 예측오차는 모형의 성능평가를 위한 중요한 정보로 최적 추정된 모형을 이용하여 일정 기간의 예측을 수행하고, 예측자료에 대한 참값(2021~2022년 월별 CO_2 농도자료)으로 성능평가를 수행한다. 추정 모형을 이용한 예측 및 오차평가는 다음 코드를 참고한다.

```
## 모형의 성능평가
## Performance test using 2021 - 2022 data.
## Model setup using 1999-2020 data

ndata <- length(ACO2)
test_data <-  ACO2[(ndata-24+1):ndata]
model_data <- ts(ACO2[1:(ndata-24)], frequency=12, start=c(1999,1))
asarima <- auto.arima(model_data)

fct1 <- forecast(asarima, 24)
fest <- fct1$mean
plot(test_data, fest, xlab="Observed CO2", ylab="Estimated CO2", type="p")
abline(0,1, col="red", lwd=2)

rmse <- sqrt(sum((test_data-fest)^2)/12)
estr <- substr(as.character(rmse),1,5)
legend("topleft", paste("RMSE = ",estr,sep=""), cex=1.3)
```

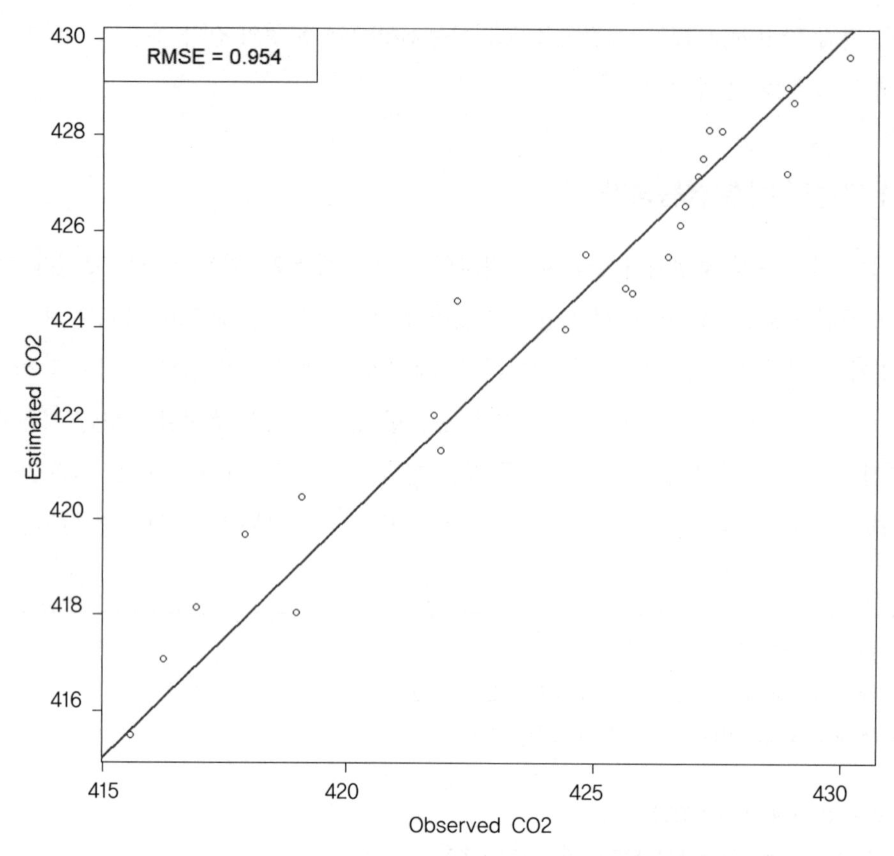

그림 3-8 관측자료로 최적 추정된 SARIMA 모형의 성능평가

추정 오차는 평균제곱근오차(RMSE)를 기준으로 약 0.95ppm 정도로 계산되었다. 모델이 편향되지 않게 적합되었는지 진단하기 위해 예측값과 평가자료를 이용하여 회귀분석을 수행하고, 회귀모형의 잔차에 대하여 독립성 및 정규성 검정을 수행한다. 다음은 잔차를 이용해 모델을 진단하는 코드이다.

```
# 라이브러리 불러오기
library(randtests)
library(nortest)
library(trend)

# 예측값과 평가자료의 회귀분석
```

```
res_diag <- lm(fest ~ test_data)

# 회귀모형 잔차에 대한 독립성 및 정규성 검정
turning.point.test(res_diag$residuals)
# statistic = -1.8462, n = 24, p-value = 0.06486

mk.test(res_diag$residuals)
# z = 1.6619, n = 24, p-value = 0.09653

ad.test(res_diag$residuals)
# A = 0.20243, p-value = 0.8622
```

수행 결과, turning.point.test 에서는 p-value가 약 0.06으로 나타나 자료가 독립적인 것으로 판정하며, 추세 및 정규성 또한 p-value가 0.05보다 크기 때문에 추세가 없고 정규분포하는 것으로 판정한다. 따라서 CO_2 자료의 SARIMA 모델은 편향되지 않으며 예측 성능이 좋은 모델이라고 진단할 수 있다.

3.4 시계열 자료의 주기 분석

3.4.1 시계열 자료의 스펙트럼 분석

일반적으로 시계열자료는 측정 간격이 일정하다. 따라서 시간변수는 순차적이고, 연속되는 자료의 시간 간격 Δt는 $t_{i+1} - t_i$로 표현할 수 있다. 관측센서로 연속 측정하는 경우에는 시간 간격이 일정하지만, 월별, 계절별 자료 등은 엄밀한 의미로 시간 간격이 조금 차이가 나지만 일정한 간격을 가진 시계열 자료로 간주한다.

반면 시간 간격이 일정하지 않은 시간 변화 자료는 시간변화 자료(temporal data)라는 표현이 적절하다. 시간 간격이 일정하지 않은 자료는 보통 수동 관측이 대부분을 차지하지만, 측정 기간 중 결측 구간(missing)이 발생하거나 관측이 부정기적으로 수행되는 경우로 불규칙적인 간격(uneven 또는 irregular)의 시계열 자료로 기술하기도 한다.

시계열 자료는 시간에 따라 변하는 정보이므로 시간과 결부된 분석 방법이 가장 기본이다.

다시 말해, '신호가 시간에 따라 변화하는지?', '신호가 어떤 간격으로 반복되는지?'를 알아내는 것이 기본적인 시계열 자료의 분석 방법이며 여기서 말하는 '반복되는 간격'이 주기이다. 따라서 가장 기본적인 분석은 앞서 다룬 추세분석과 주기 성분을 찾아내는 조화 분석(harmonic analysis)이다. 조화분석이라는 용어는 조위자료 분석과 직결되는 용어로 이 분야에서 가장 활발하고 일반적으로 사용되고 있다. 그러나 넓은 의미의 조화분석은 시계열 자료의 주기 성분 분석을 위하여 조화함수(harmonic function)를 사용하는 모든 분석을 의미하며, 조화함수로 sine, cosine 함수가 널리 이용되고 있다. 주기(period)의 역수에 해당하는 주파수(frequency=1/period) 분석과 관련짓는 경우, 스펙트럼 분석, Fourier 변환, FFT 등 다양한 용어 등이 부각되지만, 여기서는 Fourier 변환 계수에 근거를 둔 주기도(periodogram) 방법에 중점을 두고 수행한다. 주기도는 어떤 시간변화 자료(신호)의 Fourier 변환 계수의 크기를 주파수 변화에 따라 표현한 그림 또는 수치정보의 도시이며, 시계열 자료의 우세한 주기(또는 주파수) 성분 분석에 유용하다. 실질적으로 어떤 시계열 자료의 스펙트럼 추정에 널리 이용되는 방법 중의 하나이다.

이 방법을 이용하여 주기 성분의 크기를 추정하는 경우, 그 추정된 주기성분이 통계적으로 유의미한 의미를 가질 경우, 그 시계열 자료의 해당 주기 성분이 채택된다고 할 수 있다. 이 과정이 어떤 시계열 자료의 주기성 검정이며, 그 세부 과정은 다음과 같다.

Step 1: TS 데이터 입력, $x(t_i) = x_i,\ i = 1, 2, ..., n$

Step 2: 입력 TS 자료를 이용하여 다음 공식을 이용하여 Fourier 계수(a_k, b_k)를 계산(계산의 편의를 위하여 자료의 개수를 짝수로 유지, n = even number).

$$a_k = \begin{cases} \frac{1}{n}\sum_{i=1}^{n} x_i \cdot \cos(w_k \cdot i), & k=0\ ,\ k=n/2 \\ \frac{2}{n}\sum_{i=1}^{n} x_i \cdot \cos(w_k \cdot i), & k=1,2,...,\left[\frac{n}{2}-1\right] \end{cases}$$

$$b_k = \frac{2}{n}\sum_{i=1}^{n} x_i \cdot \sin(w_k \cdot i),\ k=1,2,...,\left[\frac{n}{2}-1\right]$$

여기서, w_k는 각주파수(angular frequency)로, $2\pi k/n$이며, f_k는 주파수(frequency)로, $w_k/2\pi$ (k/n)이고, T_k는 주기(period)로, f_k의 역수$(1/f_k)$이다. $[r]$은 r 보다 크지 않은 최대 정수를 의미한다. 위의 제시된 Fourier 계수는 시간 간격이 1 단위인 조건에서 계산되는 식이므로, 각각의 성분에 대한 실질적인 의미 부여를 위해서는 주파수는 시간 간격(Δt)으로 나누고, 주기는 시간 간격을 곱하여야 한다. 위 식에서 i에서 t_i로 시간 부분을 절대시간 단위로 변경하면, 주기 성분도 n/k 이므로, $n\Delta t/k$, $w_k = 2\pi k/(n\Delta t)$와 같이 변경에 따른 해석이 요구된다.

한편 Fourier 변환 계수 산정에 관련된 기본 가정은 다음과 같은 시계열 자료의 표현 방법(representation)이다.

$$x_i = \sum_{k=0}^{[n/2]} [a_k \cdot \cos(w_k t_i) + b_k \cdot \sin(w_k t_i)]$$

Step 3: Fourier 계수를 이용하여 'periodogram' 계수를 다음 공식으로 계산한다. 계산된 계수를 이용하여, x축은 주파수 f_k, y축은 ω_k 성분의 진폭(amplitude) $I(w_k)$로 하는 주기도를 그릴 수 있다.

$$I(w_k) = \begin{cases} na_0^2, & k=0 \\ \frac{n}{2}(a_k^2 + b_k^2), & k = 1, 2, \cdots, (n/2)-1 \\ na_{n/2}^2, & k = n/2 \end{cases}$$

Step 4: 주기성 검정에 사용되는 통계량(Fisher g statistics, Whittle statistics)을 다음 식으로 계산한다.

$$\text{Fisher statistics, } g_{\max} = g_1 : g_1 = \frac{\max\{I(w_k)\}}{2\left[\frac{n}{2}\right]\sum_{k=1}^{[n/2]} I(w_k)} = \frac{I^{(1)}(w_k)}{2\left[\frac{n}{2}\right]\sum_{k=1}^{[n/2]} I(w_k)}$$

$$\text{Whittle statistics, } g_2 : g_2 = \frac{I^{(2)}(w_k)}{\left\{\sum_{k=1}^{[n/2]} I(w_k)\right\} - I^{(1)}(w_k)} \text{ 또는 } g_m = \frac{I^{(m)}(w_k)}{\left\{\sum_{k=1}^{[n/2]} I(w_k)\right\}}$$

여기서, 첨자로 표기한 (m)은 주기도 계수의 내림차순 순위로 m번째에 해당하는 계수(the m-th rank of the periodogram coefficients)이다.

Step 5: 유의수준(significance level, α=0.05)에 해당하는 경계 수치(critical value)의 통계량을 다음 공식을 이용하여 계산한다. Fisher 검정 방법에 따른 정확한 경계 수치 검정 공식은 'implicit' 형식의 복잡한 함수로 표현되기 때문에 이를 근사(approximation)하기 위해 다음과 같은 공식이 사용된다.

$$g_c = 1-(\alpha/m)^{1/(m-1)},\ m=[n/2],\ P(g>g_c) = \alpha$$

$P(g>g_c) = \alpha$ 조건을 이용하여 $\alpha = 0.05$ 조건을 만족하는 g_c를 추정한다.

TIP — **Exact distribution of g**

$$P(g>g_c) = \sum_{i=1}^{a} \frac{(-1)^{i-1} \cdot n!\,(1-iz)^{n-1}}{i!\,(n-i)!}$$

$$= n(1-z)^{n-1} - \frac{n(n-1)}{2}(1-2z)^{n-1} + \ldots + (-1)^a \frac{n!}{a!\,(n-a)!}(1-az)^{n-1}$$

$a = [1/z]$

Step 6: 귀무가설(null hypothesis)에 대한 판정을 수행한다. '주기계수는 무의미하다'는 귀무가설을 Steps 4-5 단계에서 계산한 통계량 g와 경계 통계량 g_c를 비교하여 귀무가설 채택 여부를 결정한다.

Case 1: $g > g_c$ 이면, 귀무가설을 기각한다.

Case 2: $g \le g_c$ 이면, 귀무가설을 기각할 수 없다($\simeq$ 채택한다).

EXERCISE 부산 Monthly-MSL 자료를 이용한 주기성 검정

- 사용 자료: Busan_MSL_data_1961_2022.csv
- 코드 파일: chapter_3_MSL_data_analysis.R

앞 절에서 설명한 주기성 검정 과정에 따라 부산 M-MSL 자료의 주기성 검정을 수행하면 다음과 같다. 같은 자료를 이용하여 주기성 검정을 수행하였으며, 자료를 읽고 MMSL 변수로 지정하는 과정까지는 앞서 다룬 내용과 동일하다. 결측 구간 처리는 imputeTS 라이브러리의 na_kalman 함수를 이용하여 대치했다. R 프로그램에서 기본 제공하는 라이브러리를 이용한 검정도 가능하며, 관련 기능을 제공하는 라이브러리로 TSA, ptest 등이 있다. 우선 원본 자료를 읽어서 월 단위 시계열 자료를 시간에 따라 정렬하고, 결측자료를 대치한 뒤 자료 구조를 확인한다.

```
# 라이브러리 불러오기
library(imputeTS)
idata <- read.csv("../data/Busan_MSL_data_1961_2022.csv")
idata <- idata[-1,]

# 1961년 자료는 분석에서 제외
# 월 단위 자료를 사용
YY <- idata$YEAR
nYY <- length(YY)
month <- seq(1962, 2022, length.out=61*12)
ndata <- nYY*12

# 행렬 형태의 자료를 시간 순서대로 1열로 정렬
MMSL <- as.vector(t(idata[,2:13]))

# 결측자료 대치
MMSL <- na_kalman(MMSL)
# 자료 구조 확인
str(MMSL)
```

자료의 전처리가 끝난 후에는 선형 추세 제거를 위해 선형회귀모델에 적합한 뒤, 자료의 선형 추세가 잘 제거되었는지 시각화를 통해 확인한다. 회귀모델 객체인 fit1은 abline 함수를 이용해서 추세선을 간단하게 그릴 수 있다. 또한 fit1 객체에는 모델의 다양한 정보들을 포함하여 잔차 정보가 함께 저장되어 있다. 모델 객체의 하위 구조 중 residuals라는 이름으로 저장되어 있으며, $ 표기를 이용하여 fit1$residuals와 같이 추출한다.

```
# 선형회귀 모델 적합
fit1 <- lm(MMSL ~ month)

# 원본자료, 회귀모형, 평균선 시각화
plot(month, MMSL, type="b", xlab="YEAR",ylab="monthly MSL (cm)", cex=1.2)
abline(fit1, col="blue", lwd=2)
abline(h=mean(MMSL), col="red", lwd=2)
```

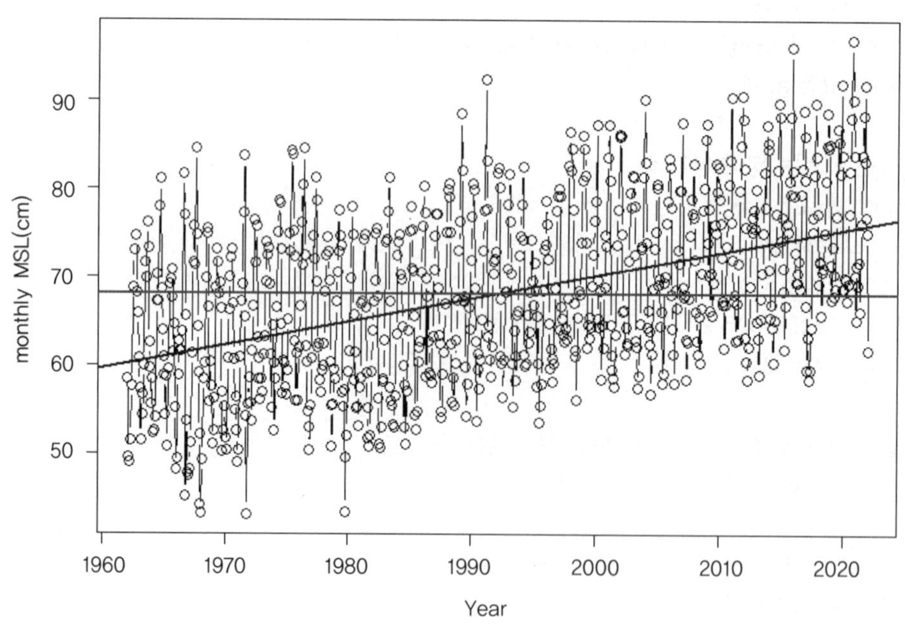

그림 3-9 MMSL 원본 자료, 평균값 및 선형 추세를 시각화한 결과

선형 모델에서 추출된 잔차는 객체 rr에 저장했다. 또한 fit1 객체는 influence.measures 함수를 적용하면 잔차에서 영향자료를 다양한 기준으로 진단 및 탐지(detection)할 수 있다. 진단 결과가 저장되는 info1 객체는 summary 함수를 이용하면 영향자료(influential points)들을 선별해서 보여준다.

```
# 잔차 추출 및 영향자료 진단
rr <- fit1$residuals
info1 <- influence.measures(fit1)
info1_summary <- summary(info1)
# Potentially influential observations of
# lm(formula = MMSL ~ month) :
#
#   dfb.1_ dfb.mnth dffit   cov.r   cook.d hat
# 33   0.13  -0.13     0.16_*  0.99    0.01   0.00
# 69   0.14  -0.14     0.17_*  0.99_*  0.01   0.00
# 117  0.10  -0.10     0.14    0.99_*  0.01   0.00
# 164  0.08  -0.08     0.12    0.99_*  0.01   0.00
# 165  0.08  -0.08     0.12    0.99_*  0.01   0.00
# 177  0.08  -0.08     0.12    0.99_*  0.01   0.00
# 218 -0.06   0.06    -0.11    0.99_*  0.01   0.00
# 332  0.02  -0.01     0.09    0.99_*  0.00   0.00
# 356  0.01  -0.01     0.10    0.98_*  0.01   0.00
# 657 -0.12   0.13     0.15    0.99_*  0.01   0.00
# 716 -0.15   0.15     0.17_*  0.99    0.01   0.01
ploc <- as.numeric(rownames(info1_summary))
```

잔차 시계열 자료와 영향자료 진단 결과를 시각화하여 확인하며 주기 분석을 위한 준비 작업을 완료한다.

```
# 잔차 및 영향자료 시각화
plot(month,rr, type="b",xlab="YEAR",ylab = "De-trended M-MSL (cm)", cex=1.2)
abline(h=0,col="red", lwd=2)
points(month[ploc],rr[ploc], col="red", pch=16, cex=1.2)
points(month[ploc],rr[ploc], col="red", pch=12, cex=2.0)
```

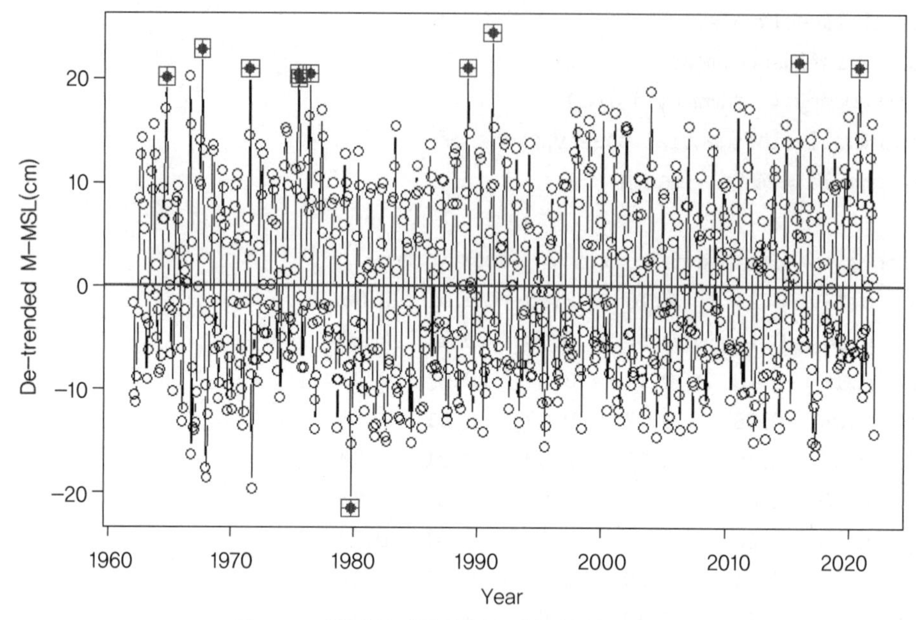

그림 3-10 적합된 모델의 잔차를 이용한 영향자료 진단 결과

다음은 본격적인 주기 분석 과정이다. 앞서 언급한 바와 같이 시계열 분석용 라이브러리인 TSA를 활용하고, 기본적인 주기 해석에 관련된 부분은 수동으로 계산하여 결과를 확인한다. TSA 라이브러리의 periodogram 함수를 이용하면 간단하게 계산이 가능하다. plot 옵션은 TRUE로 기본 설정되어 있으며, 이 설정을 유지하면 그림이 함께 그려진다. 스케일 조정은 log 옵션을 이용하며 'no' 또는 'yes'로 조정한다. 기본 설정은 'no'이다.

```
# TSA 라이브러리를 활용한 주기도 계산
library(TSA)
prd1 <- periodogram(MMSL, plot = TRUE)
```

```
str(prd1)
# List of 16
# $ freq     : num [1:375] 0.00133 0.00267 0.004 0.00533 0.00667 ...
# $ spec     : num [1:375] 10682 1873 1722 1328 122 ...
# $ coh      : NULL
# $ phase    : NULL
# $ kernel   : NULL
# $ df       : num 1.95
# $ bandwidth: num 0.000385
# $ n.used   : int 750
# $ orig.n   : int 732
# $ series   : chr "x"
# $ snames   : NULL
# $ method   : chr "Raw Periodogram"
# $ taper    : num 0
# $ pad      : num 0
# $ detrend  : logi FALSE
# $ demean   : logi TRUE
# - attr(*, "class")= chr "spec"
```

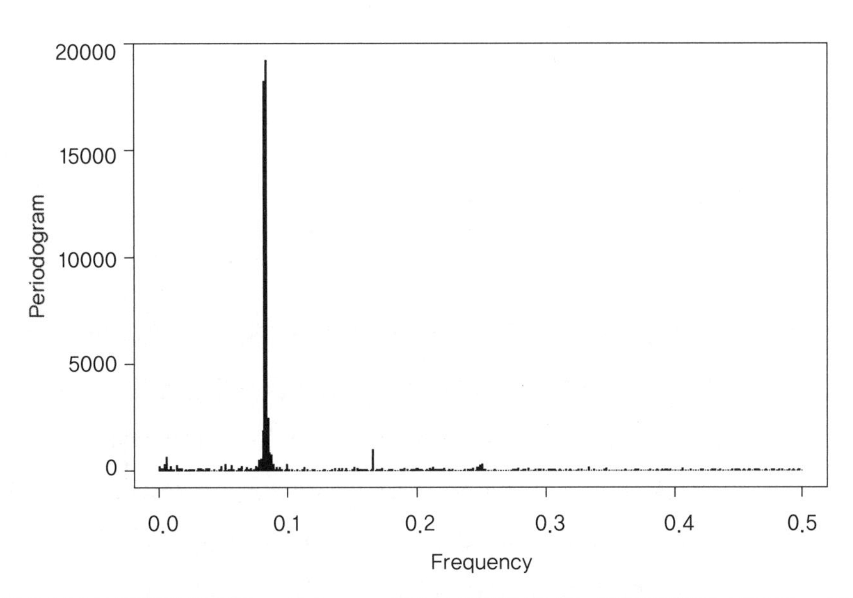

그림 3-11 TSA 라이브러리의 periodogram 함수를 이용한 MMSL 자료의 주기도 시각화(log 변환 전)

```
# 자료 수 및 저장객체 정의
ndata <- length(rr)
azero <- (1/ndata)*sum(rr)
hn <- round(ndata/2)
ck <- matrix(0, nrow=hn, ncol=3) ## (ak, bk, Ik), k=1,2,..., hn(=n/2)
# n/2 만큼 반복
for (kk in 1:hn) {
 wk <- 2*pi*kk/ndata

# cosine 함수에 대한 Fourier coefficients
 ak <- 0
# sine 함수에 대한 Fourier coefficients
 bk <- 0

 for (ii in 1:ndata)
        {
        ak <- ak + (2/ndata)*cos(wk*ii)*rr[ii]
        bk <- bk + (2/ndata)*sin(wk*ii)*rr[ii]
        }

 ck[kk,1] <- ak
 ck[kk,2] <- bk

}

ck[,3] <- (ndata/2)*(ck[,1]^2 + ck[,2]^2)
```

다음에 제시된 코드 수행 결과에서 볼 수 있는 바와 같이, TSA 라이브러리에서 제공하는 periodogram 함수를 이용하여 추정한 주기도와 직접 계수를 이용하여 계산한 주기도는 일치하고 있음을 알 수 있다. 빈도수 차이는 TSA 라이브러리에서는 주파수(frequency, f)를 사용하고, 계수 산정 방법에서는 각주파수(angular frequency, $\omega = 2\pi f$)를 사용하기 때문으로, 각주파수를 2π로 나누면 동일하게 된다. 이 외에도 TSA와 같은 전용 라이브러리에서는 보다 개선된 결과를 위해 기술적인 처리들을 하기도 하므로 기본적인 계산식과 항상 같은 값을 반환하지는 않는다. 더불어, 기본 라이브러리인 stats의 spectrum 함수를 이용해도 간단하게 스펙트럼을 계산할 수 있으며, 위에 기술한 방법과 같은 결과를 제공한다.

```
# periodogram 함수와 계수를 이용한 계산 결과 시각화
plot(prd1$freq, log(prd1$spec), type = "l", cex.lab = 1.2,
    xlab = "Frequency (1/s)", ylab = "Magnitude of Spectrum (m^2-s)")

plot(seq(0, 0.5, length.out = hn), log(ck[,3]), type = "l", cex.lab = 1.2,
    xlab = "Frequency (1/s)", ylab = "Magnitude of Spectrum (m^2-s)")

spectrum(rr)
```

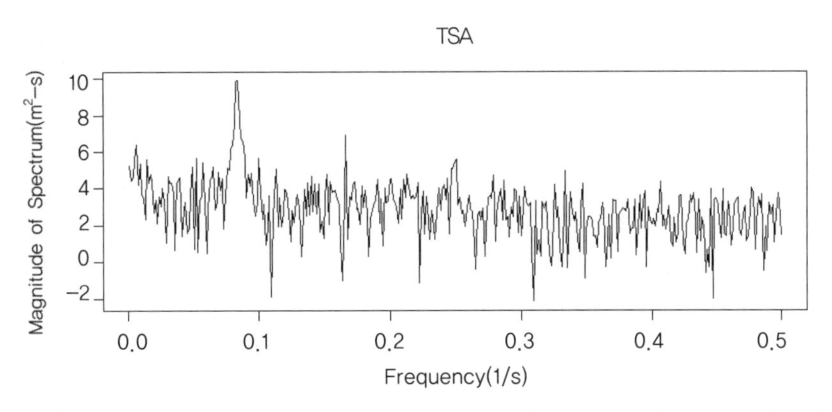

그림 3-12 TSA 라이브러리의 periodogram을 이용한 MMSL 자료의 주기도(log 변환 후)

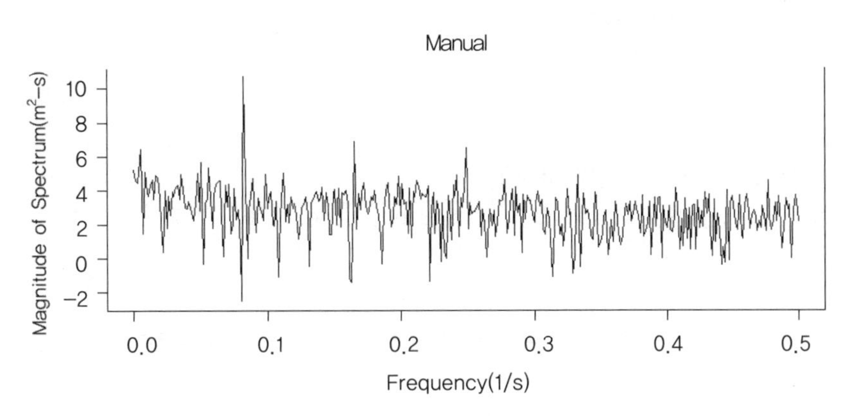

그림 3-13 직접 작성한 코드로 계산한 MMSL 자료의 주기도

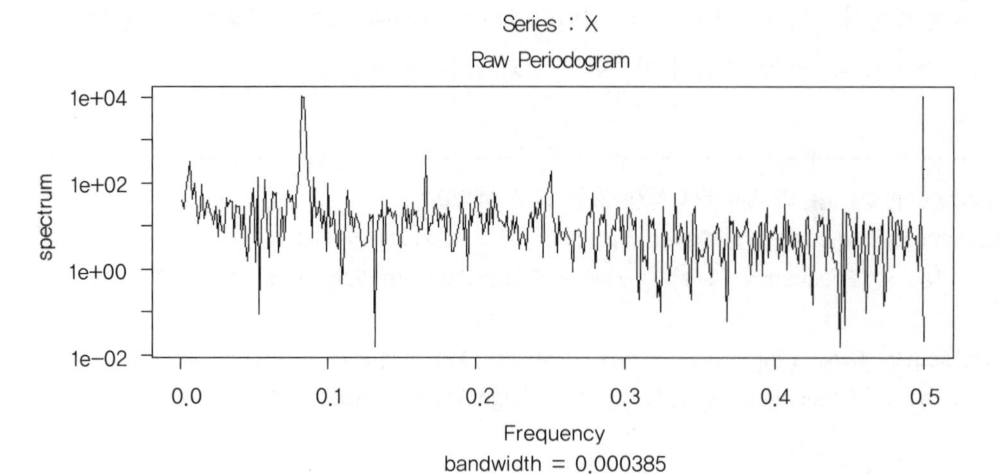

그림 3-14 R에서 기본제공되는 stats 라이브러리의 spectrum 함수를 이용한 MMSL 자료의 주기도

다음은 F-통계량과 Fisher 통계량 경계 통계수치를 계산하고 통계적으로 유의한 신호를 선별하는 코드이다.

```
# F-통계량, Fisher 통계량, 경계 통계수치 계산
F_stat <- matrix(0,nrow=hn, ncol=1)

TTT <- sum(ck[,3])
for (kk in 1:hn) {
 super <- (ndata-3)*ck[kk,3]
 sub1 <- 2*(TTT - ck[kk,3])
 F_stat[kk,1] <- super/sub1
}

# F-통계량 시각화
plot(prd1$freq[1:hn], log(F_stat),
     type = "b", pch = 16, xlab = "Frequency", cex.lab = 1.2)

# 임계치 계산
F_crit <- qf(df1 = 2, df2 = ndata-3, p = 0.95) # p = 1-α(신뢰수준)

# 임계 정보 시각화
```

```
abline(h = log(F_crit), col = "red", lwd = 2)
sidx <- which(F_stat > F_crit)
points(prd1$freq[sidx], log(F_stat[sidx]), col = "red", pch = 16, cex = 1.0)
text(0.25, 2.0, "Critical F value", cex=1.2)
```

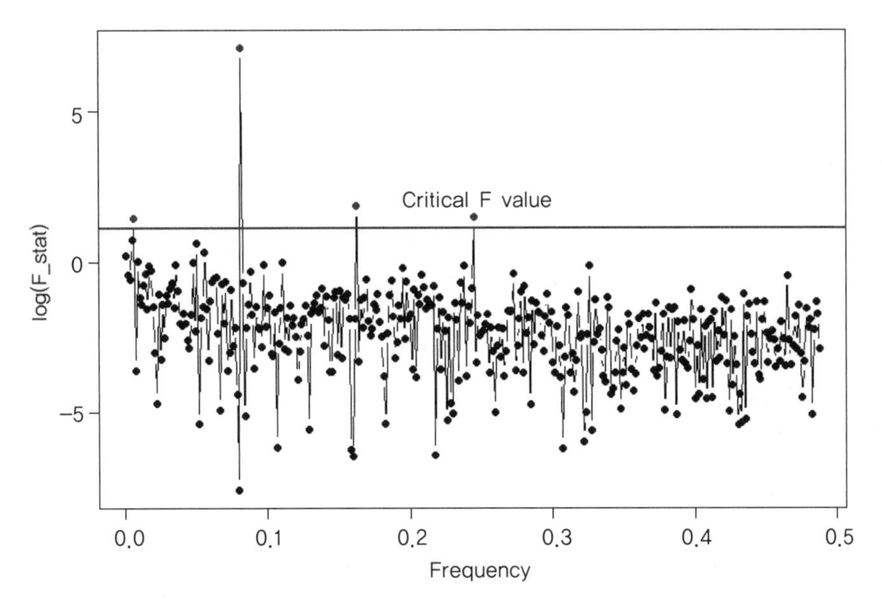

그림 3-15 F-통계량 및 임계치 이상의 주파수 선별

다음은 주기의 유의성을 검정하는 Fisher g 통계량을 계산하는 코드이다.

```
# Fisher g 통계량 및 유의수준에 따른 임계값 계산
alpha <- 0.05
g_fisher <- max(ck[,3])/(sum(ck[,3]))
g_crit <- 1 - (alpha/hn)^(1/(hn-1))
ga_crit <- -2*log(1-(1-alpha)^(1/ndata))
g_fisher
# [1] 0.7702547
g_crit
# [1] 0.02408431
```

위 과정은 ptest 라이브러리의 ptestg 함수를 이용하여 1줄의 코드로 간단하게 다음과 같은 결과를 얻을 수 있다.

```
library(ptest)
ptestg(rr, method = "Fisher")
# $obsStat
# [1] 0.7703717
#
# $pvalue
# [1] 9.451804e-231
#
# $freq
# [1] 0.08333333
#
# attr(,"class")
# [1] "Htest"
```

위의 계산 결과를 보면, $g > g_c$ (0.77 > 0.02) 조건에 해당하므로, '모든 주기 계수는 무의미하다'는 귀무가설을 기각할 수 있다. 따라서 제1주기 성분은 5% 유의수준에서 무의미하다고 판단할 수 없다. 한편 최대 크기의 주기성분에 해당하는 주기는 다음과 같이 산정한다. 결과로 제시된 첨두주기 '12' (1/0.08333)는 단위가 월이기 때문에 12개월을 의미하며, 1년 주기이다. 따라서 M-MSL 자료는 1년 주기 성분이 매우 강하게 나타나고 있는 것으로 판단할 수 있으며, 다른 유의미한 주기성분은 반년, 1/4년 성분이 약하게 드러나는 것으로 파악된다.

```
midx <- which.max(prd1$spec)

# 주기로 변환
Tpeak <- 1/prd1$freq[midx]
Tpeak
# [1] 11.90476
```

아래 그림은 주기성 검정에서 유의미한 성분으로 검정을 통과한 최대 주기성분 하나만을 이용하여 M-MSL 자료를 추정한 결과이다. 시간적으로 관측자료와 상승-하강이 일치하는 양상을 보이고 있으나, 진폭이 일정하기 때문에 상승-하강 폭이 매년 변하는 관측자료의 변화 양상을 반영하지는 못하고 있으며, 잔차 성분의 크기도 상당한 정도로 파악된다. 결론적으로 M-MSL 자료에서 1년 주기 성분은 파악되었으나, 이 주기 성분만으로 M-MSL 변동양상을 허용할 만한 수준으로 예측하기에는 한계가 있다.

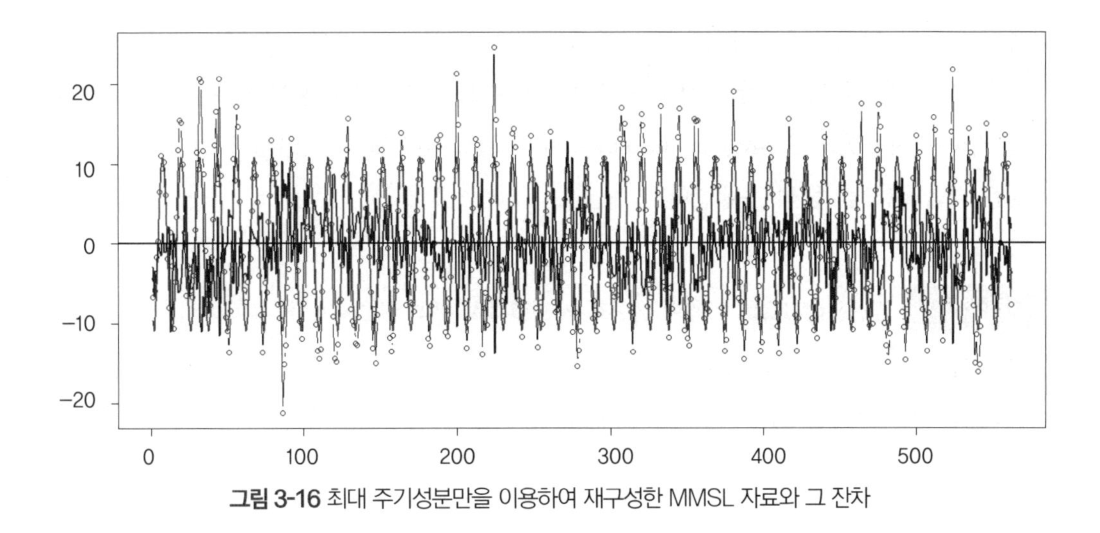

그림 3-16 최대 주기성분만을 이용하여 재구성한 MMSL 자료와 그 잔차

이상의 방법으로 어떤 시계열 자료의 최대 크기의 계수를 이용하여 그에 해당하는 주기성분을 통계적으로 진단하는 과정은 동일한 형태의 다른 시계열 자료에도 적용 가능하다. 최대 주기성분을 제거한 후, 다음 순위의 주기성분에 대하여 순차적으로 적용하는 경우, 다수의 주기성분에 대하여 순위에 따라 유의성 진단에 근거한 통계적 검정이 가능하다. 그러나 1년 이상의 장주기 성분에 대한 주기함수 추정에는 한계가 있기 때문에, 비모수적인 장주기 변화 양상 추정에 대한 검토도 요구된다.

3.4.2 불규칙 시계열 자료의 조화분석(harmonic analysis)

관측 환경의 불규칙한 변화 또는 갑작스러운 기상 악화로 인해 해양에서의 관측은 정확한 주기에 따라 수행이 어려운 경우가 많다. 또한 관측자료에서 결함이 발견되거나 과거 자료의 전산 관리가 어렵던 시기에 관측한 원본 관측자료가 유실되기도 한다. 이러한 시계열 자료의 공백과 관측 간격의 불규칙성은 Fourier 변환과 같이 주기 분석에 사용하는 스펙트럼 기반 기술들의 적용을 어렵게 한다. 여기서는 주기와 결측 구간을 추정할 때, 이러한 한계를 극복하는 방법을 소개한다. 비교적 간단하지만 최근 연구에도 활용되는 조화함수를 이용하는 회귀분석(harmonic regression) 기법의 원리와 적용 방법을 소개한다.

여기서 사용하는 자료는 국립수산과학원에서 제공하는 정선관측자료 중 서해 307 정선 03 정점의 표층 자료이며 자료 관측 기간은 1966년부터 2021년까지이다. 관측 간격은 약 2개월이며, 대부분 짝수 달(2, 4, 6, 8, 10, 12월)에 관측이 수행되지만, 현장 여건에 따라 홀수 달에 관측된 자료도 있으며 월내에서도 월초부터 월말까지 관측 시점이 다양하다.

다운로드 받은 자료는 약간의 전처리 과정을 거쳐 모델 적합에 사용할 자료와 검증용 자료로 분리하여 사용했으며, irregular_timeseries.csv 파일로 제공된다. 시간정보 변환 등 전처리 과정은 다음 코드를 통해 수행한다.

EXERCISE 정선관측자료를 이용한 불규칙 시계열자료 분석

- 사용 자료: irregular_timeseries.csv
- 코드 파일: chapter_3_harmonic_regression.R

```
# 라이브러리 불러오기
# 설치되어 있지 않은 경우, 아래 주석처리된 코드를 먼저 수행
# install.packages(c("lubridate", "tidyverse", "data.table"))

library(lubridate) # 시간정보 처리
library(tidyverse) # 편의기능
library(data.table) # rbindlist 함수 사용

# 초기 결측 자료 제거 및 시간 변수의 자료형 변경
df <- read.csv("../data/irregular_timeseries.csv")[-c(1:2),]
df$time <- as.POSIXct(df$time) %>% decimal_date

# 모델 적합에 사용할 자료와 검증용 자료의 분리
df_fit <- df[df$time <= decimal_date(ymd(20101231)),]
df_val <- df[df$time > decimal_date(ymd(20101231)),]
```

조위 자료 분석에 활용한 조홍연(2022)에서 설명한 바와 같이 시간에 따라 관측한 신호 $Z(t_i)$는 다음과 같이 다양한 주기를 갖는 삼각함수의 선형 결합 형태로 표현할 수 있다. 기본적으로 Fourier 급수의 원리와 같으며, 참고문헌 검색의 번거로움을 피하기 위해 아래 박스 안의 내용은 수식과 설명을 직접 인용했다.

$$Z(t_i) = Z_0 + \sum_{k=1}^{m} C_k \cos(2\pi\omega_k t_i - \phi_k)$$

$$= Z_0 + \sum_{k=1}^{m} A_k \cos(2\pi\omega_k t_i) + \sum_{k=1}^{m} B_k \sin(2\pi\omega_k t_i)$$

여기서, t_i는 관측시간을 의미한다. $i = 1, 2, ..., n$이며, n은 자료의 개수이고, 관측시간은 절대시간, 시간의 단위는 시(hour)이다. m은 조화분석에 사용되는 분조의 개수, 다시 말해, 주기성분의 수를 의미한다. ω_k는 k번째 분조의 각(angular) 속도(degree/hour)이며 $k = 1, 2, ..., m$이다. Z_0, C_k, ϕ_k는 추정해야 할 매개변수이며 Z_0는 절편인 평균해면을 의미한다. C_k, ϕ_k는 조화함수의 진폭과 지각을 의미한다. cosine 함수의 진폭과 지각을 cosine 함수와 sine 함수의 선형 결합으로 표현할 때, $C_k^2 = A_k^2 + B_k^2$, $\phi_k = \tan^{-1}(B_k, A_k)$ 조건을 만족한다.

위 정보를 통해 행렬식을 구성할 수 있다. 행렬식을 편의상 다중선형회귀식의 형태로 치환하여 표현할 수 있으며, 다중선형회귀식의 계수 행렬(β)을 추정하는 방법과 같이 계산할 수 있다.

$$\boldsymbol{Z} = \boldsymbol{X}\beta + \epsilon$$

$$\boldsymbol{Z} = \begin{bmatrix} z_1 \\ z_2 \\ \vdots \\ z_n \end{bmatrix};\ \boldsymbol{X} = \begin{bmatrix} 1 & C_{11} & \cdots & C_{1m} & S_{11} & \cdots & S_{1m} \\ 1 & C_{21} & \cdots & C_{2m} & S_{21} & \cdots & S_{2m} \\ \vdots & \vdots & \ddots & \vdots & \vdots & \ddots & \vdots \\ 1 & C_{n1} & \cdots & C_{nm} & S_{n1} & \cdots & S_{nm} \end{bmatrix};\ \beta = \begin{bmatrix} Z_0 \\ A_1 \\ \vdots \\ A_m \\ B_1 \\ \vdots \\ B_m \end{bmatrix} \text{(Unknown)};\ \epsilon = \sim N(0, \sigma^2)$$

이를 다중선형회귀식의 계수 추정 방식과 동일한 방법으로 풀면 $\hat{\beta}$은 다음과 같으며, 추정된 $\hat{\beta}$을 이용하여 모델 적합 값 $\hat{\boldsymbol{Z}}$을 계산할 수 있다.

$$\boldsymbol{Z} = \boldsymbol{X}\beta + \epsilon$$

여기서, 오차 제곱합을 최소화하는 손실함수를 L로 정의하고 계수 β에 의해 변한다고 하면,

$$\epsilon_T \cdot \epsilon = (Z-X\beta)^T(Z-X\beta) = L(\beta);\ \frac{\partial L(\beta)}{\partial \beta} = 0$$

다음과 같은 과정에 의해 추정 계수 벡터 $\hat{\beta}$가 계산된다.

$$Z = X\hat{\beta}$$
$$X'Z = X'X\beta = (X'X)\beta$$
$$\hat{\beta} = (X'X)^{-1}X'Z$$
$$\hat{Z} = X\hat{\beta}$$

다음은 앞서 언급한 관측자료를 이용하여 각 항의 계수를 구하고 추정된 주기 조합의 신호를 복원하는 과정을 R 코드로 구현한 것이다. 이후 계산에 활용할 때의 편의성을 위하여 계산 과정을 사용자 정의 함수 형태로 미리 만들어두었다. 함수 객체명은 h_reg이며, 입력 인자는 x, y, m이다. x는 시간 정보이며, julian day 또는 decimal year와 같이 실수형으로 입력된다. y는 관측값이고, m은 조합할 삼각함수 쌍의 개수이다. 후보 조화함수의 개수, m 값은 최적값을 모르고 경험적으로 접근하는 경우에는 후보 주기 개수를 벡터로 입력하고, 앞서 다룬 주기성 검정을 통해 유의한 주기를 스펙트럼으로부터 알아냈다면 통계적으로 유의한 주기를 입력하면 된다. h_reg 함수는 최소자승법 기반으로 계수를 추정하며, 계수, 예측값, 잔차 정보를 반환한다.

```
# Harmonic Regression 함수 정의
h_reg <- function(x, y, m){

  yy <- as.numeric(y)
  Tj <- 1/m
  wj <- 2*pi/Tj
  constant_term <- rep(1, length(x))
  cos_term <- t(apply(as.matrix(x), 1, function(tt) cos(wj*tt)))
  sin_term <- t(apply(as.matrix(x), 1, function(tt) sin(wj*tt)))
```

```
  if(length(m) == 1){
    cos_term <- t(cos_term)
    sin_term <- t(sin_term)
  }

  colnames(cos_term) <- paste0("coef_", "cos", m)
  colnames(sin_term) <- paste0("coef_", "sin", m)

  PP <- cbind(constant_term, cos_term, sin_term)
  CC <- solve(t(PP)%*%PP)%*%(t(PP)%*%yy)
  eyy <- PP%*%CC
  res <- list(coefs = CC[,1],
              fitted = as.numeric(eyy),
              residual = y - as.numeric(eyy))
  return(res)

}
```

h_reg 함수를 통해 계산된 계수 정보를 이용하여 관측되지 않은 시간에 대한 예측 계산을 수행하는 함수인 predict_hreg를 아래 제시한 코드와 같이 정의했다. h_reg 반환 값을 입력하고, 새로 예측할 시간 정보를 입력한다. predict_hreg 함수 내에는 파이프라인 연산자인 %>% 가 사용되므로 편의 기능들이 모여있는 라이브러리인 tidyverse를 사용한다.

TIP — **tidyverse 라이브러리**

tidyverse 라이브러리는 Hadley Wickham이 개발한 라이브러리이고 2.0.0 버전을 기준으로 다음과 같은 라이브러리들을 포함한다.

- dplyr(1.1.3), readr(2.1.4), forcats(1.0.0), stringr(1.5.0), ggplot2(3.4.3), tibble(3.2.1), lubridate(1.9.3), tidyr(1.3.0), purrr(1.0.2)

predict_hreg 함수에서는 파이프라인 연산자인 %〉%만을 사용했지만, dplyr에는 그룹별 연산 편의 기능, stringr에는 문자열 처리 함수 등 데이터 분석에 유용한 기능들이 포함되어 있다. vignette 함수를 이용해 각 라이브러리의 매뉴얼에서 유용한 함수들을 찾아 사용해보자.

```
# Harmonic Regression 모델의 예측 함수
# tidyverse 라이브러리 활용
library(tidyverse)

predict_hreg <- function(model, new_x){

  new_w <- gsub(pattern = "[a-zA-Z]|_",
                replacement = "",
                x = names(model$coefs[-1])) %>%
    as.numeric %>% unique %>% { 2 * pi * .}

  constant_term <- rep(1, length(new_x))
  cos_term <- t(apply(as.matrix(new_x), 1, function(x) cos(new_w*x)))
  sin_term <- t(apply(as.matrix(new_x), 1, function(x) sin(new_w*x)))

  if(length(new_w) == 1){
    cos_term <- t(cos_term)
    sin_term <- t(sin_term)
  }

  colnames(cos_term) <- paste0("coef_", "cos", new_w)
  colnames(sin_term) <- paste0("coef_", "sin", new_w)

  new_PP <- cbind(constant_term, cos_term, sin_term)
  CC <- model$coefs
  new_y <- as.numeric(new_PP%*%CC)

  return(new_y)

}
```

앞서 언급한 자료 및 방법, 사전 정의된 함수를 이용하여 실제 해양 관측자료의 주기성분을 추출하는 과정은 다음과 같다. 앞서 정의한 사용자 정의 함수 h_reg를 이용하여 조화 회귀 분석을 수행하였으며, 먼저 1년 주기가 뚜렷한 수온 항목을 이용했다.

```
# 일 시 단위를 decimal year로 변환(주기 계산 편의를 위함)
deci_year <- df_fit$time
wt <- df_fit$water_temperature

# 사전 정의한 h_reg 함수를 이용하여 1년 주기 성분 계산
wt_p1 <- h_reg(x = deci_year, y = wt, m = c(1, 0.5))
# 계수 확인
wt_p1$coefs

# constant_term     coef_cos1   coef_cos0.5     coef_sin1   coef_sin0.5
#    12.5037113    -4.9669471    -0.1911934    -8.1553539    -0.1612054

# 초기 그래픽 설정 저장(그래픽 매개변수 복원 위함)
op <- par(no.readonly = T)

# 그래픽 매개변수 설정(글꼴, 여백 등)
par(family = "serif", mar = c(5, 7, 5, 5))

# 관측자료 시각화
plot(deci_year, wt, type = "p",
     ylim = c(0, 30),
     xlab = "Decimal Years",
     ylab = "Water Temperature",
     main = "Harmonic Regression Fitted",
     pch = 16, cex = 0.5, col = "gray70",
     las = 1, cex.main = 2, cex.lab = 2, cex.axis = 1.7)

# 적합 결과와 잔차 시계열
lines(deci_year, wt_p1$fitted, lwd = 2, col = 2, lty = 1)
lines(deci_year, wt_p1$residual + mean(wt), lwd = 2, col = 4, lty = 1)

# 범례
legend("topright", legend = c("Observed", "Fitted", "Residuals"),
       cex = 1.5,
       col = c("gray70",2,4), pch = c(16, NA, NA),
       lty = c(NA, 1, 1), lwd = 2,
       horiz = T, text.font = 2)
```

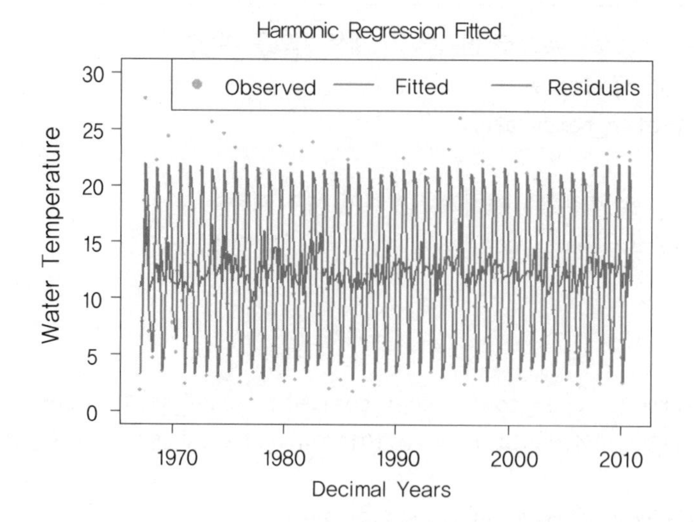

그림 3-17 Harmonic Regression을 통해 적합된 수온의 주기 성분과 잔차

조화분석을 위한 후보 주기는 1년과 반 년(6개월)이며, 시간 t_i에 따른 수온의 시계열 자료 $WT(t_i)$에 대하여 구성된 모델의 구조는 다음과 같다.

$$WT(t_i) = WT_0 + A_1\cos(2\pi w_1 t_i) + A_2\cos(2\pi w_2 t_i) + B_1\sin(2\pi w_1 t_i) + B_2\sin(2\pi w_2 t_i)$$

위 형태의 모델 구조에서 최소자승법으로 추정된 계수는 상수항인 WT_0가 약 12.50, A_1, A_2가 각각 약 -4.97, -0.19로 계산되었고, B_1, B_2가 각각 약 -8.16, -0.16으로 계산되었다.

다음은 추정된 모델로 예측한 정보를 모델 적합에 사용되지 않은 자료와 비교하는 검증 코드이다.

```
# 검증 자료가 존재하는 구간에 대한 예측
new_x <- df_val$time
new_y <- predict_hreg(model = wt_p1, new_x = new_x)

# 검증 대상 자료 정의
deci_year_val <- df_val$time
wt_val <- df_val$water_temperature
```

```
# 검증용 관측자료 시각화
plot(deci_year_val, wt_val, type = "p",
 ylim = c(0, 30),
 xlab = "Decimal Years", ylab = "Water Temperature",
 main = "Harmonic Regression Fitted",
 pch = 16, cex = 1, col = "gray70",
 las = 1, cex.main = 2, cex.lab = 2, cex.axis = 1.7)

# 예측 자료 비교
lines(new_x, new_y, lwd = 2)
```

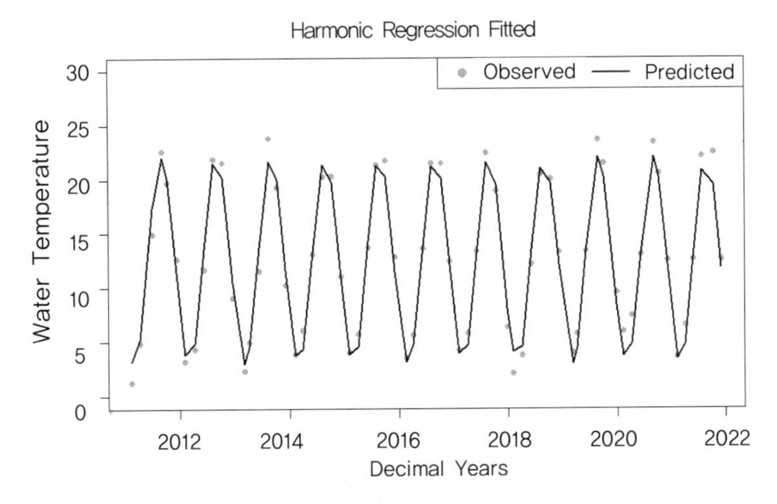

그림 3-18 적합된 조화회귀 모형의 예측 결과와 검증용 자료의 비교(시계열)

끝으로 검증 자료에 대한 추정오차를 계산하고 시각화한다.

```
# 상관계수 확인
cor(wt_val, new_y)
# [1] 0.986438

# RMSE 계산
sqrt(mean((wt_val - new_y)^2))
```

```
# [1] 1.204498

# 관측 정보와 예측 정보의 비교
plot(wt_val, new_y,
     main = "Observation vs. Prediction [WT]",
     xlab = "Observation", ylab = "Prediction",
     pch = 16, cex = 2,
     las = 1, cex.main = 2, cex.lab = 2, cex.axis = 1.7)
abline(a = 0, b = 1, lwd = 2)
# 범례
legend("bottomright", legend = "1:1 Line",
       lwd = 2, cex = 2, text.font = 2)
# 그래픽 매개변수 복원
par(op)
```

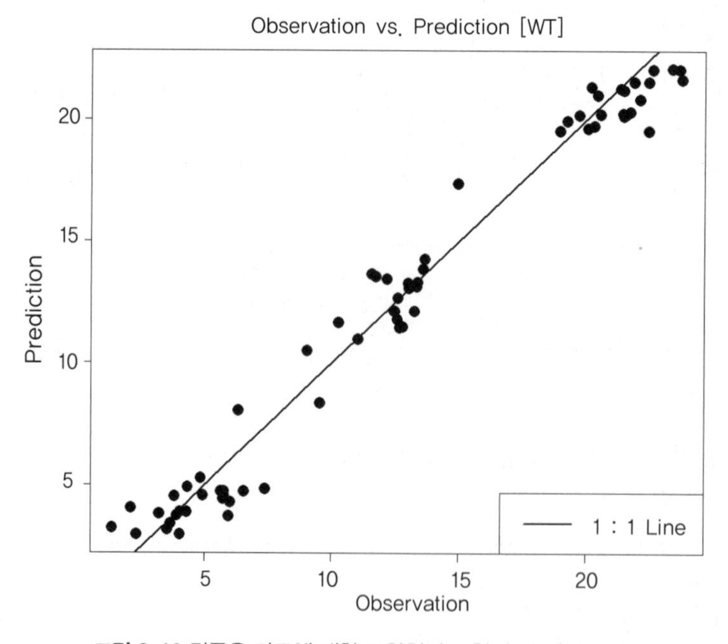

그림 3-19 검증용 자료에 대한 조화회귀 모형의 비교(산점도)

관측자료를 검토했을 때 앞서 수온의 예처럼 우세한 주기가 뚜렷하다면 좋지만, 잡음이 심하거나, 여러 주기가 겹쳐 있는 자료에서는 후보 주기를 파악하기 어렵다. 이를 해결하는 고급 이론들이 존재하지만, 간단한 방법을 생각해 보면 후보 주기를 선정하고 이들을 조합한 모델을 모두 테스트 해보는 방법이 있다.

다음에 제시하는 코드는 앞서 다룬 수온 자료와 같은 지점에서 관측한 질산염 자료를 이용하여 이 방법을 구현하는 코드이다.

```
# 결측 구간 제거 등 전처리
complete_no3_id <- complete.cases(df_fit$nitrate)
deci_year_no3 <- deci_year[complete_no3_id]
no3 <- df_fit$nitrate[complete_no3_id]

# h_reg 함수로 다양한 주기의 결합 신호 계산
no3_p1 <- h_reg(x = deci_year_no3, y = no3, m = 1)

# p2, p3 모델은 후보 주기를 다양하게 조합하여 적합시킴
no3_p2 <- h_reg(x = deci_year_no3, y = no3, m = c(1/4, 1/3, 1/2, 1, 2))
no3_p3 <- h_reg(x = deci_year_no3, y = no3, m = c(1:15))

# 계수 확인
round(no3_p1$coefs, 2)

# 관측자료 시각화
op <- par(no.readonly = T)
par(mar = c(5, 5, 3, 1))

plot(deci_year_no3, no3, type = "p",
     ylim = c(0, 25),
     xlab = "Decimal Years", ylab = "Nitrate",
     main = "Harmonic Regression Fitted",
     pch = 16, cex = 0.5, col = "gray70",
     las = 1, cex.main = 2, cex.lab = 2, cex.axis = 1.7)

# 범례
legend("topright",
       legend = c("Observed", "Fitted: p1", "Fitted: p2", "Fitted: p3"),
       cex = 1.2, col = c("gray70",2,3,4), pch = c(16, NA, NA, NA),
```

```
lty = c(NA, 1, 1, 1), lwd = 2, horiz = T, text.font = 2)
par(op)
```

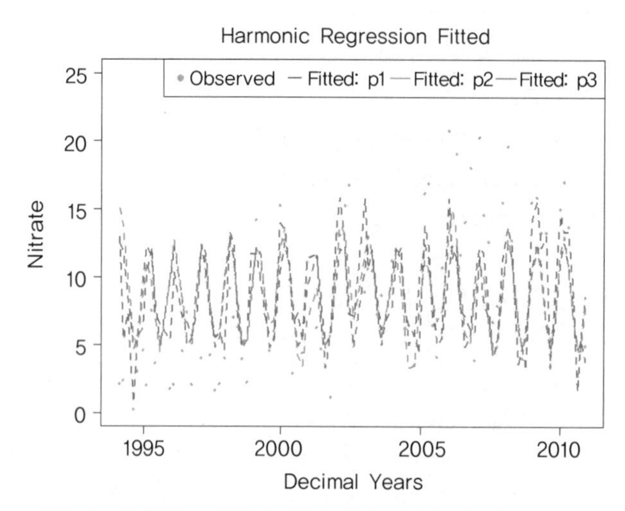

그림 3-20 질산염 자료를 이용하여 여러 주기를 조합한 모형을 비교

모델 적합 결과에서, no3_p1 모델은 1년 주기, no3_p2 모델은 1/4, 1/3, 1/2, 1, 2년 주기, no3_p3 모델은 1년 간격, 1~15년 주기 성분의 조합으로 모델을 구성했다. 여기서 모델이 정상적으로 계산되었다면, 일반적으로 성분을 많이 사용할수록 오차 감소하는 경향을 보인다. 위 질산염 적합 사례에서도 가장 많은 성분을 사용한 p3 모델이 적합용 자료에 대한 오차가 가장 적은 것을 볼 수 있다. 이는 다중선형회귀 등에서도 일반적으로 나타나는 경향이며, 인과관계가 불분명한 상태에서 무조건 많은 변수를 사용하다가는 의미 없는 변수를 활용한 가성회귀(spurious regression)가 될 가능성이 높다. 가성회귀를 언급하는 이유는 '무의미하거나, 이론적으로 설명할 수 없는 주기 성분을 포함하여 적합(fitting)하는 것은 의미가 있는가?'라는 문제가 제기되기 때문이다. 회귀라는 개념은 근본적으로 변수들 사이의 인과관계를 설명하려는 것이기 때문에 중요한 문제이며, 무한정 많은 변수를 사용하게 되면 이러한 목적에 반하므로, 이에 대한 대책으로 제시되어 통계 모델에서 많이 활용되는 지표가 Akaike Information Criterion(AIC)이다.

분석 이전에 자료의 주기에 대한 정보를 어느 정도 알고 있다면, 앞서 보인 예제와 같이 후보 주기를 지정하여 가중결합 계수만 구해주면 되지만, 자료에서 반복되는 패턴이 복잡하거나 알고 있는 정보가 적을 때에는 frequency grid를 구성해서 다양한 조합을 실험해 볼 수 있다. 무한대의 모든 주기들을 조합하면 원본 신호에 가까워지겠지만, 관측한 시계열 자료를 최대한 적은 수의 매개변수를 이용하여, 오차를 효과적으로 줄이는 모델을 최적으로 판단한다.

이를 판단하는 대표적인 지표로 앞서 언급한 AIC나 BIC(Bayesian Information Criterion) 등이 있다. AIC는 모델에서 발생하는 오차의 합과 사용된 가중치의 수가 증가함에 따라 함께 증가하는 구조이므로 AIC 값이 작을수록 좋은 모델을 의미한다. 여기서는 AIC를 기준으로 계산했으며, AIC는 다음과 같다. 우도(likelihood)를 이용한 계산하는 것이 기본이며, 회귀식에 적용할 때에는 정규분포를 따르는 잔차를 응용할 수도 있다.

- 우도 이용: $AIC = -2\log(L) + 2k$,
- 잔차 이용: $AIC = N \times \log(MSE) + 2k$

여기서, L은 우도(또는 가능도), MSE는 오차제곱의 평균, N과 k는 각각 표본 수와 모델에 사용되는 매개변수의 수를 의미한다.

앞서 AIC를 이용하여 선정된 최적 모델을 이용하여 검증을 수행하는 코드는 다음과 같다. 주기의 조합은 1/4, 1/3, 1/2, 1, 2, 15년의 6개 주기를 선정했다.

```
# 후보 주기 정의 및 frequency grid 생성
guess_m <- c(1/4, 1/3, 1/2, 1, 2, 15)
t_comb <- expand.grid(rep(list(c(F, T)), length(guess_m)),
                      KEEP.OUT.ATTRS = F)[-1, ]
colnames(t_comb) <- guess_m %>% round(3) %>% paste0("t_",.)

# 후보주기 조합에 따른 AIC 계산
model_diag <- apply(
  X = t_comb,
  MARGIN =  1,
  FUN = function(x){

    temp_m <- as.numeric(guess_m[t(x)])
```

```
    fit <- h_reg(x = deci_year_no3, y = no3, m = temp_m)
    mse <- mean((no3 - fit[[2]])^2, na.rm = T)
    aic <- 2*2*length(temp_m) + length(no3)*log(mse)
    res <- data.frame(aic = aic, mse = mse, t(x))
    return(res)

  }

) %>%
  do.call("rbind", .) %>%
  arrange(aic)

# 상위 5개 모델의 계산 결과 확인
model_diag[1:5,]
#         aic      mse  t_0.25  t_0.333  t_0.5    t_1   t_2  t_15
# 1:  310.2253 23.49909  FALSE   FALSE FALSE  TRUE FALSE FALSE
# 2:  311.9684 22.95865  FALSE   FALSE FALSE  TRUE FALSE  TRUE
# 3:  312.2423 23.02357  FALSE    TRUE FALSE  TRUE FALSE FALSE
# 4:  312.4724 23.07824  FALSE   FALSE  TRUE  TRUE FALSE FALSE
# 5:  313.2806 23.27135   TRUE   FALSE FALSE  TRUE FALSE FALSE
```

상위 10개 모델의 조합 검토에서 AIC값이 가장 낮은 모델은 1년 주기 하나만을 사용한 모델이다. 그러나 이하 순위의 모델에서도 AIC 값이 크게 변하지 않아 성능이 비슷한 모델로 판단되며 이때에는 ΔAIC 점수를 활용할 수 있다(Burnham and Anderson, 2002). 이는 유사한 성능을 나타내는 모델을 비교할 때 최소 AIC와 비교하여 유의미한 모델 개선 차이가 있는지 확인할 수 있는 지표로 사용되며 다음과 같이 계산한다.

$$\Delta AIC = AIC_k - \min AIC$$

Burnham and Anderson(2003)에서는 ΔAIC의 판단 기준을 다음과 같이 제시했다.

$\Delta AIC < 2$: 모델이 적절하다고 판단할 충분한 근거가 있음

$3 < \Delta AIC < 7$: 모델이 적절하다고 판단할 근거가 충분치 않음

$\Delta AIC > 10$: 모델이 적절하다고 판단할 근거가 거의 없음

ΔAIC 기준에 의하면 위 계산 예에서는 기준을 3 이하로 완화하는 경우 약 4번째 모델까지 적절한 모델로 판단된다. 질산염의 경우 해양에서 1차 생산에 중요하게 활용되는 자원이므로 연내 변동이 있을 것으로 추정되는 항목이므로 1년보다 짧은 주기의 변동을 고려할 수 있다. 여기서는 뚜렷한 변동 주기가 모델에서 구분되지는 않으므로 전공 분야의 정성적 해석이 함께 이루어져야 한다.

따라서 봄과 가을에 식물플랑크톤이 번성하면서 생기는 반년 주기와 1년 주기가 유력한 후보 주기로 추정되므로 4번째 모델을 선정했다.

```
# 선정된 모델의 후보주기(0.5, 1년)를 매개변수로 선정하여 과거 자료로 모델 적합
selected_no3_model <- h_reg(x = deci_year_no3, y = no3, m = c(0.5, 1))

## 검증 기간의 시간을 새 독립변수로 지정
new_x_no3 <- df_val$time

## 적합된 모델에 예측 대상 시간을 입력하여 예측값 계산
new_y_no3 <- predict_hreg(model = selected_no3_model, new_x = new_x_no3)

# 검증자료를 새 이름으로 정의
no3_val <- df_val$nitrate

# 예측 기간 자료 시각화
par(family = "serif", mar = c(5, 7, 5, 5))

# 검증 기간 자료 시계열
plot(new_x_no3, no3_val, type = "p",
     ylim = c(0, 25),
     xlab = "Decimal Years", ylab = "Nitrate",
     main = "Harmonic Regression Fitted",
     pch = 16, cex = 0.5, col = "gray70",
     las = 1, cex.main = 2, cex.lab = 2, cex.axis = 1.7)
```

```
# 예측 자료 시계열
lines(new_x_no3, new_y_no3, lwd = 2)

# 상관계수 확인
cor(no3_val, new_y_no3)
# [1] 0.6900986

# RMSE 계산
sqrt(mean((no3_val - new_y_no3)^2))
# [1] 4.127257

# 검증자료와 예측 자료의 비교
plot(no3_val, new_y_no3,
     main = "Observation vs. Prediction [NO3]",
     xlab = "Observation", ylab = "Prediction",
     pch = 16, cex = 2,
     las = 1, cex.main = 2, cex.lab = 2, cex.axis = 1.7)
abline(a = 0, b = 1, lwd = 2)

# 범례
legend("bottomright", legend = "1:1 Line",
       lwd = 2, cex = 2, text.font = 2)
```

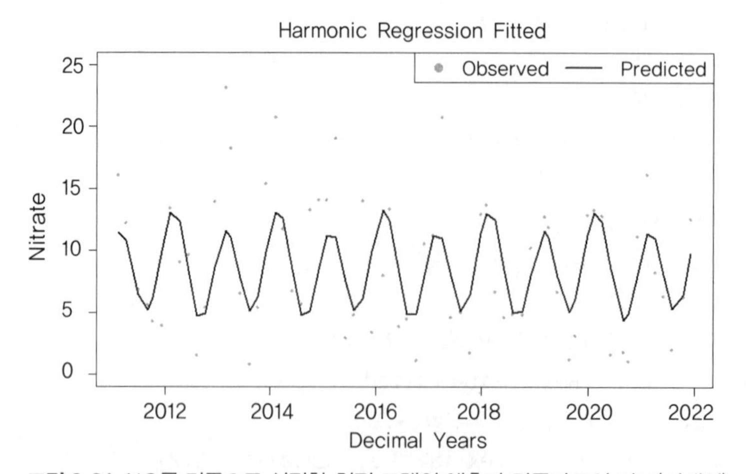

그림 3-21 AIC를 기준으로 선정한 최적 모델의 예측과 검증자료의 비교(시계열)

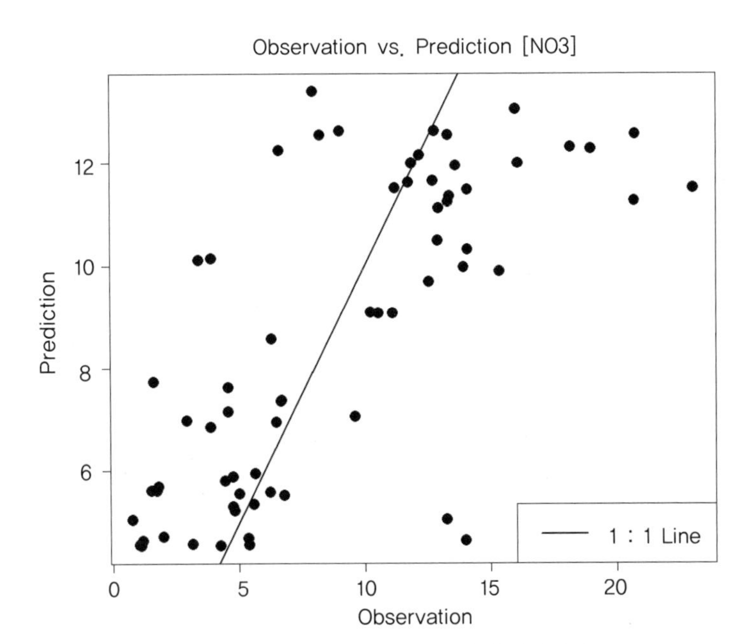

그림 3-22 예측자료와 검증자료의 비교(산점도)

추정된 주기함수의 계수들을 이용하여 재구성한 신호는 검증 자료와 비교하여 상관계수 약 0.69, RMSE 약 4.13으로 나타났다. 비교적 오차가 크지만, 기본적인 변동성이 큰 영양염 자료임을 감안하면, 적어도 연내 변동성분에 대한 정량적 신호를 상당 부분 설명할 수 있다는 점에서 의미를 부여할 수 있다.

Harmonic Regression은 기법 적용이 단순하면서도 Mindham and Tych(2019), Zhou et al.(2022) 등 최근의 연구에서도 활용되고 있는 방법으로, 다양한 자연환경 관측자료의 변동성 파악에 유용하게 활용할 수 있다.

04

공간자료 분석

C·H·A·P·T·E·R

04 공간자료 분석

4.1 해양 공간(분포)자료와 관측방법

해양 현상을 표현하는 다양한 관측 인자는 시간적인 변화와 더불어 공간적인 변화를 하기 때문에 공간적인 변화 양상을 파악하기 위한 관측도 시간적인 변화 관측과 더불어 대표적인 해양 관측 유형의 하나이다. 여기서 다루는 공간자료는 특정 시점(경우에 따라 일정 기간을 대표하기도 함)에 특정 공간영역을 대상으로 다수의 지점에서 관측 또는 계산된 자료를 의미한다. 따라서 공간자료는 고정된 시간 또는 작은 시간변동 범위로 시간은 고정된 자료로 간주되기 때문에, 하나의 공간자료 세트는 하나의 시간정보 조건을 기본으로 하고, 다수의 공간 정점에서의 해양 인자 관측자료로 구성된다. 다수의 공간 정점은 연직방향(수심방향) 관측과 평면 방향 관측으로 구분할 수 있으며, 하나의 정선을 따른, 또는 격자 관측 등도 해당된다. 공간자료로부터 얻고자 하는 대표적인 정보는 관측 항목에 대한 관측 시점에서의 공간분포 정보이기 때문에 대상 영역을 대표하는 관측 정점 정보를 이용하여 관측 영역 전체의 항목정보를 추정하는 과정이 요구된다. 다른 표현으로는 관측정점의 기지(known)의 정보를 이용하여, 관측이 수행되지 않은 지점의 미지(unknown)의 정보를 추정하는 과정이 핵심이라고 할 수 있다. 현장에서 수행되는 해양 관측은 절대적인 공간 지점에서 수행되고, 공간이 가지는 위치정보는 공간좌표로 표현되기 때문에 기본적인 좌표체계 및 좌표변환에 대한 지식이 요구된다.

4.1.1 공간 관측정점의 선정 방법

이미 주어진 공간자료를 이용하는 경우에는 해당이 되지 않지만, 어떤 공간 영역에서의 해양 환경-생태인자의 분포 양상을 파악하기 위한 관측은 현실적인 제약조건이 따르기 때문에 이론적으로는 관측 목적에 따라 적절한 수준의 정도(accuracy)를 달성하기 위하여 편향(bias) 되지 않은 최소한의 관측정점 선정계획이 매우 중요하다. 실질적으로 관측조사 정점의 개수는 비용과 인력의 제한으로 어느 정도 한정되기 때문에 대상 영역에서의 관측정점을 적절하게 배치하는 계획(plan)이 매우 중요하다. 사전 관측정보가 전혀 없는 경우에는, 공간적인 분포 양상을 파악하고자 하는 관측범위(경계) 설정도 막막하지만, 현실적인 인력-비용제약으로 우선 공간 범위를 설정하게 된다. 일단 관측 해역의 공간 범위가 결정되면, 관심 대상이 되는 해양 인자의 관측을 한정된 정점에서 수행하게 된다. 그 한정된 정점을 결정하는 기준은 무엇인가? 정점 배치를 결정하는 대표적인(rule of thumb) 기준으로 제시되는 것은 다음과 같다.

- 가용한 정보가 전혀 없는 경우에는, 공간에서 무작위로 한정된 정점을 선정한다. 선정은 공간 범위를 포함하는 uniform 분포를 따르는 난수를 이용한다.
- 가용한 정보가 축적되는 경우에는, 그 정보를 이용하여 공간적인 변화가 크게 나타나는 지역의 관측 밀도는 높게 하고, 공간적인 변화가 작게 나타나는 지역은 관측 밀도를 낮게 한다. 그 정도는 선형 또는 비선형 함수를 이용하여 적절하게 조정한다.

공간 관측은 일반적으로 예산 지원, 관심 수준 증가 등의 이유로 관측정점 개수가 늘어나는 경우가 빈번하다. 이 경우에는 기존 관측정점을 전반적으로 재조정하는 것이 통계적으로 바람직하지만, 실질적으로는 기존 관측정점의 위치를 유지하는 상태에서 새로운 정점을 추가한다. 이런 경우, 관측자료를 통해 설명하고자 하는 공간 경계의 조정이 필요하며, 이러한 것을 감안하면 새로운 정점 추가로 전체적으로 추정 불확실성 정도가 가장 크게 감소하는 정점을 선정하여야 한다. 현실적인 공간 관측은 새로운 정점이 추가되는 경우를 제외하더라도, 대상 영역에서 체계적으로 정점을 일정한 공간(격자) 간격으로 선정하고, 그 정점에서 지속적으로 관측을 수행한다. 정점이 고정되는 경우 공간변화 정보와 더불어 한 정점에서의 시간변화 양상 파악도 간단한 장점이 있지만, 체계적인 편향이 발생할 수도 있다.

실질적으로 체계적인 조사와는 거리가 있어 보이지만, 해양 환경 인자의 편향 없는 공간분포 파악을 하고자 한다면, 통계적으로는 조사 영역에서의 무작위 정점 선정이 추천된다.

4.1.2 공간자료의 분석 목적

공간자료의 분석 목적을 질문으로 바꾼다면 아마도 '공간자료에서 얻어낼 수 있는 정보는 무엇인가?' 정도가 될 것이다. 해양 관측자료를 이용하는 분석자 입장에서는 아마도 미계측 지점(un-gauged, un-measured station)의 정보를 추정하는 것이 중요한 일이며, 넓은 바다의 상태 변화를 연구할 때에는 항상 '한정된 자료'라는 제약조건을 마주하게 되는데, 보간(interpolation)과 같은 공간자료의 분석기법을 이용하여 극복한다. 또한 다수의 격자점으로 표현되는 분석 대상 영역의 정보는 평균과 같은 단순한 방법으로 압축하기 어려운 경우가 많으며, 거리에 따른 공간 특성 변화가 의미 있는 정보를 품고 있을 때도 있다. 이러한 정보를 축약하여 하나의 숫자로 표현하는 것이 공간 상관 지수이며, 공간 상관 패턴을 모델링하기도 한다.

R 프로그램에서 공간자료 분석에 자주 사용하는 라이브러리는 raster, sf, sp, rgdal 등이 있다. 이들 라이브러리는 복잡한 공간분석을 함수 형태로 간단하게 적용할 수 있도록 해주며, 최적화가 잘 되어있기 때문에 대량의 자료도 빠르게 처리할 수 있다. 여기서는 먼저 공간통계의 기본적인 원리를 이해할 수 있도록 이론 및 계산법을 소개하고, 필요에 따라 앞서 소개한 전문 라이브러리를 이용한 공간분석 방법을 함께 제시한다.

TIP — 공간분석 라이브러리 'sp'

R 언어를 이용한 공간분석을 주제로 검색을 하면 sp 라이브러리를 활용한 예제들이 많이 나온다. 기존에 공간분석 도구로 활발하게 사용되던 sp 라이브러리는, 2023년 10월 일부 의존 라이브러리의 지원이 중단되므로, sf, terra의 유사 기능으로 대체하여 사용해야 한다. 여기서는 sf 라이브러리를 주로 사용했다. rgdal, rgeos, maptools 라이브러리가 2023년 10월부로 종료되며, 이들 라이브러리에 종속된 sp 라이브러리의 일부 기능들이 작동하지 않을 수 있다. R 공간분석 커뮤니티에서는 sf나 terra와 같은 대안 라이브러리의 활용을 권장하고 있다. 자세한 내용은 아래 웹 페이지를 참조한다.
https://r-spatial.org/r/2023/05/15/evolution4.html(검색일: 2023. 12. 04.)

본 장에서는 예제로 사용할 해양 공간관측자료로 해양환경공단에서 제공하는 해양환경측정망 자료 중 2022년 하계(8월) 부산 연안에서 관측한 자료를 사용했다. 부산 연안 해역의 전체 17개 정점에서 관측한 자료이며, 수온 항목을 선택하여 공간분포 예제자료로 활용한다.

4.2 공간정보 기초

4.2.1 공간정보의 입력 및 좌표변환

앞서 설명한 부산 연안 관측자료를 살펴보면, 위치 정보는 경위도 좌표계로 기록되어 있으며, 앞서 언급한 바와 같이 거리 계산의 편의성을 위해서는 이를 TM(Transverse Mercator) 좌표계로 변환해야 한다. 여기서는 UTM(Universal TM) 좌표계를 사용하며, Zone 52를 기준으로 변환한다. 변환에는 sf 라이브러리를 사용하며 tidyverse 라이브러리는 다양한 편의기능을 활용할 목적으로 불러들인다. 그다음 투영을 위한 매개변수 또는 좌표 변환 조건을 명시한 CRS(Coordinate Reference System)를 정의한다. 경위도 관측자료를 sf 라이브러리에서 다루는 공간정보 객체인 'sf'로 만든 뒤, 손쉽게 변환할 수 있다. 이때 변환 대상 좌표계의 세부 정보인 CRS를 지정해 주어야 하며, 문자열로 입력하면 된다. 여기서는 st_transform 함수를 이용하여 CRS로 정의된 좌표체계 간 변환 기능만을 다루며, 자세한 작동 원리는 측지학 및 공간정보 관련 문헌을 참고하길 바란다.

다음은 예제자료를 읽고 경위도 좌표를 UTM 좌표로 변환하는 코드이다.

EXERCISE KOEM 부산연안 자료를 이용한 좌표변환

- 사용 자료: KOEM_Busan_202208.csv
- 코드 파일: chapter_4_coordinate_transform.R

```
# 필요한 라이브러리 호출
# install.packages("sf") # 설치가 되어 있지 않은 경우 실행
obs_surface <- read.csv("../data/KOEM_Busan_202208.csv")[-11,]
# 연안에서 멀리 떨어진 BK1424 정점 제외

# 좌표 변환을 위한 CRS 정의
prj_str_longlat <- "+proj=longlat +datum=WGS84 +no_defs +ellps=WGS84"
prj_str_utm_52 <- "+proj=utm +zone=52 +datum=WGS84 +units=m +no_defs"

# Table 형식의 좌표 정보를 공간객체로 변환, 좌표체계는 위경도
sf_longlat <- st_as_sf(x = obs_surface,
```

```
                        coords = c("long","lat"),
                        crs = prj_str_longlat)
coord_lonlat <- st_coordinates(sf_longlat)

# 위경도 좌표체계를 UTM 좌표계로 변환
sf_utm <- st_transform(x = sf_longlat, crs = prj_str_utm_52)
coord_utm <- st_coordinates(sf_utm)
obs_surface$x <- coord_utm[, 1]
obs_surface$y <- coord_utm[, 2]
```

변환된 관측 정점의 좌표는 사전에 준비된 해안선 정보를 함께 그릴 수 있다. 사전에 위경도와 UTM 좌표체계로 각각 저장해 놓은 'coastline_lonlat.shp', 'coastline_utm.shp' 파일을 read_sf 함수를 이용해 불러온다.

함수 sf 객체를 시각화할 때에는 st_geometry 함수를 사용한다. sf 객체를 plot에 그대로 입력하여 실행시키면 공간정보에 부여된 다양한 속성정보들이 여러 패널에 한꺼번에 그려지므로 polygon과 같은 공간 객체만 시각화하려면 st_geometry 함수로 sf 객체의 공간정보만 추출해야 한다.

```
# 전처리된 해안선 정보 불러오기
coastline_lonlat <- read_sf("../data/coastline/coastline_lonlat.shp")
coastline_utm <- read_sf("../data/coastline/coastline_utm.shp")

# 결과 확인
op <- par(no.readonly = T)
par(mfrow = c(1,2))
plot(st_geometry(coastline_lonlat), axes = T)
points(obs_surface[, c("long", "lat")], pch = 16)
plot(st_geometry(coastline_utm), axes = T)
points(obs_surface[, c("x", "y")], pch = 16)
par(op)
```

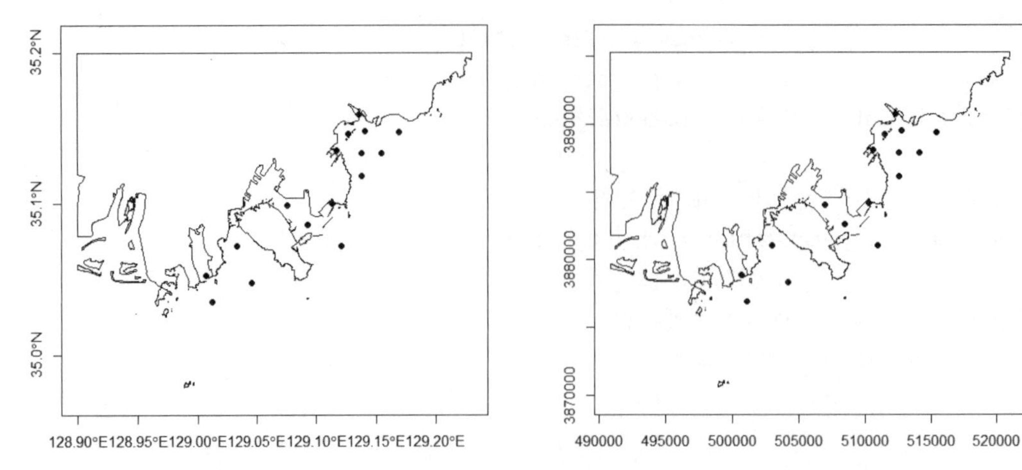

그림 4-1 경위도 좌표계(좌)와 UTM 좌표계(우)에 투영된 부산연안 관측자료와 해안선 정보

변환 결과를 살펴보면 왼쪽에 경위도 좌표계로 표현된 원본 자료의 공간분포와 UTM 좌표계로 표현된 자료의 공간분포를 확인할 수 있다. 그림 4-1의 x축과 y축을 확인해보면 경위도 좌표계 그림은 도 단위로, UTM 좌표계 그림은 미터 단위로 표기된 것을 확인할 수 있다.

조금 더 쉬운 활용을 위해 경위도 좌표계와 UTM 좌표계를 상호 변환해주는 사용자 정의 함수를 작성했다. 향후 유사한 문제에 활용할 수 있으며, 변환 대상 좌표계가 달라지는 경우 CRS 및 코드 구조를 약간 수정하여 사용하면 된다. 공간정보 객체에 익숙한 사용자는 st_transform 함수를 바로 사용해도 되지만, 조금 더 유연하게 사용하기 위해서는 R 언어에서 자료 형식 변환 등 많은 사전 지식이 요구되므로 기본 자료 형식인 "data.frame" 형태로 반환되는 함수를 제시한다. 첨부 코드 'chapter_4_coordinate_transform_sub.R'을 참고하기 바란다.

위에서 작성한 함수 코드를 이용하여 이후 소개할 공간정보 추정에 사용될 격자 정보를 변환한다. 격자는 경위도 좌표계를 기준으로 경도 129.01~129.18도, 위도 35.03~35.16도 범위에서 0.01도 간격으로 생성했으며, UTM 좌표계로 변환했다. 재현 코드는 다음과 같다.

```
# 사용자정의 좌표변환 코드 호출
source("chapter_4_coordinate_transform_sub.R")

# expand.grid 함수로 격자 생성
target_grid_lonlat <- expand.grid(long = seq(129.01, 129.18, 0.01),
                                  lat = seq(35.03, 35.16, 0.01))
```

```
target_grid_utm <- longlat_to_utm52(target_grid_lonlat)

str(target_grid_utm)
# 'data.frame': 252 obs. of  2 variables:
#  $ X: num  500912 501824 502737 503649 504561 ...
#  $ Y: num  3876370 3876370 3876370 3876371 3876371 ...
```

expand.grid 함수는 격자를 생성해 주는 함수로, 각 축의 벡터를 입력받아 모든 조합을 생성해 주는 기능을 수행한다. 보통 축의 벡터는 일정 간격으로 입력하므로 seq 함수를 이용하여 등간격의 벡터로 입력했으나, 간격이 일정하지 않은 벡터도 입력 가능하다.

TIP — Subroutine

반복 사용되는 코드는 매번 분석 코드에 삽입하여 사용하지 않고 서브루틴(Subroutine)으로 정의하여 호출하는 방식이 편리하다. 자주 사용하는 코드는 앞서 다룬 예제와 같이 source 함수를 이용해서 사전에 함수를 작성해 놓은 스크립트를 실행하거나, R의 함수 객체를 binary data 형식인 '.RData'로 저장한 뒤, load 함수를 이용해서 불러올 수 있다. 반복되는 코드는 검토 시간이 많이 소요되므로, 유지보수 관점에서 좋은 선택이 아니다.

4.2.2 공간정보 편집(Clipping, Overlay)

공간통계 기법을 활용한다는 것은 궁극적으로 공간분포와 같은 정보를 추정하고 그 결과를 시각적으로 확인하며 해석하는 행위로 연결된다. 이후 진행할 공간추정 결과의 시각화를 위해 앞서 다룬 좌표변환과 더불어 공간정보를 편집에 자주 사용하는 자르기(clipping), 중첩(overlay) 방법을 소개한다. 이를 통해 분석 대상 해역의 육지 정보를 잘라내고, 앞서 생성한 격자 정보에서 육상의 격자점을 제외하여 해양 영역만 포함하는 격자를 만든다. 이러한 사전 작업은 이후 다룰 공간추정 연산 과정에서 불필요한 연산을 크게 줄이는 데에 유용하다.

해양의 관점에서 육지 정보는 일반적으로 공간정보에서 다루는 행정구역도 및 기타 주제도 보다는 주로 해안선 자료를 말한다. 검색포털에 해안선 자료(world coastline data)를 검색하면 다양한 자료가 나오며 이 중 우리나라는 국립해양조사원에서 공공데이터포털에 등록한 해안선 자료가 있으며, 국제적으로는 미국 해양대기청(NOAA)에서 제공하는 해안선 자료도 이용할 수 있다. NOAA에서 제공하는 자료의 이름은 Global Self-consistent, Hierarchical, High-resolution Geography(GSHHG) Database으로 명명되어 있으며, 다음 URL을 통해 다운로드 받을 수 있다.

https://www.ngdc.noaa.gov/mgg/shorelines/ (검색일 2023.12.04.) version 2.3.7

GSHHG는 다양한 형식으로 압축파일이 제공되며, shape 파일 형식을 기준으로 "gshhg-shp-2.3.7.zip"와 같은 이름으로 저장되어있다. 다음 '.shp' 확장자 파일은 앞서 사용한 read_sf 함수로 읽는다. 함수의 다양한 옵션 사용법은 해당 라이브러리의 매뉴얼을 참고하길 바란다. 압축 폴더 내에는 아래의 표와 같이 다양한 해상도로 제공된다.

표 4-1 GSHHG Database의 하위 데이터셋 폴더 구분 및 설명

폴더 이름	설명
f	full resolution: Original (full) data resolution.
h	high resolution: About 80% reduction in size and quality.
i	intermediate resolution: Another ~80% reduction.
l	low resolution: Another ~80% reduction.
c	crude resolution: Another ~80% reduction.

공간자료는 활용 목적에 따라 필요한 영역만을 오려서 사용할 수 있다. 앞서 공간정보의 추정 위치를 격자로 생성했으나 관측 영역 내에서 육지와 겹치는 격자는 계산할 필요가 없다. 따라서 필요한 부분만 잘라내는 작업을 수행한다.

```
# 격자의 좌표 정보를 sf 객체로 변환
target_grid_utm_sf <- st_as_sf(x = target_grid_utm,
                               coords = c("X","Y"),
                               crs = prj_str_utm_52)

# 육상경계 객체와 겹치는 격자 정보 추출
intersect_points <- st_intersects(
  target_grid_utm_sf,
```

```
  coastline_utm
) %>%
  apply(., 1, any)

# 결과 확인
op <- par(no.readonly = T)
par(mfrow = c(1,2))
plot(st_geometry(coastline_utm), axes = T)
points(target_grid_utm, pch = 16, col = 2)

plot(st_geometry(coastline_utm), axes = T)
points(target_grid_utm[!intersect_points,], pch = 16, col = 2)
par(op)
```

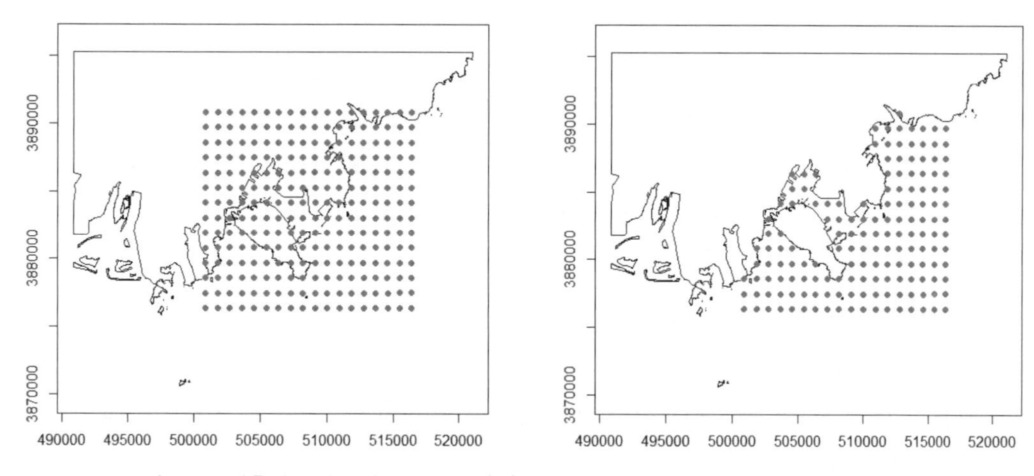

그림 4-2 공간추정 대상 격자를 생성하고(좌), 육상경계와 중복되는 격자를 제거한 그림(우)

육지와 겹치는 격자의 탐색은 sf 라이브러리의 st_intersects 함수를 사용한다. 앞서 정의된 격자점과 육상경계의 공간객체를 중첩시켜 겹치는 격자가 어디인지 색인을 만든다. 색인은 정수 형태로 0 또는 1로 반환되며, any 함수를 이용해서 TRUE 또는 FALSE와 같은 논리형 변수로 변환한다. 색인이 만들어지면 전체 격자에서 해당 색인을 제외한 나머지 부분만 저장한다. 색인은 논리값이므로 제외할 때에는 부정연산자 '!'를 사용한다.

4.2.3 두 지점의 거리 계산

공간자료의 분석에서 가장 중요한 요소는 관측지점간의 거리정보이다. 공간 관측은 일정한 간격을 두고, 지구좌표계를 기준으로 수행되는 경우가 빈번하므로, 관측 지점의 간격, 이격거리 등 다양한 거리 계산이 요구된다. 그리고 공간통계는 '거리가 가까울수록 상관성이 높다.'는 법칙을 기본 전제로 하기 때문에, 공간통계의 핵심 계산에는 공간 거리를 정의하고, 거리에 따른 영향력을 산정하는 과정이 포함된다. 대부분의 자료에서는 좌표평면상의 거리를 계산하며, 보통은 자료의 축을 기준으로 데카르트 좌표계(Cartesian Coordinate System)를 가정한다. 이 경우 일반적으로 유클리드 거리를 사용하며, 필요에 따라 Manhattan 거리, Mahalanobis 거리와 같이 변형된 거리측도를 사용하기도 한다. 그러나 해양은 지구과학의 한 분야이며, 해양의 모든 관측은 구면인 지구상에서 이루어진다. 매우 짧은 거리라면 평면좌표를 가정하고 거리를 계산해도 오차가 무시할 만한 수준이겠지만, 관측 지점 사이의 거리가 멀어질수록 곡면을 따라 정확하게 거리를 계산해야 한다. 곡면의 거리를 계산하는 방법으로는 Haversine 공식, Vincenty 공식 등이 있다.

한편, 대상 지역을 미터 단위의 좌표 표현하기 위해 평면 TM 좌표계에 투영(projection)하는 방법을 사용한다. TM 좌표계는 구면좌표계를 평면상에 투영한 좌표를 말하며, 투영 기준과 방법은 매우 다양하다. 여기서는 복잡한 투영 방법을 모두 소개하지는 못하고, 이 중 국제적으로 동일한 체계를 사용할 수 있도록 만든 UTM 좌표계를 변환 기준으로 사용한다. 해양자료 분석에서는 멀리 떨어진 외양의 자료를 분석하거나 전 지구 자료를 다루는 일이 많기 때문에 UTM 좌표계의 활용도가 높을 것으로 생각한다.

다음은 globe 라이브러리를 이용하여 전 지구 지도를 구형 및 평면으로 표현하는 코드이다.

EXERCISE 전지구 지도 시각화

- 사용 자료: 없음
- 코드 파일: chapter_4_spatial_distance.R

```
library(globe)
globeearth(eye = list(lon = 128, lat = 36))
flatearth("atlas")
```

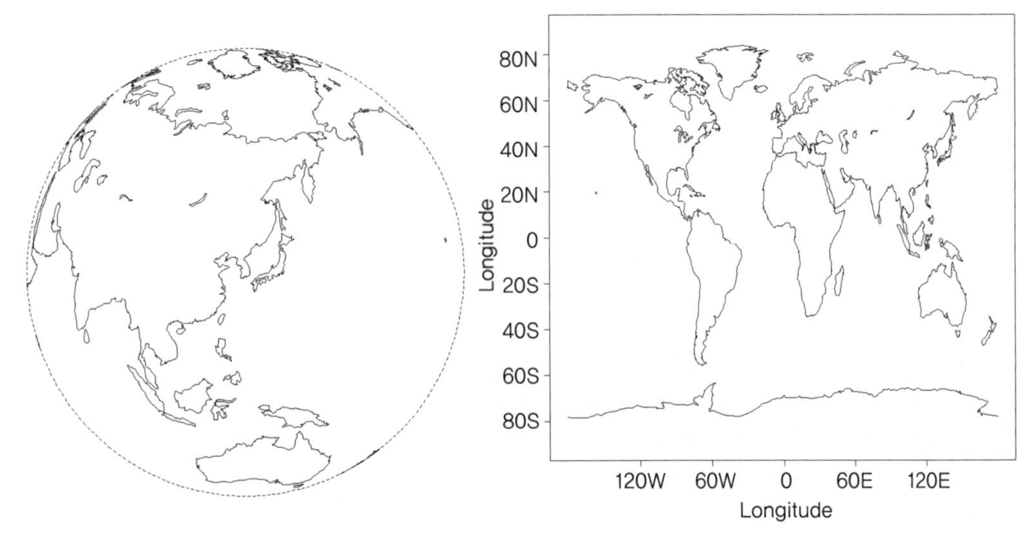

그림 4-3 globe 라이브러리를 이용하여 표현한 전지구 지도. globeearth 함수를 이용한 결과(좌)와 flatearth 함수를 이용한 결과(우)

1) 간략 공식

위도에 따른 경도거리를 계산하는 간단한 공식으로 어림 추정(계산)

- 위도 1°의 거리 = $111.13209 - 0.56605 \cdot \cos(2\psi) + 0.00120 \cdot \cos(4\psi)$
- 경도 1°의 거리 = $111.41513 \cdot \cos(\psi) - 0.09455 \cdot \cos(3\psi) + 0.00012 \cdot \cos(5\psi)$

2) 대원 공식: harversine 공식(great circle)

Haversine 공식은 기하학적인 구(sphere) 표면에서의 거리를 계산하는 기본적인 공식이다. 지구의 반지름을 6,371km로 가정하고 정점 1(lon1, lat1)과 정점 2(lon2, lat2)의 거리계산을 수행하는 코드는 위도와 경도를 이용하여 계산하는 haversine_in_km 함수를 정의하고 이 함수는 km 단위의 거리 값을 반환한다. 계산되는 거리는 지구반경을 몇 km로 가정하느냐에 따라 달라지며, 6,378.137km으로 가정하고 Harversine 공식을 이용하는 경우에는 약 325.450km로 계산된다. 그러나 지구는 완전한 구형이 아니라 적도 반경이 조금 더 크다. 따라서 완전한 구형을 가정하는 haversine 공식은 오차가 발생한다.

```
haversine_in_km <- function(lon1, lat1, lon2, lat2){

  # 지구 반지름 km
  R <- 6371

  dLat <- (lat2 - lat1) * pi / 180
  dLon <- (lon2 - lon1) * pi / 180

  a <- sin(dLat/2) * sin(dLat/2) +
    cos(lat1 * pi / 180) * cos(lat2 * pi / 180) *
    sin(dLon/2) * sin(dLon/2)
  c <- 2 * atan2(sqrt(a), sqrt(1-a))

  return(R * c)

}

# 서울시청과 부산시청의 거리
haversine_in_km(126.9783, 37.5667, 129.0747, 35.1794)
# [1] 325.0855
# 324.86 Google Earth에서의 거리
```

3) 매우 정확한 공식: Vincenty 공식

Vincenty 공식은 지구 타원체 가정을 기반하는 공식이다. geosphere 라이브러리에서 지원하는 distVincentyEllipsoid 함수를 이용하면 보다 정확한 거리 계산이 가능하다. Vincenty 공식을 이용하면 서울시청과 부산시청의 거리가 324.889km 정도로 계산된다.

```
library(geosphere)
## Distance calculation between two points

p1 <- c(126.9783, 37.5667)
p2 <- c(129.0747, 35.1794)
```

```
distVincentyEllipsoid(p1, p2)
distHaversine(p1, p2)
distVincentySphere(p1, p2)
```

4.2.4 공간 자기상관

공간에 흩어져 있는 자료의 통계적 특성은 공간 상관 지수를 통해 알 수 있다. 공간 상관의 기본 개념은 공간적으로 가까이 위치한 변수의 값이 기준값과 얼마나 유사한지 판단하는 것이다. 주변의 값이 모두 같으면 양의 공간 자기상관을 나타내고, 균질하게 섞여 있으면 음의 자기상관, 두 패턴이 모두 섞여 뚜렷한 공간적 경향이 없으면 0에 가깝다.

TIP — Spatial correlation index and function

(1) Spatial correlation index (Moran I, Geary c, Getis-Ord G)
(2) Spatial correlation function

공간에 분포하는 확률변수 $z_i(i=1,2,...,n)$에 대한 유도 과정은 다음과 같다.

$$\text{기본 조건 : } E(z) = 0, \ \sum_{i=1}^{n}\sum_{j=1}^{n} = \sum\sum$$

$$\begin{aligned} E(\sum\sum z_i z_j) &= \sum\sum E(z_i z_j) \\ &= E(z_1 z_1 + z_1 z_2 + ... + z_1 z_n + z_2 z_1 + z_2 z_2 + ... + z_n z_n) \\ &= E(z_1^2 + z_2^2 + ... + z_n^2 + z_1 z_2 + z_2 z_1 + z_1 z_3 + z_3 z_1 + ...) \\ &= nE(z_i z_j \mid i = j) + (n^2 - n)E(z_i z_j \mid i \neq j) \\ &= E((z_1 + z_2 + ... + z_n)^2) \\ &= E([E(z)]^2) = 0 \end{aligned}$$

$$nE(z_i z_j | i=j=1,2,...,n) + (n^2-n)E(z_i z_j | i \neq j; i=1,2,...,n,\ j=1,2,...,n) = 0$$

$$\begin{aligned}(n^2-n)E(z_i z_j \mid i \neq j) &= n(n-1)E(z_i z_j \mid i \neq j) \\ &= -nE(z_i z_j \mid i=j)\end{aligned}$$

$$\begin{aligned}E(z_i z_j \mid i \neq j) &= -\frac{1}{(n-1)}E(z_i z_j \mid i=j) \\ &= -\frac{1}{(n-1)}E(z^2) \\ &= -\frac{1}{(n-1)} \cdot n\sigma_z^2 \\ &= -\frac{n}{(n-1)}\sigma_z^2\end{aligned}$$

위 유도 결과에 따라 다음의 식이 성립된다.

$$E(w_{ij} \cdot z_i z_j | i \neq j) = -\frac{w_{ij}}{(n-1)}E(z^2)$$

공간 상관을 나타내는 지표는 대표적으로 Moran's I, Geary's C, Getis-Ord가 있다.

Moran's I는 Patrick Alfred Pierce Moran이 개발한 공간 자기상관 측정 지표이다. 앞서 설명한 바와 같이 공간상 분포한 값들의 유사성을 측정하는 지표이며, 전체 공간에서 자료의 군집 정도를 측정하는 지표이다. 전체 공간에 대한 I는 다음과 같이 계산하며, -1에서 1 사이의 값을 가진다.

$$I = \frac{n}{W}\frac{\sum_{i=1}^{n}\sum_{j=1}^{n}\left[w_{ij}(x_i-\bar{x})(x_j-\bar{x})\right]}{\sum_{k=1}^{n}(x_k-\bar{x})^2}$$

여기서, n은 자료의 개수이며, $\sum\sum w_{i,j}$는 가중계수 벡터로 W로 표현할 수 있으며, $i=j$ 조건에서 개별 가중치 $w_{i,j}$는 0이다.

Moran's I는 공간 전역의 군집도를 파악하기에는 용이하지만 지역적인 패턴을 설명하기 어렵다. 따라서 국지적인 영역(Local)에서 자료의 이질성을 정량화하는 방식을 사용하며, 이를 위해 i와 j 사이의 거리에 따라 공간 가중계수(w_{ij})를 차등 부여한다.

$$I = \frac{n}{W}\frac{\sum_{i=1}^{n}\sum_{j=1}^{n}[w_{ij}z_iz_j]}{\sum_{k=1}^{n}z_k^2}$$

$$z_i = x_i - \overline{x},\ E(z) = E(x-\overline{x}) = 0,\ \sum E(z_k^2) = n\sigma_z^2$$

$$E(I) = E\left(\frac{n}{W}\frac{\sum_{i=1}^{n}\sum_{j=1}^{n}[w_{ij}z_iz_j]}{\sum_{k=1}^{n}z_k^2}\right) = \frac{n}{W}\frac{\sum\sum w_{ij}E(z_iz_j)}{n\sigma_z^2}$$

$$E(I) = \frac{n}{W}\frac{-\frac{W\sigma_z^2}{(n-1)}}{n\sigma_z^2} = -\frac{1}{(n-1)}$$

$$\text{Local Moran's I, } I_i = z_i\sum_{j=1}^{n}w_{ij}z_j\ (j \neq i),\ I = \frac{1}{n}\sum I_i$$

Geary's C는 동일한 변수의 관측치가 지역 수준이 아닌 전역적으로 공간 자기상관을 가지는지 확인하려는 측정 지표이다. 기본적인 원리는 Moran's I와 같으나 계산식에 약간의 차이가 있다. Geary's C 또한 국지적인 영향 검토를 위해 응용할 수 있다.

$$C = \frac{(n-1)}{2W}\frac{\sum\sum w_{ij}(x_i - x_j)^2}{\sum(x_k - \overline{x})^2}$$

$$\text{Local Geary, } m_2 = \frac{1}{n}\sum_{k=1}^{n}z_k^2$$

$$C_i = \frac{1}{m_2} \cdot \sum_{j=1}^{n} w_{ij}(z_i - z_j)^2$$

n은 자료의 개수이며, $\sum\sum w_{i,j} = W$, $w_{i,j} = 0\ (i=j)$이다.

$$E((x_i - x_j)^2) = E(\left[(x_i - \overline{x}) - (x_j - \overline{x})\right]^2)$$

$$= E[(z_i - z_j)^2] = 2E(z^2) - 2E(z_i z_j)$$

$$= 2E(z^2) + \frac{2}{(n-1)}E(z^2) = 2\frac{n}{(n-1)}E(z^2)$$

$$E(C) = E\left(\frac{(n-1)}{2W}\frac{\sum\sum w_{ij}(x_i - x_j)^2}{\sum(x_k - \overline{x})^2}\right)\frac{(n-1)}{2W}\frac{\frac{2n}{(n-1)}WE(z^2)}{nE(z^2)} = 1$$

Getis-Ord, G는 다음과 같이 계산한다.

$$G = \frac{\sum\sum w_{ij}x_i x_j}{\sum\sum x_j x_j}(i \neq j)$$

$$G_i = \frac{\sum w_{ij}x_j}{\sum x_k}\ (j \neq i)$$

$$E(x_j) = \frac{1}{n-1}\sum_{j=1}^{n} x_j;\ P(X = x_j) = \frac{1}{n-1}\ (j \neq i)$$

$$E(G_i) = E\left(\frac{\sum w_{ij}x_j}{\sum x_k}\right) = \frac{W_i}{(n-1)};\ \sum_{j=1}^{n} w_{ij} = W_i\ (j \neq i)$$

$$E(G) = \frac{W}{n(n-1)}$$

앞의 지수들은 다양한 공간 객체를 이용해 계산할 수 있으며, 대표적으로 polygon과 point 형태가 있다. polygon의 경우 특정 polygon에 연결되어 있는지에 따라 0 또는 1을 부여하며, point의 경우 앞서 다룬 바와 같이 두 점 사이의 거리를 계산하면 된다.

EXERCISE Moran's I, Geary's C, Getis-Ord G의 계산 예제

- 사용 자료: KOEM_Busan_202208.csv
- 코드 파일: chapter_4_spatial_correlation.R

```
# 공간 상관계수 계산
# 필요한 라이브러리 불러오기
library(geosphere)

# 자료 읽기
bst <- read.csv("../data/KOEM_Busan_202208.csv")

# 위경도 정보 추출
LL <- bst[,6:7]

# Target parameters, 9, 10, 11 - WT, S, DO
xx <- bst$dissolved_oxygen
xm <- mean(xx)
nst <- nrow(LL)
dmat <- matrix(0, nrow=nst, ncol=nst)

## 거리 계산은 경도, 위도 순서로 입력
for (ii in 1:nst) {
  for (jj in 1:nst) {
        p1 <- c(LL[ii,2], LL[ii,1])
        p2 <- c(LL[jj,2], LL[jj,1])
        dmat[ii,jj] <- distVincentyEllipsoid(p1, p2)
   }
}
```

```
## Basic computation
isup <- 0; isub <- 0
csup <- 0; csub <- 0
gsup <- 0; gsub <- 0

for (ii in 1:nst) {
  for (jj in 1:nst) {
        isup1 <- dmat[ii,jj]*(xx[ii]-xm)*(xx[jj]-xm)
        csup1 <- dmat[ii,jj]*(xx[ii]-xx[jj])^2
        gsup1 <- dmat[ii,jj]*xx[ii]*xx[jj]
       ifelse(ii != jj, gsub1 <- xx[ii]*xx[jj], gsub1 <- 0)
        isup <- isup + isup1; csup <- csup + csup1
        gsup <- gsup + gsup1; gsub <- gsub + gsub1
   }
   isub1 <- (xx[ii]-xm)^2; csub1 <- isub1
   isub <- isub + isub1; csub <- csub + csub1
}

# Moran's I 계산
wsum <- sum(dmat); nn <- nst
I_Moran <- nn*isup/(wsum*isub)

# Geary's c 계산
c_Geary <- (nn-1)*csup/(2*wsum*csub)

## Getis-Ord G 계산
G_Getis_Ord <- nn*(nn-1)*gsup/(wsum*gsub)

# 결과 출력
c(I_Moran, c_Geary, G_Getis_Ord)
# [1] -0.1609201  1.4641167  1.1297850
```

4.3 자료 공백 지점의 공간정보 추정

공간자료는 공간좌표와 그 좌표(정점)에서의 해양 환경변수의 관측값으로 구성된다. 해양 관측인자(변수)는 관측 항목의 개수에 따라 단변량(uni-variate), 다변량(multi-variate) 공간자료로 구분할 수 있다. 그리고 그 관측자료를 이용하여 관측 정점이 아닌 다른 다수의 관심 지점의 인자 정보 추정이 가장 중요한 내용이다. 공간에서의 정보추정이 충분히 조밀하게 이루어지는 경우, 추정된 정보를 이용하여 간단하게 공간통계 측도 정보 등을 산술적으로 추정할 수 있다. 이러한 추정 과정의 핵심은 미지 정점에서의 공간추정이며, 공간추정에서 통계적으로 추천하는 기법은 불편추정이다. 간단한 개념인 Inverse Distance Weighted 공간추정 방법과 지구통계학 분야에서 널리 이용되는 고급의 불편(un-biased) 공간추정 기법에 해당하는 Kriging 기법의 이론을 소개한다. 각각의 추정기법은 연속적인 수치정보로 가정하고, 관측자료는 유의미한 수준의 오차는 없다고, 즉 거의 정확한 오류가 없는 수치로 가정한다. 그러나 실질적으로는 현장 환경이 관측에 직접적인 영향을 미치기 때문에 관측자료의 QC(Quality Control) 또는 고급 수준의 정제(Cleaning) 과정이 요구된다.

4.3.1 역거리가중법(Inverse Distance Weighted, IDW)

미계측 영역의 공간추정 방법 중 가장 직관적인 방식은 추정 대상 지점과 관측 지점의 거리가 가까울수록 높은 가중치를 두어 선형 결합하는 방법이다. 추정 대상 지점에서 미지의(Unknown) 값 $\widehat{z_0}$는 기존 관측 지점의 기지의(Known) 값 z_i를 가중결합하여 계산한다.

$$\widehat{z_0} = \sum_{i=1}^{n} \lambda_i z_i \ (\text{여기서, } i = 1, 2, \ldots, n)$$

달리 표현하면, 거리가 멀어질수록 가중치가 작아지므로 거리의 역수로 표현될 것이다.

$$\lambda_i = \frac{(1/h_i)^p}{\sum_{i=1}^{n} (1/h_i)^p}, \ p = 1, 2, \ldots$$

거리 역수의 승수인 p는 1부터 무한대까지 사용할 수 있다. 0에 근접하면 모든 지점의 가중치가 1로 동일하므로 평균이 되므로 더 이상 역거리가중법이 아니며, 무한대에 근접할수록 가까운 거리에 위치한 자료의 가중치는 매우 커지고 조금만 멀어져도 가중치는 0에 수렴한다. 많은 경우, 1 내지 2 정도의 p값을 사용하며, 최적의 p는 수학적으로 유도되는 것이 아니므로 자료를 이용하여 경험적인 값을 선택하여 사용한다. 거리를 0부터 1까지 0.1 간격으로 10개 생성한 아래 예시에서, $p = 0$ 조건에서는 모든 자료가 0.1의 가중치가 적용되고, $p = 1$ 조건에서는 거리가 0.1인 자료에 약 0.34, 거리가 1.0인 자료에 약 0.034의 가중치가 적용된다. $p = 2$ 조건에서는 거리가 0.1인 자료에 0.65, 거리가 1.0인 자료에 약 0.0065의 가중치가 적용된다. 더 강화된 조건인 $p = 3$ 조건에서는 거리가 0.1인 자료의 가중치가 약 0.84, 거리가 0.2인 자료는 0.1이며, 나머지 자료의 가중치는 급격하게 0에 수렴한다.

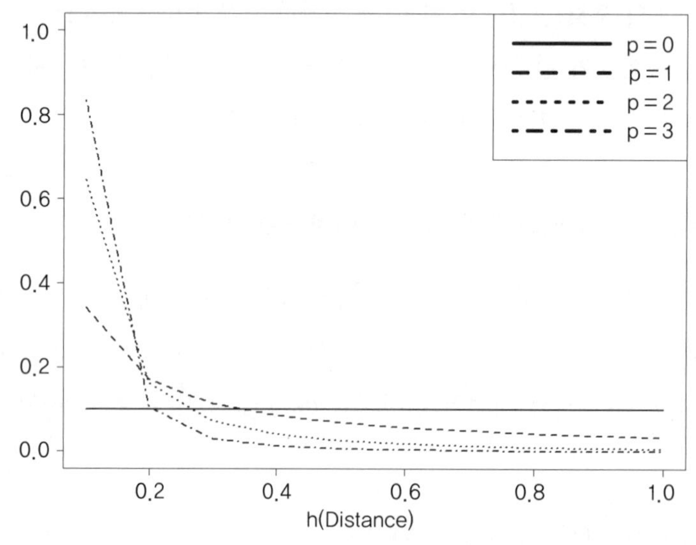

그림 4-4 가중치 조정 매개변수 p의 변화에 따른 거리별 가중계수 변화

EXERCISE 거리와 차수에 따른 가중치 변화

- 사용 자료: 없음
- 코드 파일: chapter_4_inverse_distance_weighting.R

```
# 거리 h와 차수 p 벡터를 정의
h <- c(0.1,0.5,1,2,3)
p <- c(0, 1, 2, 3)

# p=3 일 때의 거리에 따른 가중치
inv_3 <- (1/h)^p[4]
lambda_3 <- inv_3/sum(inv_3)
round(lambda_3, 2)

# [1] 0.84 0.10 0.03 0.01 0.01 0.00 0.00 0.00 0.00 0.00
```

이를 실제 자료에 적용하는 예는 다음과 같으며, 여기서부터는 다소 길게 작성된 코드가 사용되는 만큼 여기서 다루고자 하는 통계분석 영역을 벗어나 기술적 배경을 요구하는 프로그램 모듈들은 'chapter_4_spatial_estimation_sub.R' 스크립트에 담아 활용하는 것에 중점을 둔다.

EXERCISE IDW를 이용한 공간정보 추정

- 사용 자료: KOEM_Busan_202208.csv
- 코드 파일: chapter_4_idw_application.R

```
# 자료 읽기 좌표변환 등 앞서 다룬 내용을 실행
source("chapter_4_coordinate_transform.R")
# subroutine 코드 불러오기
source("chapter_4_spatial_estimation_sub.R")
# 보간 대상 관측자료 정의
sample_2d <- obs_surface[, c("x", "y", "water_temperature")]

# 좌표 scaling 및 복원을 위한 객체 저장
coord_var_names <- c("x", "y")
min_x <- min(sample_2d$x)
max_x <- max(sample_2d$x)
min_y <- min(sample_2d$y)
```

```
max_y <- max(sample_2d$y)
range_x <- max(sample_2d$x) - min(sample_2d$x)
range_y <- max(sample_2d$y) - min(sample_2d$y)
sample_2d[, coord_var_names] <- apply(
  sample_2d[, coord_var_names],
  2,
  scale_minmax
)

# 추정 대상 좌표도 scaling
target_grid <- target_grid_utm[!intersect_points,]
colnames(target_grid) <- c("x", "y")
target_coord <- data.frame(x = (target_grid$x - min_x)/(range_x),
                           y = (target_grid$y-min_y)/(range_y))

# 사전 정의된 idw 함수를 이용하여 대상 지점의 수온 추정
idw_res <- idw(xi = sample_2d, x0 = target_coord,
               coord = 1:2, val = 3, order = 2,
               step_size = 10000, n_cores = 8,
               progress = T, silence = F)

# 좌표 복원
target_coord_org <- data.frame(x = target_coord$x * range_x + min_x,
                               y = target_coord$y * range_y + min_y)
# 추정 결과 객체 저장
res_df_idw <- data.frame(x = target_coord_org$x,
                         y = target_coord_org$y,
                         idw_res)
```

관측자료와 추정 대상 격자의 좌표 정보는 0에서 1 사이의 값으로 scaling했으며, 이후 복원을 위해 최대, 최소, 범위 정보를 저장했다. 사전 정의된 idw 함수는 관측자료인 xi, 추정대상 좌표인 x0를 지정하고 각 data.frame에서 좌표 정보를 나타내는 열의 위치를 coord 인자로 지정해준다. 마찬가지로, 보간 대상 관측 항목은 val 인자로 지정해준다. 여기서는 1, 2열이 각각 x,y 좌표를 나타내며, 3열이 보간 대상 항목인 수온 정보임을 지시한다. 차수(order)는 앞서 설명한 idw의 거리 가중 매개변수 p를 의미하며, step_size 인자는 행렬을 이용하여 한 번에 처리할 추정 대상 지점의 수를 의미한다. 여기서는 10,000개를 한 번에 처리하도록 설정되어 있다. 코어 개수(n_cores) 인자는 연산 효율을 높이기 위해 여러 개의 CPU 코어를 사용할 수 있도록 설정하는 값이며, 예제에서는 8개를 활용하도록 지정했다. 진행변수(progress)는 대량 연산 시 진행 상황을 콘솔에 표시해주며, silence는 불필요한 시스템 메시지를 생략해준다.

```
# 최종 결과 저장
res_df_idw <- data.frame(target_grid, idw_res)

# 결과 시각화
colr <- colorRampPalette(rev(RColorBrewer::brewer.pal(11, 'RdYlBu')))
ext_res <- extent(res_df_idw[,1:2])
bnd_raster <- raster(ext_res, ncol = 18, nrow = 14) # set resolution as grid size
res_raster <- rasterize(res_df_idw[, 1:2],
                        bnd_raster,
                        res_df_idw[, 3],
                        fun = mean)
plot(res_raster)
plot(st_geometry(coastline_utm), col = "gray80", add = T)
points(obs_surface[, c("x", "y")], pch = 16)
```

변수 idw_res 객체에는 추정 결괏값만 저장되므로 다음과 같이 복원된 격자 정보와 함께 테이블로 만든 뒤, raster 객체로 변환하여 시각화한다. 한편 raster 객체의 해상도는 앞서 expand.grid 함수를 이용하여 target_grid_lonlat 객체를 생성할 때, 사용한 x, y 벡터의 길이(18, 14)와 같다.

```
# 최종 결과 저장
str(target_grid_lonlat)
# 'data.frame': 252 obs. of  2 variables:
#  $ long: num  129 129 129 129 129 ...
#  $ lat : num  35 35 35 35 35 ...
```

```
#  - attr(*, "out.attrs")=List of 2
#   ..$ dim     : Named int [1:2] 18 14
#   .. ..- attr(*, "names")= chr [1:2] "long" "lat"
#   ..$ dimnames:List of 2
#   .. ..$ long: chr [1:18] "long=129.01" "long=129.02" "long=129.03" ...
#   .. ..$ lat : chr [1:14] "lat=35.03" "lat=35.04" "lat=35.05" "lat=35.06" ...
```

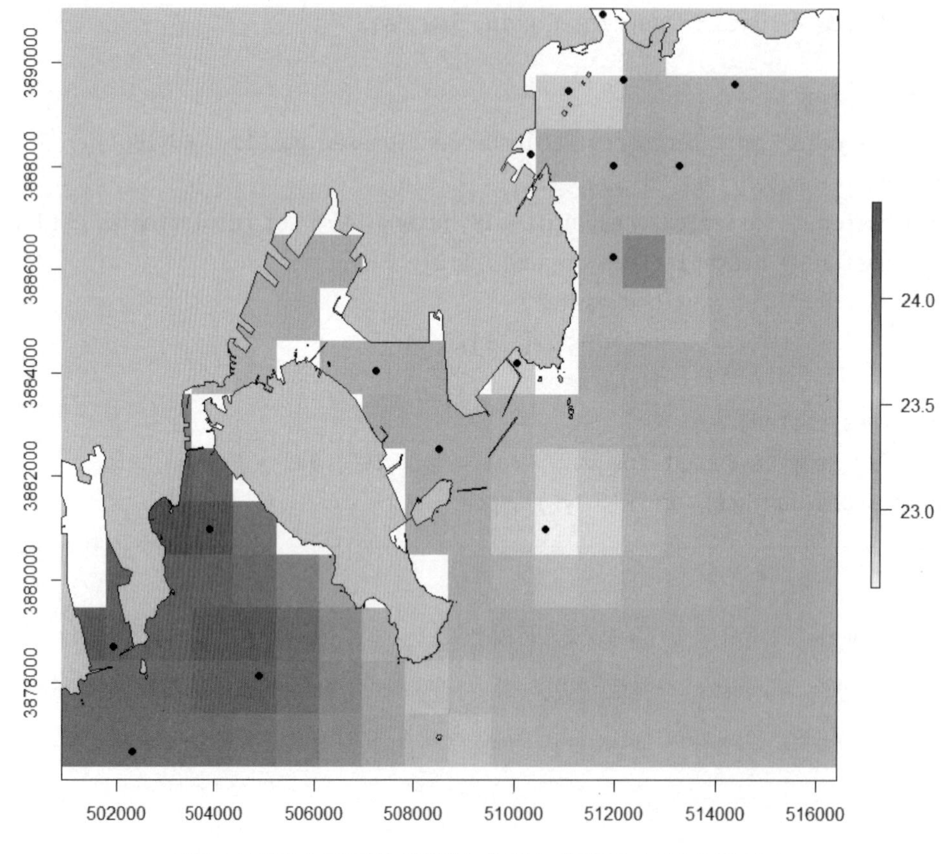

그림 4-5 역거리가중법을 이용하여 추정한 부산연안 수온의 공간분포

공간추정을 수행하고, 예제에서 작성한 IDW 프로그램은 10-fold Cross Validation을 이용하여 성능평가(검증)를 수행하였다. 일반적으로 n-fold cross validation은 원본 자료를 n등분하여 1개 그룹을 제외한 나머지 자료로 분석, 예측, 분류 등을 모델링을 수행하고, 제외시킨 자료를

검증에 사용하는 것이다. 다양한 통계 모델링에 검증 방법으로 자주 사용되는 방법이다. 자료를 3등분(3-fold)하는 경우 예시는 다음과 같다.

그림 4-6 n-fold cross validation 개념($n = 3$)

IDW의 n-fold Cross Validation 코드는 다음과 같다. n은 10으로 설정했으며, idw_cv 함수는 idw와 함께 'chapter_4_spatial_estimation_sub.R' 파일에 사전에 정의되어 있다. 차수는 보간 예제와 같이 2차로 설정했다. 예제에서는 사용한 자료의 수가 17개로 매우 작아 사실상 Leave One-Out에 가깝지만, 자료가 많은 경우 효과적으로 모델을 검증할 수 있는 기법이다.

```
# idw_cv 함수를 이용하여 10-fold cross validation 수행
idw_cv_res <- idw_cv(xi = sample_2d,
                     method = "nfold", n = 10,
                     coord = 1:2, val = 3, order = 2,
                     step_size = 10000, n_cores = 8,
                     progress = F, silence = T)

# 결과 시각화
op  <- par(no.readonly = T)
par(mar = c(5,5,4,2))
plot(idw_cv_res$org_val, idw_cv_res$est_val,
     xlim = c(22, 25), ylim = c(22, 25),
```

```
    pch = 16,
    main = "10-fold Cross Validated",
    xlab = "Observed", ylab = "Estimated",
    cex.main = 2, cex.lab = 2, cex.axis = 1.5)
abline(b = 1, a = 0, lwd = 2)
par(op)
```

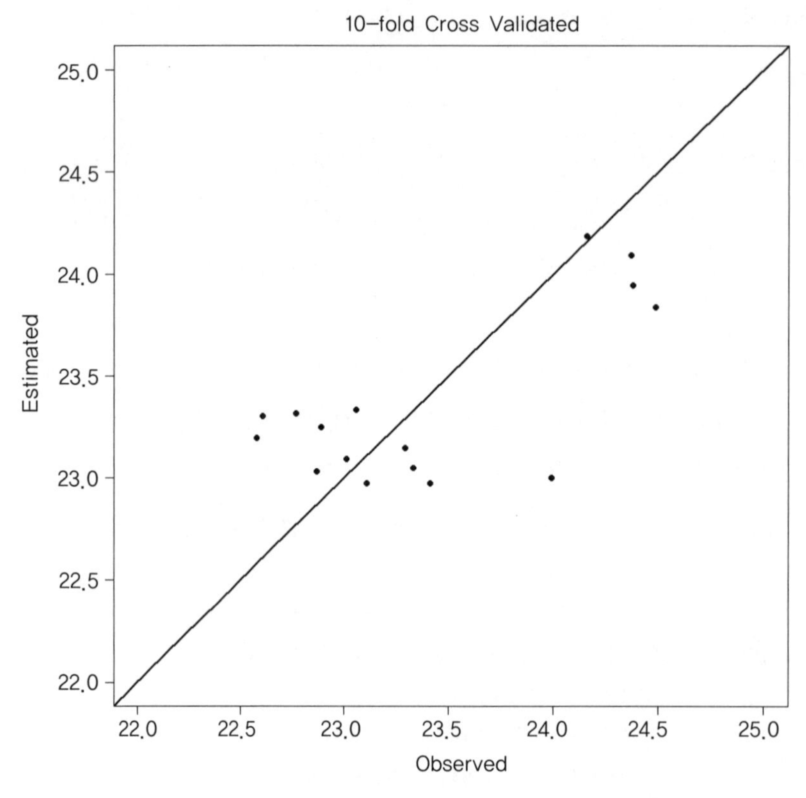

그림 4-7 $p=2$인 역거리가중법 모델의 10-fold 교차검증 결과

```
# 평균제곱근편차
sqrt(mean((idw_cv_res$org_val-idw_cv_res$est_val)^2))
# [1] 0.4535123
```

IDW 기법을 이용한 수온 보간 결과는 평균제곱근오차(Root Mean Squared Error, RMSE)를 기준으로 약 0.46으로 나타났다. 일견 준수한 성적으로 생각할 수도 있으나, IDW의 특성상 관측값이 두드러져 보이는 bull's eye effect가 발생하는 것을 볼 수 있다. IDW는 관측자료가 고르게 분포하고 밀도가 높다면 연산량이 많은 고급 보간 기법에 비해 성능 대비 효율이 좋지만, 해양 관측자료는 비용 등의 문제로 많은 자료의 확보가 곤란하거나 일부 해역에 편중되어 있을 수 있다. 이 때문에 다양한 공간통계적 추론 방법들이 개발되었고 다음에 설명할 보간법인 Kriging이 대표적으로 많이 활용된다.

4.3.2 Kriging 기본이론

Kriging 기법은 자료의 공간상관 정도를 고려하는 추정으로, 다양한 분야에서 활발하게 활용되며, 특히 지구통계 분야의 많은 연구를 통해 다양한 형태로 확장되었다. Kriging의 확장 범위는 공간뿐만 아니라, 공간-시간 축척조정 계수를 이용하여 시간 영역까지 포함할 수 있다. 기본적인 개념은 기존 관측자료에 대한 선형 결합이라는 점이 IDW와 유사하지만 가중치 λ_i를 정하는 방식이 다르다.

$$\widehat{z_0} = \sum_{i=1}^{n} \lambda_i z_i$$

Kriging은 IDW와 달리 가중치를 산정하는 방식에 단순히 물리적인 거리를 사용하는 것이 아니라 거리에 따른 자료의 상관성을 고려한다. 가중치 λ는 Kriging 모델의 오차제곱합을 최소화하는 조건으로부터 유도된다. 오차 제곱에 대한 기댓값은 분산이므로, 임의의 공간에서의 참값 z_0와 추정 값 $\widehat{z_0}$의 차이에 대한 기댓값을 σ_K^2으로 정의한다.

$$\sigma_K^2 = E\left[\left(z_0 - \widehat{z_0}\right)^2\right]$$

앞서 정의한 $\widehat{z_0}$을 대입하면 다음과 같다.

$$\sigma_K^2 = E\left[\left(z_0 - \sum_{i=1}^{n}\lambda_i z_i\right)^2\right]$$

이 관계에서 가중결합 모델의 최적 가중치를 결정할 규칙은 오차를 최소화하는 λ를 찾는 것이므로, 이후 일련의 과정을 위해 λ에 대하여 미분하기 좋게 식을 정리하면 다음과 같다.

$$\sigma_K^2 = E(z_0^2) - 2\sum_{i=1}^{n}E[\lambda_i(z_0 z_i)] + \sum_{i=1}^{n}\sum_{j=1}^{n}E[\lambda_i\lambda_j(z_i z_j)]$$

먼저, z_0^2의 기댓값은 분산 σ^2이고, 같은 방법으로 $E[z_0 z_i]$를 추정 대상 지점의 값(z_0)과 관측 지점의 값(z_i)의 공분산이며 σ_{0i}^2로, $E[z_i z_j]$를 σ_{ij}^2로 표현하면 다음과 같다.

$$\sigma_K^2 = \sigma^2 - 2\sum_{i=1}^{n}\lambda_i\sigma_{0i}^2 + \sum_{i=1}^{n}\sum_{j=1}^{n}\lambda_i\lambda_j\sigma_{ij}^2$$

표현을 달리하여, 분산을 $Var(x)$로, 공분산을 $Cov(x,y)$로 표현하면 다음과 같다.

$$\sigma_K^2 = Var(z_0) - 2\sum_{i=1}^{n}\lambda_i Cov(z_0, z_i) + \sum_{i=1}^{n}\sum_{j=1}^{n}\lambda_i\lambda_j Cov(z_i, z_j)$$

$0, i, j$의 첨자에 중점을 두어 위 수식을 설명하면, Kriging 오차 분산 σ_K^2는 예측 지점의 참값에 대한 분산, 예측 및 관측 지점 값에 대한 공분산, 관측 지점 자료 간의 공분산의 관계로 표현 가능하다는 것이다.

이렇게 가법모형으로 풀어놓은 수식을 앞서 언급한 대로 가중치 λ_i에 대하여 편미분하여 σ_K^2를 최소화하는 해를 구한다.

$$\underset{\lambda}{arg\ min}\ f(\lambda) = \underset{\lambda_i}{argmin}\ \sigma_K^2(\lambda_i),\ i = 1, 2, \ldots, n$$

여기서, $f(\lambda)$를 λ에 대한 손실함수이고, λ_l에 대하여 미분한다. 전개의 편의를 위해 수식 처리(manipulation)를 한다.

$\sum_{i=1}^{n}\sum_{j=1}^{n}\lambda_i\lambda_j\sigma_{ij}^2$에서 l번째 인자를 분리하면 첨자 i,j에 대하여 l인자가 없는 항과, $i \neq l$, $j \neq l$인 항, l만 있는 항이 분리된다. 유도 과정은 다음과 같다.

$$\begin{aligned}\frac{\partial\sigma_K^2}{\partial\lambda_l} &= 0 - 2\sigma_{0l}^2 + \frac{\partial}{\partial\lambda_l}\left(\sum_{i=1}^{n}\sum_{j=1}^{n}\lambda_i\lambda_j\sigma_{ij}^2\right) \\ &= 0 - 2\sigma_{0l}^2 + \frac{\partial}{\partial\lambda_l}\left(\sum_{\substack{i=1 \\ j\neq l}}^{n}\sum_{\substack{j=1 \\ i\neq l}}^{n}\lambda_i\lambda_j\sigma_{ij}^2 + \lambda_l\sum_{\substack{i=1 \\ i\neq l}}^{n}\lambda_i\sigma_{il}^2 + \lambda_l\sum_{\substack{j=1 \\ j\neq l}}^{n}\lambda_j\sigma_{jl}^2 + \lambda_l^2\sigma_{ll}^2\right) \\ &= 0 - 2\sigma_{0l}^2 + 0 + \sum_{\substack{i=1 \\ i\neq l}}^{n}\lambda_i\sigma_{il}^2 + \sum_{\substack{j=1 \\ j\neq l}}^{n}\lambda_j\sigma_{jl}^2 + 2\lambda_l\sigma_{ll}^2 \\ &= 0 - 2\sigma_{0l}^2 + \sum_{i=1}^{n}\lambda_i\sigma_{il}^2 + \sum_{j=1}^{n}\lambda_j\sigma\end{aligned}$$

위와 같이 유도된 식을 정리하면 다음 식과 같으며, 미지수, 가중계수 n, 방정식 n이므로, 유일해 조건을 만족한다.

$$\sum_{i=1}^{n}\lambda_i\sigma_{li}^2 = \sigma_{0l}^2$$

최종 유도된 식을 행렬식으로 표현하면 다음과 같으며, 이어서 간략하게 표현하면 다음과 같다.

$$\begin{bmatrix}\sigma_{11}^2 & \sigma_{12}^2 & \cdots & \sigma_{1n}^2 \\ \sigma_{21}^2 & \sigma_{22}^2 & \cdots & \sigma_{2n} \\ \vdots & \vdots & \vdots & \vdots \\ \sigma_{n1}^2 & \sigma_{n2}^2 & \cdots & \sigma_{nn}^2\end{bmatrix}\begin{bmatrix}\lambda_1 \\ \lambda_2 \\ \vdots \\ \lambda_n\end{bmatrix} = \begin{bmatrix}\sigma_{01}^2 \\ \sigma_{02}^2 \\ \vdots \\ \sigma_{0n}^2\end{bmatrix}$$

$$\boldsymbol{\Sigma} \cdot \Lambda = \boldsymbol{\Sigma}_0$$

$$\Lambda = \boldsymbol{\Sigma}^{-1} \cdot \boldsymbol{\Sigma}_0$$

Kriging 기법의 주요 특징은 추정 지점에 대한 오차 분산(σ_K^2)의 계산이 가능하다는 점이며, 앞에서 정의한 대로, z_0의 분산에서 σ_{0i}^2(=$Cov(z_0, z_i)$)의 가중합을 빼는 형태로 계산한다. 앞서 행렬식을 통해 λ_i가 바로 계산되므로, 단순하게 계산이 가능하다.

$$\sigma_K^2 = \sigma^2 - \sum_{i=1}^{n} \lambda_i \sigma_{0i}^2$$

지금까지 언급한 방법은 Simple Kriging(이하 SK) 기법으로, 실제 문제에 활용할 때에는 불편추정을 위한 제약조건을 추가한다. 이를 Ordinary Kriging (OK) 기법이라고 하며, 대표적인 BLUE(Best Linear Unbiased Estimation) 기법이다. 이는 선형회귀모형에서 $y = ax$ 대신 $y = ax + b$와 같이 편향을 없애기 위해 상수항을 더하는 것과 같은 원리이다.

추정식이 편향되지 않는다는 것은 z_0의 평균과 $\hat{z}_0$의 평균(expected value) 사이의 차이가 없다는 말과 같으며, 관측자료의 평균과 추정식이 같다는 조건을 식으로 표현하면 다음과 같다. $E(z_0 - \hat{z}_0) = 0$, $E(z) = E(z_1) = E(z_2) = \cdots = E(z_n) = \bar{z}$.

$$E(z_0) - E\left(\sum_{i=1}^{n} \lambda_i z_i\right) = z_0 - \sum_{i=1}^{n} \lambda_i E(z_i) = 0$$

이때 $E(z)$ 또한 관측값으로 계산되므로, 위 식이 성립하는 제약조건은 λ_i의 합이 1이 되도록 하는 것이다.

$$\sum_{i=1}^{n} \lambda_i = 1$$

앞서 다룬 SK 기법의 Kriging 오차분산식에서, Lagrangian Parameter를 이용하여 제약조건을 부여한 오차분산식은 다음과 같다.

$$L(\lambda_1, \lambda_2, \cdots, \lambda_n;\ \omega) = \sigma^2 - 2\sum_{i=1}^{n} \lambda_i \sigma_{0i}^2 + \sum_{i=1}^{n} \sum_{j=1}^{n} \lambda_i \lambda_j \sigma_{ij}^2 + 2\omega\left(1 - \sum_{i=1}^{n} \lambda_i\right)$$

OK 기법의 라그랑지안 목적함수(Lagrangian objective function) $L(\lambda_1, \lambda_2, \cdots, \lambda_n; \omega)$는 SK 기법에서 보인 바와 같이 우선 λ_l 변수로 편미분하고, Lagrangian parameter ω로 편미분하면 각각 다음 식과 같다.

$$\frac{\partial L}{\partial \lambda_l} = -2\sigma_{0l}^2 + 2\sum_{i=1}^{n} \lambda_i \sigma_{li}^2 - 2\omega = 0$$

$$\frac{\partial L}{\partial \omega} = 2\left(1 - \sum_{i=1}^{n} \lambda_i\right) = 0$$

이를 다시 정리하면 다음과 같다.

$$\sum_{i=1}^{n} \lambda_i \sigma_{il}^2 - \omega = \sigma_{0l}^2; \qquad \sum_{i=1}^{n} \lambda_i = 1$$

OK 기법도 마찬가지로 정리된 위 식을 행렬식으로 표현하면 다음과 같다.

$$\begin{bmatrix} \sigma_{11}^2 & \sigma_{12}^2 & \cdots & \sigma_{1n}^2 & -1 \\ \sigma_{21}^2 & \sigma_{22}^2 & \cdots & \sigma_{2n} & -1 \\ \vdots & \vdots & \vdots & \vdots & \vdots \\ \sigma_{n1}^2 & \sigma_{n2}^2 & \cdots & \sigma_{nn}^2 & -1 \\ 1 & 1 & \cdots & 1 & 0 \end{bmatrix} \begin{bmatrix} \lambda_1 \\ \lambda_2 \\ \vdots \\ \lambda_n \\ \omega \end{bmatrix} = \begin{bmatrix} \sigma_{01}^2 \\ \sigma_{02}^2 \\ \vdots \\ \sigma_{0n}^2 \\ 1 \end{bmatrix}$$

위 행렬식을 통해 계산된 계수 벡터는 ω가 포함되어 있기 때문에 OK 기법의 오차분산은 아래 식과 같이 SK 기법의 식에서 ω를 빼준다. 최적 매개변수 추정 조건은 다음과 같다.

$$\sigma_K^2 = \sigma^2 - \sum_{i=1}^{n} \lambda_i \sigma_{0i}^2 - \omega$$

이제 SK 또는 OK 기법의 계산 준비가 끝났으나, 위 식에서 σ^2로 표현된 모집단의 분산의 참값은 알지 못한다. 모분산은 관측자료로부터 추정하는 표본 분산을 모집단에 대한 불편추정량으로 정의하므로 다음 식과 같이 관측값 z_i을 이용해 추정한다.

$$\sigma^2 = \frac{1}{n-1}\sum_{i=1}^{n}\left(z_i - \bar{z}\right)^2$$

하지만 위에 제시한 행렬식을 이용하여 실제 계산을 진행하기 위해서는 관측자료 사이의 거리에 따른 공분산 σ_{ij}^2와 관측자료와 계산 대상 격자점 사이의 거리에 따른 공분산 σ_{0i}^2가 제시되어야 하나 아직 알지 못한다. 다음은 이 값들을 추정하기 위한 방법인 Variogram을 설명한다.

4.3.3 Variogram

Variogram 추정은 Kriging 연산에 필요한 공간 상관구조의 모델링 기법의 핵심을 차지한다. 아마 앞서 다룬 Kriging 행렬식을 유심히 살펴본 독자라면 σ_{ij}^2와 σ_{0i}^2를 어떻게 계산하는지 궁금했을 것이다. 이 두 변수들을 다시 설명하면, σ_{ij}^2는 i와 j지점에 위치한 관측값들 사이의 공분산이고, σ_{0i}^2는 추정 대상지점(0)과 i지점에 위치한 관측값들 사이의 공분산을 의미한다.

여기서 떠오르는 질문은 아마도 이런 종류일 것이다.

- '추정 대상지점은 값을 추정하기 위해 설정한 좌표인데, 동일한 변수에 대한 관측값들 사이의 공분산을 어떻게 구하는가?'
- 'i, j 지점에서 관측한 두 개의 관측값으로 어떻게 공분산을 구하는가?'

이러한 문제들을 해결하기 위해 공간자기상관 구조를 추정하며, 이를 Variogram 모델링이라고 한다. 여기서는 Variogram 모델링에 대한 기초 이론 설명과 함께 계산과정의 이해를 돕기 위해 실제 관측자료를 이용한 예제를 함께 제시한다.

다음은 실제 관측자료를 사용하여 Empirical Variogram을 계산하는 과정을 재현하는 코드이다. 사용된 자료는 앞서 좌표변환에 사용한 해양환경공단 부산연안 16개 정점의 수온자료이다.

EXERCISE KOEM 부산연안 자료를 이용한 Variogram 모델링

- 사용 자료: KOEM_Busan_202208.csv
- 코드 파일: chapter_4_variogram_modeling.R

```
# subroutine, data 불러오기
source("chapter_4_coordinate_transform.R")
source("chapter_4_spatial_estimation_sub.R")

sample_2d <- obs_surface[, c("x", "y", "water_temperature")]

# 표본 분산과 조합 및 거리 계산
sample_var <- var(sample_2d$water_temperature)
pair_wt <- comb_2(sample_2d$water_temperature)
dist_xy <- as.numeric(dist(sample_2d[, 1:2]))
vd <- data.frame(dist_xy = dist_xy, pair_wt)

# 결과 확인
head(vd)
# 생략
```

먼저, 자료를 불러오고 표본 분산과 모든 관측치의 조합, 그리고 조합 쌍의 거리를 계산한다. 'chapter_4_spatial_estimation_sub.R'에 포함된 comb_2 함수는 벡터를 입력받아서 2개의 요소를 갖는 모든 조합을 반환한다. 거리 계산을 수행하는 dist 함수는 2열의 행렬을 입력받아 거리를 계산해주며, 역시 모든 쌍의 거리를 반환한다. 따라서 comb_2가 반환한 수온 쌍과 모든 정점의 거리의 수는 같으며, 이들을 data.frame으로 묶어서 vd 객체에 저장한다.

Empirical Variogram 계산 전, 모든 자료 조합 쌍에 대하여 거리에 따른 차이를 산점도로 그렸다. Variogram 함수는 일정 구간에 속한 자료들의 공분산을 나타내는 것이므로 자료 조합의 차이를 통해 거리에 따른 분산 변화를 어느 정도 유추할 수 있다.

```
# 거리에 따른 수온차이 시각화
op <- par(no.readonly = T)
par(mar = c(5,5,3,2))
plot(vd$dist_xy, abs(vd$V1 - vd$V2),
     xlab = "Distance (m)",
     ylab = expression(
       paste(wt[i], " - ", wt[j], " (", i!=j, ")")
       ),
     cex.lab = 2, cex.axis = 1.5,
     pch = 16, las = 1)
abline(v = seq(2000, 20000, 2000), lty = 2, lwd = 1)
par(op)
```

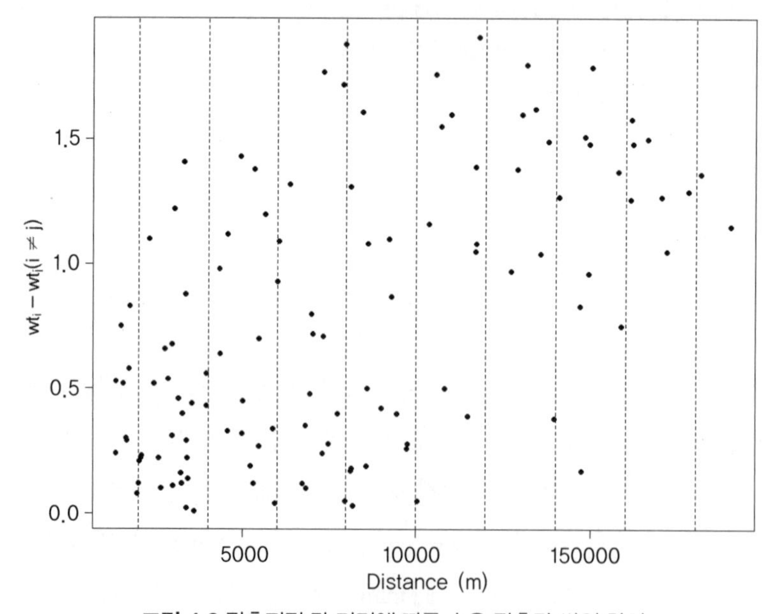

그림 4-8 관측지점 간 거리에 따른 수온 관측값 쌍의 차이

예제 자료를 이용한 결과에서는 거리가 가까울수록 자료 쌍의 차이가 작게 나타났고, 멀어질수록 상한선이 커지나 일정 거리 이상 멀어지면 그 차이가 눈에 띄게 나타나지 않는다. Empirical Variogram은 여기에 2,000m 간격으로 구간을 분할하고 이를 분리거리라 한다.

정리하면, Variogram의 시작은 관측자료 사이의 거리를 일정한 구간으로 나눈 분리거리

(separation distance)의 그룹별 공분산을 구하는 것이다. 분리거리는 아래 두 개의 그림처럼 서로 중복되지 않게 할 수도 있고, 일정 구간을 겹치도록 설정할 수도 있다. 또한 분리거리는 공간거리뿐만 아니라 시간거리에 대해서도 적용이 가능하므로 Spatio-Temporal Variogram 모델링에도 활용할 수 있다.

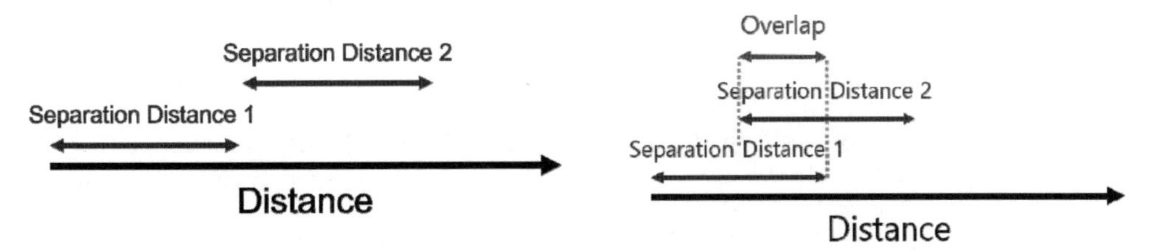

그림 4-9 중첩이 없는 분리거리(좌)와 중첩을 고려한 분리거리(우)의 개념도

각 분리거리 내에는 다수의 관측자료 쌍이 존재하며, 이 자료들을 이용하여 공분산을 구한다. 예제의 경우 공분산은 표본 공분산을 의미하며 다음과 같이 계산한다.

$$Cov(WT_x, WT_{x+h}) = \frac{\sum_{i,j \in s}^{N(s)} (WT_i - WT_j)^2}{N(s)-1} = \sigma_W(h),\ i,j = 1,2,\ldots N(s),$$

여기서, $N(s)$는 특정 분리거리의 범위에 포함되는 자료의 수, s는 사용자가 결정하는 분리거리 h의 구간을 의미한다. h_{ij}는 거리 함수($d(z_i, z_j)$)로 본래 연속형 자료형태이나, 사전에 정의된 구간 자료로 통합하여 사용한다.

위와 동일한 자료를 사용하여 제시한 코드에 이어서, 분리거리에 따른 공분산 계산 예제는 다음과 같다. 앞서 설명한 바와 같이, 분리거리는 50m로 하고, 이에 절반에 해당하는 거리를 중첩하여 공분산을 구한다. 따라서 분리거리 구간에서 공분산은 1개의 값만 나오며, 이때 분리거리 h는 공분산 계산에 사용된 점들의 거리 차이 평균을 사용한다.

```
# 2000m 분리거리 구간 설정
lag_d_interval <- lag_dist(vd$dist_xy, buffer = 2000, m_factor = 2)
```

```
# 분리거리 구간별 empirical variogram 계산
vg_e <- lapply(1:nrow(lag_d_interval),
               function(x){

                 lag_d_id <- which(vd$dist_xy >= lag_d_interval$lag_st[x] &
                                     vd$dist_xy < lag_d_interval$lag_ed[x])
                 mean_lag_d <- mean(vd[lag_d_id, 1], na.rm = T)
                 cov <- sample_var -
                   cov(vd[lag_d_id, 2], vd[lag_d_id, 3], use = "everything")

                 res <- c(lag_d = mean_lag_d, semi_var = cov)
                 return(res)

               }) %>%
  bind_rows %>%
  filter(complete.cases(.)) %>%
  as.data.frame
# experimental variogram 시각화
op <- par(no.readonly = T)
par(mar = c(5,5,5,5))
plot(vg_e,
     ylim = c(0, 2),
     xlab = "Distance (m)",
     ylab =  expression(
       paste(wt[i], " - ", wt[j], " (", i!=j, ")")
     ),
     cex = 2, cex.lab = 2, cex.axis = 1.5,
     pch = 16, las = 1)
points(vd$dist_xy, abs(vd$V1 - vd$V2), pch = 16, col = "gray50", cex = 1)
axis(4, cex.axis = 1.5, las = 1)
mtext("semi-variance", side = 4, line = 3, cex = 2)
abline(v = seq(2000, 20000, 2000), lty = 2, lwd = 1)
abline(v = seq(1000, 20000, 2000), lty = 2, col = 2, lwd = 1)
legend("bottomright",
       inset = c(0,1), xpd = TRUE, ncol = 2,
       legend = c(
```

```
        expression(paste(wt[i], " - ", wt[j], " (", i!=j, ")")),
        "semi-variance",
        "Separation Distance",
        "Overlapped Separation Distance"),
      col = c("gray50", 1, 1, 2), cex = 1.3,
      pch = c(16, 16, NA, NA), lty = c(NA, NA, 2, 2), bg = "white", bty = "n")
par(op)
```

앞서 설정한 1,000m씩 중첩된 2,000m 간격의 분리거리와 자료의 조합 쌍의 거리에 따른 차이, 각 구간에 포함되는 자료들의 공분산을 구하여 함께 산점도를 그렸다. 검은 점선을 기준으로 1,000m 중첩된 분리거리 구간은 빨간 점선으로 표기했다. 구간마다 각 자료 쌍의 평균 거리가 다르므로 정확하게 1,000m 간격으로 공분산이 표시되지 않는 것을 볼 수 있으며, 자료의 수가 적은 일부 구간에서는 최소 3개 이상의 자료가 필요한 공분산을 계산할 수 없으므로 점이 찍히지 않을 수도 있다. 또한 공분산 계산이 가능하다고 하더라도, 표본 수가 30개 미만인 small sample은 공분산 추정오차가 크기 때문에 충분한 수의 표본이 확보되는 분리거리를 설정하는 것이 좋다. 지구통계학 분야의 다양한 연구에서 권장하는 자료 쌍(pair)의 수는 30~50개(Cressie, 1993), 100개 이상(Webster and Oliver, 2001) 수준이다. 일반적으로 공간적으로 자료가 충분한 상태에서는 자료의 조합 수가 기하급수적으로 늘어나므로 크게 걱정할 필요는 없다. 반대로, 너무 많은 관측점이 존재하는 경우, 모든 조합을 대상으로 Empirical Variogram 함수를 계산하는 것은 비효율적이다. 예를 들어, 10,000개의 관측점이 있는 경우, 49,995,000개의 조합을 대상으로 분리거리를 나누고 공분산을 계산해야 한다. 이때에는 시간을 들여 사전에 Variogram 함수를 계산하거나, 무작위 샘플링을 통해 적정 수준의 자료 쌍으로 연산량을 줄일 수 있다. Empirical Variogram 함수 선택은 많은 부분을 분석자의 주관적 판단에 의존한다.

일반적으로 많이 쓰이는 Variogram 모델은 구형모델, 지수모델, 가우스모델 세 가지이며 이 외에도 자료의 공간상관 구조에 따라 다양한 형태의 Variogram 함수가 사용된다. 고급 공간통계 분야에서는 거리뿐만 아니라 방향에 따라서도 자료의 상관관계가 다른 이방성(異方性, an-isotropy)이라는 개념도 활용하지만 여기서는 등방성(等方性, isotropy)을 가정한다.

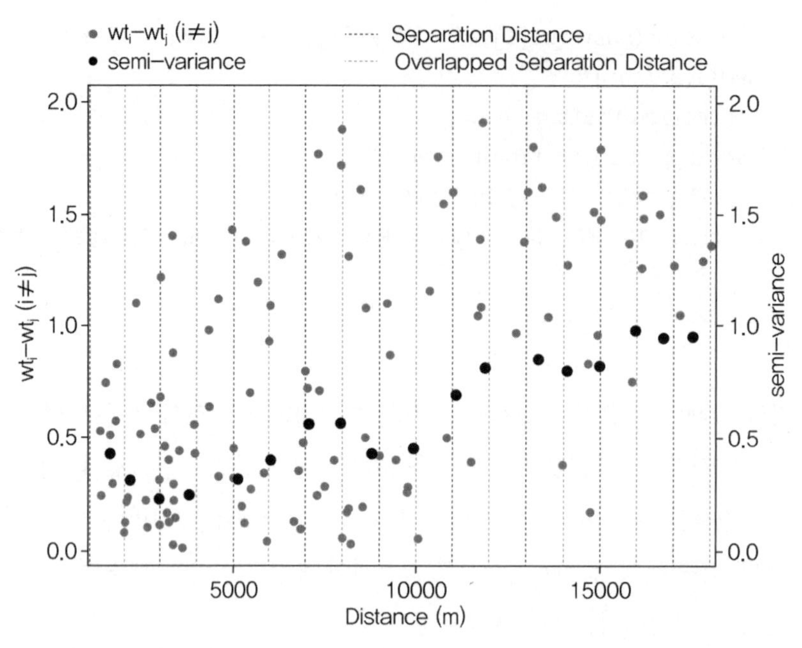

그림 4-10 수온 관측자료의 거리에 따른 차이와 구간별 공분산을 함께 나타낸 그림

표 4-2 자주 사용되는 Variogram 함수들

Variogram 모델	식
구형모델	$\gamma_{sph}(h)=C_0\left(1.5\frac{h}{a}-0.5\left(\frac{h}{a}\right)^3\right)+b$
지수모델	$\gamma_{exp}(h)=C_0\left(1-e^{-3h/a}\right)+b$
가우스모델	$\gamma_{gauss}(h)=C_0\left(1-e^{-3(h/a)^2}\right)+b$

각 모델에서 h는 분리거리이며, C_0는 한계기준(partial sill) a는 상관거리(range), b는 너겟(nugget)이다. 관측자료의 최소가 되는 문턱값(sill)은 C_0+b이다. 모델이 수렴하는 상한선이 Sill 수치이고, γ가 Sill에 도달할 때의 분리거리가 상관거리이다. 자료에 기본적으로 내재되어 있는 오차 또는 매우 짧은 거리의 공간 상관 구조가 반영되지 않은 상태를 나타내는 것이 너겟이다. 예제에 활용한 자료를 이용한 Variogram 개념도는 다음과 같다.

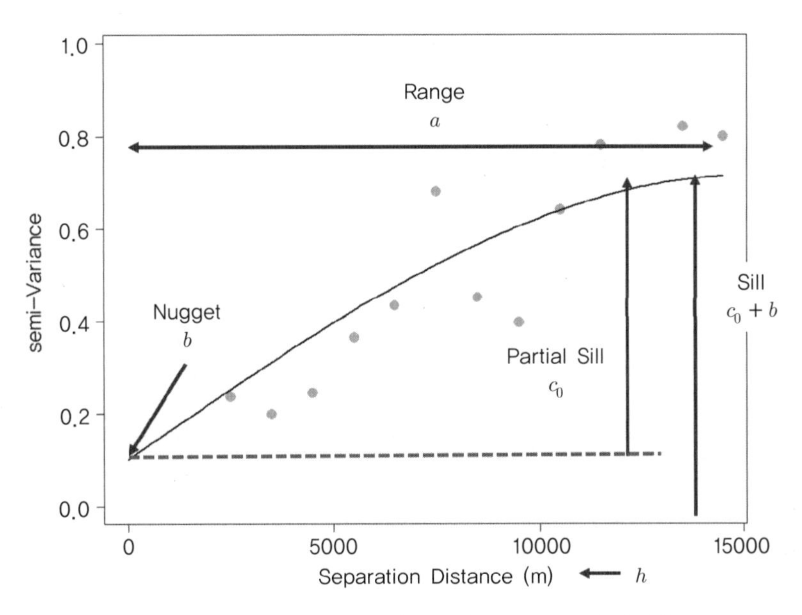

그림 4-11 예제 자료의 공간상관 구조와 Variogram의 매개변수들

Empirical Variogram은 직관적으로 공간 상관 구조에 대한 정보를 줄 수는 있지만, Kriging 연산을 위한 실제 가중치 계산을 위해서는 앞서 언급한 매개변수 기반의 모델에 적합시키는 과정이 필요하다. 여기서는 편의를 위해 Empirical Variogram 계산 및 시각화에 사전 정의된 vge 함수를 사용한다.

이 vge 함수는 앞서 실행한 'chapter_4_spatial_estimation_sub.R' 파일에 정의되어 있으며, 표 4-2에 제시된 Variogram 함수는 'chapter_4_variogram_functions.R'파일에 정의되어 있다. vge 함수는 분리거리에 따른 공분산 및 semi-variance 값을 반환한다.

```
# 사전 정의된 variogram 함수 불러오기
source("chapter_4_variogram_functions.R")

# sph model
ex_vgm <- vge(xi = sample_2d, s_var = 1:2, val = 3, valid_n = 3,
              max_range = 1, lag_buffer = 2000, overlap_factor = 2,
              plot = TRUE)

str(ex_vgm)
```

```
# 결과생략

# 분석자의 판단에 따라, 첫 번째 값과 마지막 값을 제외
ex_vgm <- ex_vgm[-c(1,14),]
```

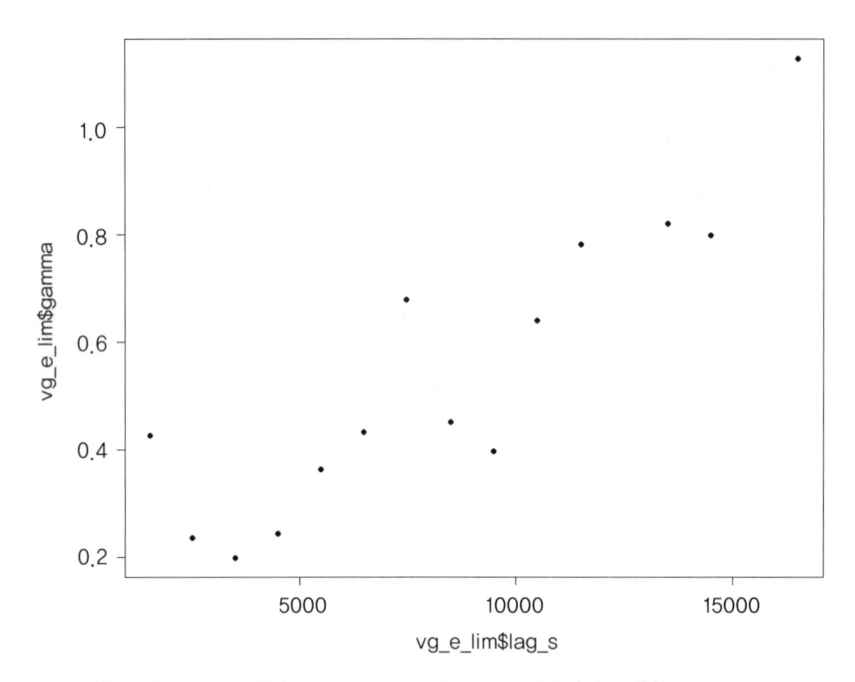

그림 4-12 ex_vgm 함수를 plot=TRUE 옵션으로 실행하면 반환되는 Variogram

분산함수, Variogram 모델을 적합하기 전에 매개변수의 예측이 시각적으로 어렵다고 판단되면, 가장 먼저 분리거리를 조정해보거나, Empirical Variogram 함수 추정과정에서 이상자료로 판단되는 값을 제외해볼 수도 있다. 여기서는 이어지는 그림과 같이 매우 가까운 거리에서 분산이 크게 계산되거나, 일정 분리거리 범위 밖에 있는 값들은 공간상관 구조의 왜곡을 방지하기 위해 제외했다.

자료에 가장 적합한 모델 선정 방법으로 최소자승법(Least Square Method) 또는 수치미분을 활용한 최적화 기법들이 많이 사용한다. 최소자승법은 모델과 자료의 잔차제곱합을 최소화하는 방법이며, 선형 모델의 경우 간단하게 유도가 되지만 비선형 모델에 적용할 때에는 이론적 유도가 매우 복잡할 수 있다. 이 경우 주어진 함수에 대한 수치미분을 통해 목적함수를 최소화하는 매개변수들을 찾는다. 여기서는 stats 라이브러리에서 제공하는 optim 함수를 이용하여 Variogram 모델의 최적 매개변수를 구한다. 이 optim 함수는 quasi-Newton 방법 최적화를 지원하며, 많이 사용하는 방법으로 L-BFGS-B 방법이 있다. 이 최적화 방법은 Empirical Variogram 함수로 초기값과 상한-하한 값들을 대략 추정할 수 있을 때 효율적이다. 변동이 심해 경사 기반의 최적화 방법에서 오류가 발생하는 경우, 필요에 따라 SANN 방법과 같은 확률기반의 탐색 알고리즘을 사용할 수도 있다. 다만 최적화 속도가 느리다.

다음은 예제의 Empirical Variogram 함수를 구형 모델에 적합시키는 과정을 재현하는 코드이다. 모델의 최적 매개변수 추정은 optim 함수를 사용했으며, 사전에 얻은 Empirical Variogram 매개변수 정보로 초기값을 설정하고, 상한- 하한값에 제약을 두었다.

```
# 초기값 및 상한-하한 값 설정(매개변수는 순서대로 Nugget, Partial Sill, Range)
par0 <- c(0.5, 0.5, 5000)
lower <- c(0.1, 0.1, 5000)
upper <- c(1, 2, 15000)

# optim 함수를 이용한 최적 매개변수 추정
vg_f_sph <- optim(par0, Sph,
                d = ex_vgm$lag_s, gamma = ex_vgm$gamma,
                return = "error",
                gr=NULL, method = "L-BFGS-B",
                lower = lower, upper = upper)

# 최적 매개변수가 추정된 구형모델의 적합 결과 계산
new_d <- seq(0, max(ex_vgm$lag_s), length.out = 100)
vg_f_sph_new <- Sph(new_d, pars = vg_f_sph$par)

# Empirical variogram과 구형 모델 적합 결과 시각화
op <- par(no.readonly = T)
par(mar = c(5,5,3,2))
plot(ex_vgm$lag_s, ex_vgm$gamma,
     xlim = range(new_d), ylim = c(0, max(vg_e$semi_var)),
     xlab = "Separation Distance (m)", ylab = "semi-Variance",
     las = 1,
     type = "p", pch = 16, lwd = 2, col = "gray70",
```

```
     cex = 2, cex.main = 2, cex.lab = 2, cex.axis = 1.5)
lines(new_d, vg_f_sph_new, col = 1, lwd = 2)
```

이어서, 지수 모델과 가우스 모델도 같은 방식으로 적합 결과를 계산한다. lines 함수를 이용해 기존 그림에 선을 추가한다.

```
# 지수 모델
vg_f_exp <- optim(par0, Exp,
                  d = ex_vgm$lag_s, gamma = ex_vgm$gamma,
                  return = "error",
                  gr=NULL, method = "L-BFGS-B",
                  lower = lower, upper = upper)
# 가우스 모델
vg_f_gau <- optim(par0, Gau,
                  d = ex_vgm$lag_s, gamma = ex_vgm$gamma,
                  return = "error",
                  gr=NULL, method = "L-BFGS-B",
                  lower = lower, upper = upper)

# 지수 및 가우스 모델 적합결과
vg_f_exp_new <- Exp(new_d, pars = vg_f_exp$par)
vg_f_gau_new <- Gau(new_d, pars = vg_f_gau$par)

# 구형 모델 결과에 지수, 가우스 모델 적합 결과를 함께 그림
lines(new_d, vg_f_exp_new, col = 2, lwd = 2)
lines(new_d, vg_f_gau_new, col = 4, lwd = 2)
legend("bottomright",
       legend = c("Sph", "Exp", "Gau"),
       lty = 1, col = c(1, 2, 4), lwd = 2, cex = 1.5)
par(op)
```

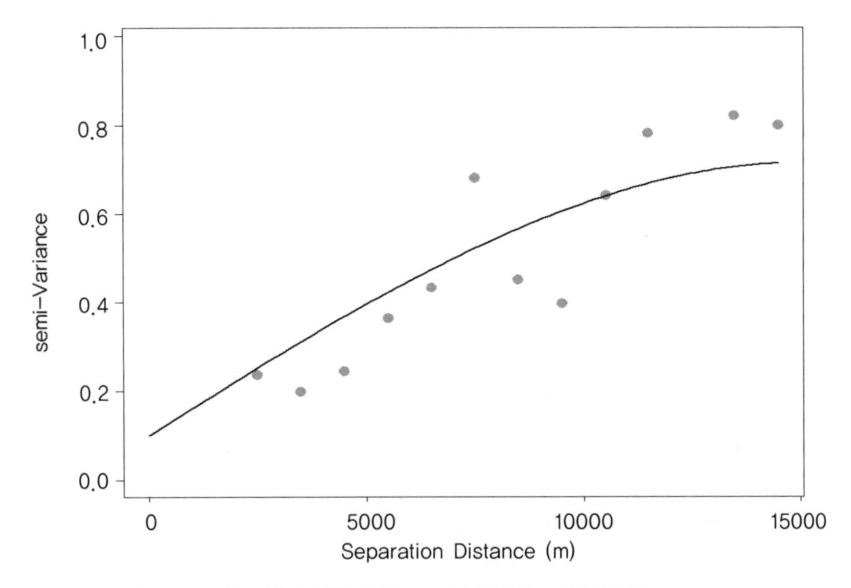

그림 4-13 구형모델에 적합시킨(fitted) 부산연안 수온자료의 Variogram

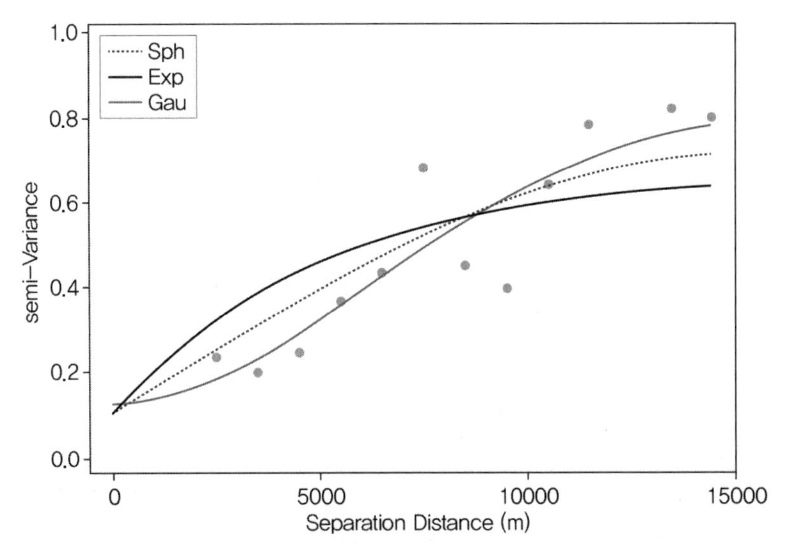

그림 4-14 구형모델, 지수모델, 가우스모델에 적합시킨 부산연안 수온자료의 Variogram

vge와 마찬가지로 'chapter_4_spatial_estimation_sub.R'에는 최적 모델 적합을 위한 사전 정의 함수 vgt도 있다. 사용법은 다음과 같다. 함수에 입력되는 ex_vgm 인자는 vge 함수로 계산된 객체이며, vgm_list는 'Sph', 'Exp', 'Gau' 함수를 문자로 입력한다. par0, lower, upper 인자는 각각 초기값 하한값, 상한값을 의미하며, 순서대로 Variogram 함수의 주요 매개변수인 b, C_0, a 매개변수를 의미한다. plot 인자를 TRUE로 설정하면 적합 결과를 바로 그림으로 보여준다.

```
# wrapped function
vg_fit <- vgt(ex_vgm = ex_vgm,
              vgm_list = list(vgm_s = "Sph"),
              par0 = c(0.5, 0.5, 5000),
              lower = c(0.1, 0.1, 5000),
              upper = c(1, 2, 15000),
              plot = TRUE)
```

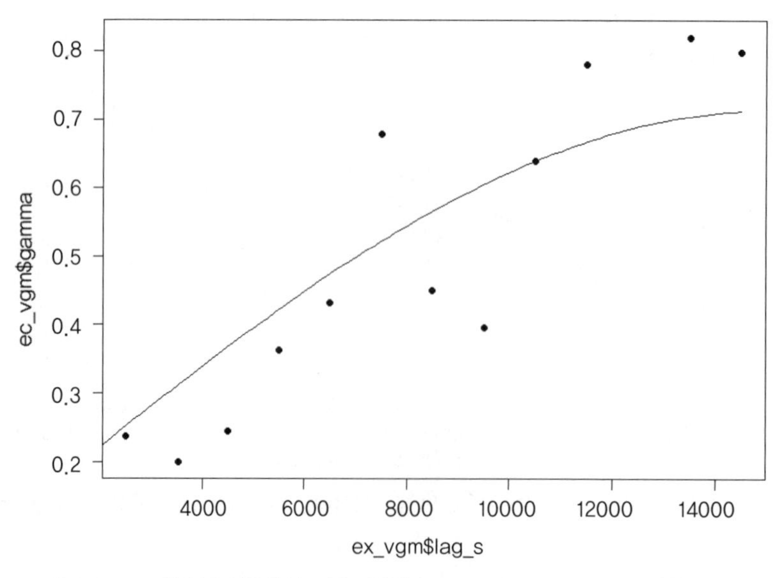

그림 4-15 vgt 함수를 이용하여 구형모델에 Empirical Variogram을 적합한 결과

다음으로, 적합 결과를 토대로 실제 Kriging 기법에 사용할 모델을 결정한다. 오차제곱합을 기준으로 구형 모델이 가장 좋은 결과를 보이므로 Variogram 모델은 구형 모델을 선택한다.

```
sph_err <- Sph(d = ex_vgm$lag_s, gamma = ex_vgm$gamma,
              pars = vg_f_sph$par, return = "error")
exp_err <- Exp(d = ex_vgm$lag_s, gamma = ex_vgm$gamma,
              pars = vg_f_sph$par, return = "error")
gau_err <- Gau(d = ex_vgm$lag_s, gamma = ex_vgm$gamma,
              pars = vg_f_sph$par, return = "error")

# 오차제곱합
sph_err
# [1] 0.1482615
exp_err
# [1] 0.2745978
gau_err
# [1] 0.1741948
```

4.3.4 Kriging

Variogram 모델링 결과를 이용하여 계산 대상 격자점에서의 값을 추정하는 과정은 다음과 같다. 앞서 다룬 idw 예제와 계산의 흐름은 같으며, Variogram 모델링 과정이 추가되고 krige 함수를 사용한다는 점이 다르다. Kriging 기법의 특성에 따라 SK 기법이나 OK 기법의 경우 관측점에서는 정확히 관측값과 같거나 작은 값이 재현되는 특징이 있으며, Universal Kriging(UK) 기법의 경우 관측값보다 큰 값이 계산될 수도 있으므로 해석에 주의를 요한다.

또한 IDW 기법과 비교하여 Kriging 기법의 가장 큰 특징이자 차이점은 추정값의 상대적인 오차를 함께 제공한다는 점이다. krige 함수는 계산 과정에서 추정값뿐만 아니라 Kriging 오차 분산식을 이용하여 추정오차를 함께 저장한다. res_df_kriging 객체의 구조를 확인하면 est_var 열이 추가되어 있다.

EXERCISE KOEM 부산연안 자료를 이용한 Kriging

- 사용 자료: KOEM_Busan_202208.csv
- 코드 파일: chapter_4_kriging_application.R

```
# 필요한 경우, 앞서 수행한 코드를 수행하여 자료, 함수 불러오기 및 객체 생성
source("chapter_4_coordinate_transform.R")
source("chapter_4_spatial_estimation_sub.R")
source("chapter_4_variogram_functions.R")

# 이하 과정은 일부 함수를 제외하고 idw와 같음

# 보간 대상 관측자료 정의
sample_2d <- obs_surface[, c("x", "y", "water_temperature")]

# 좌표 scaling 및 복원을 위한 객체 저장
coord_var_names <- c("x", "y")
min_x <- min(sample_2d$x)
max_x <- max(sample_2d$x)
min_y <- min(sample_2d$y)
max_y <- max(sample_2d$y)
range_x <- max(sample_2d$x) - min(sample_2d$x)
range_y <- max(sample_2d$y) - min(sample_2d$y)
sample_2d[, coord_var_names] <- apply(
  sample_2d[, coord_var_names],
  2,
  scale_minmax
)

# 추정 대상 좌표도 scaling
target_grid <- target_grid_utm[!intersect_points,]
colnames(target_grid) <- c("x", "y")
target_coord <- data.frame(x = (target_grid$x - min_x)/(range_x),
                           y = (target_grid$y-min_y)/(range_y))

# vge 함수를 이용하여 Empirical variogram 계산
ex_vgm <- vge(xi = sample_2d, s_var = 1:2, val = 3, valid_n = 3,
              max_range = 1, lag_buffer = 0.1, overlap_factor = 2,
              plot = TRUE)
# 그림 생략

# vgt 함수를 이용하여 Empirical variogram을 구형 모델에 적합
```

```
vg_fit <- vgt(ex_vgm = ex_vgm,
              vgm_list = list(vgm_s = "Sph"),
              par0 = c(0.5, 0.5, 0.5),
              lower = c(0.1, 0.1, 0.1),
              upper = c(1, 2, 1.5),
              plot = TRUE)
# 그림 생략

# 사전 정의된 krige 함수를 이용하여 대상 지점의 수온 추정
krige_2d_res <- krige(xi = sample_2d, x0 = target_coord,
                      coord = 1:2, val = 3,
                      vgm_model = "Sph",
                      vgm_options = list(vgm_s = "Sph",
                                         pars = vg_fit$par),
                      step_size = 10000,
                      n_cores = 8,
                      progress = T, silence = F)

# 결과를 data.frame으로 저장
res_df_kriging <- data.frame(target_grid, krige_2d_res)

# 결과 확인
str(res_df_kriging)
# 'data.frame':	157 obs. of  4 variables:
#  $ x      : num  500912 501824 502737 503649 504561 ...
#  $ y      : num  3876370 3876370 3876370 3876371 3876371 ...
#  $ est_val: num  24.3 24.2 24.2 24.2 24.1 ...
#  $ est_var: num  0.25 0.264 0.309 0.348 0.394 ...
```

다음은 계산 결과를 시각화하는 코드이다. 계산에 사용한 krige 함수는 유클리드 거리를 사용한다. 사전에 준비된 관측자료와 격자점의 좌표도 미터(m) 단위의 TM 좌표 체계로 변환하여 사용한 것이 그 이유이다. 시각화는 격자점의 추정값과 추정오차를 대상으로 한다.

```
# 시각화
colr <- colorRampPalette(rev(RColorBrewer::brewer.pal(11, 'RdYlBu')))
ext_res <- extent(res_df_kriging[,1:2])
bnd_raster <- raster(ext_res, ncol = 18, nrow = 14)

# 추정값 rasterize 및 시각화
res_raster <- rasterize(res_df_kriging[, 1:2],
                        bnd_raster,
                        res_df_kriging[, 3],
                        fun = mean)
plot(res_raster)
plot(st_geometry(coastline_utm), col = "gray80", add = T)
points(obs_surface[, c("x", "y")], pch = 16)
```

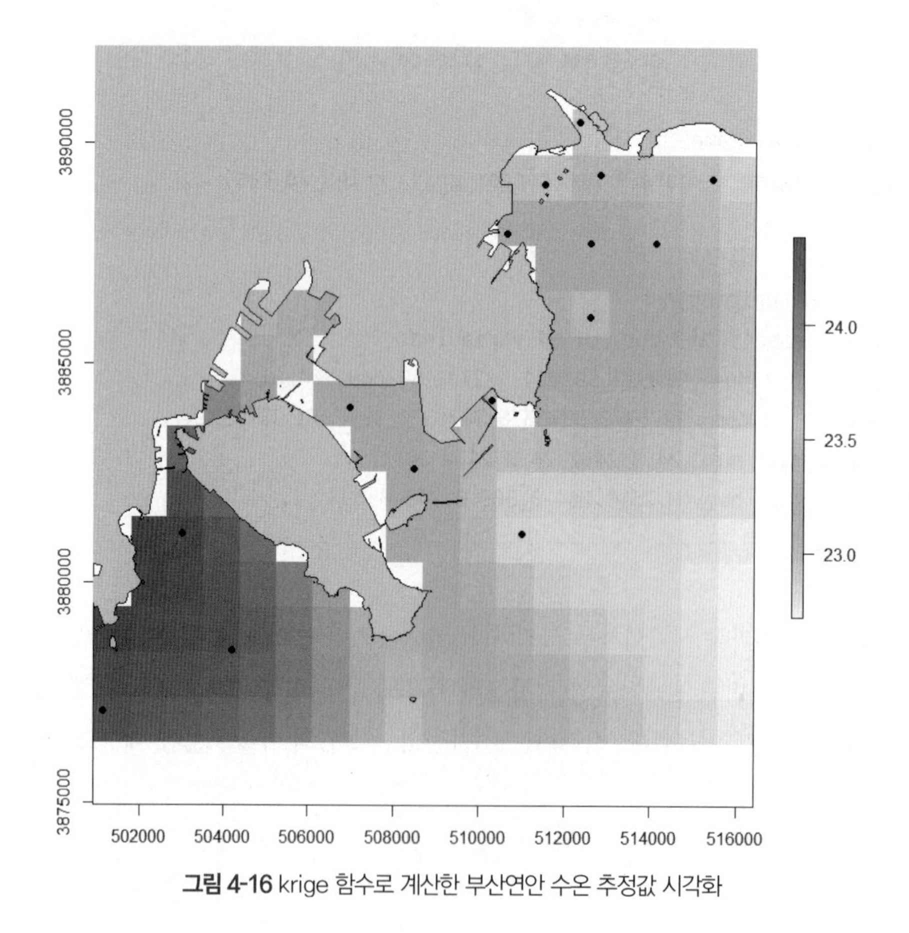

그림 4-16 krige 함수로 계산한 부산연안 수온 추정값 시각화

```
# 오차분산 rasterize 및 시각화
res_raster_var <- rasterize(res_df_kriging[, 1:2],
                            bnd_raster,
                            res_df_kriging[, 4],
                            fun = mean)
plot(res_raster_var)
plot(st_geometry(coastline_utm), col = "gray80", add = T)
points(obs_surface[, c("x", "y")], pch = 16)
```

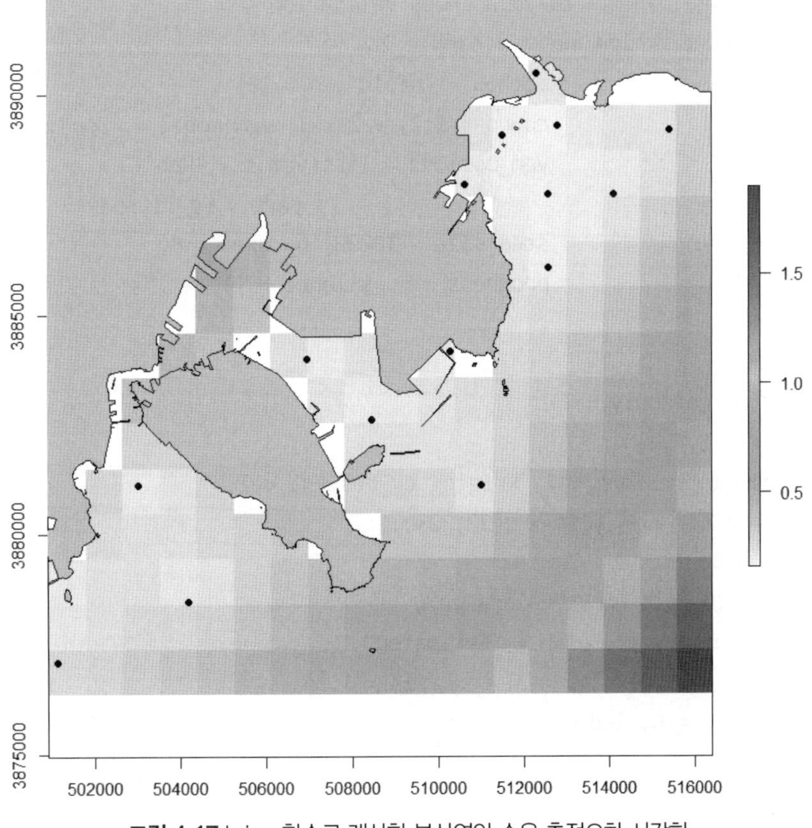

그림 4-17 krige 함수로 계산한 부산연안 수온 추정오차 시각화

공간 시각화를 통해 추정된 수온의 추정오차 분포를 확인한다. 관측 정점과 가까울수록 분산이 작아지는 경향을 확인할 수 있으며, 보간을 마친 후, 경우에 따라 자료 사용 시 불확도가 높은 격자의 값을 제외하는 것을 고려할 수 있다. 그렇지만 원칙적으로 보간은 관측된 정보의 convex hull 안쪽의 정보를 추정하는 기법임을 기억하자.

이후 과정 역시 마찬가지로, Kriging 결과에 대한 오차 평가를 수행한다. 사전 정의된 krige_cv 함수를 이용하여 10-fold cross validation을 수행한다. Variogram은 추정에 사용한 모델을 그대로 사용한다.

```
# krige_cv 함수를 이용하여 10-fold cross validation 수행
kriging_cv_res <- krige_cv(xi = sample_2d,
                           method = "nfold", n = 10,
                           coord = 1:2, val = 3, vgm_model = "Sph",
                           vgm_options = list(vgm_s = "Sph",
                                              pars = vg_fit$par),
                           step_size = 10000, n_cores = 8,
                           progress = F, silence = T)

# 결과 시각화
op  <- par(no.readonly = T)
par(mar = c(5,5,4,2))
plot(kriging_cv_res$org_val, kriging_cv_res$est_val,
     xlim = c(22, 25), ylim = c(22, 25),
     pch = 16,
     main = "10-fold Cross Validated",
     xlab = "Observed", ylab = "Estimated",
     cex.main = 2, cex.lab = 2, cex.axis = 1.5)
abline(b = 1, a = 0, lwd = 2)
par(op)

# 평균제곱근편차 확인
sqrt(mean((kriging_cv_res$org_val - kriging_cv_res$est_val)^2))
```

Kriging 기법을 이용한 보간 결과는 RMSE 기준으로 IDW 방법과는 큰 차이를 보이지 않았다. 그렇지만 미지의 관측지점에 대한 추정오차가 제공된다는 점과 IDW에서 나타나는 bull's eye effect가 없다는 점에서 활용성이 좋다고 할 수 있다. 무엇보다 자료의 공간상관 구조를 활용한다는 점에서 통계적 추정에 대한 이론적 근거가 명확하다는 것이 장점이다.

반면, 앞서 예제로 다룬 연산 과정에서 알 수 있듯 Variogram 모델링이라는 절차가 추가되며, 이 과정이 현장 관측자료를 활용할 때 항상 매끄럽게 처리되지는 않는다는 점을 항상 염두에 두어야 한다. 또한 별도의 기술적 처리가 없을 때 n개의 관측치가 존재하면, n^2 크기의 행렬의 역행렬을 구해야 하는데, 이 과정의 연산 부담이 매우 크다. 역행렬 계산 이후에도 별도의 제한이 없다면 격자점 1점을 추정하는데 모든 관측점의 가중결합으로 계산하므로 이 또한 부담이 많은 작업이다. gstat 라이브러리의 경우, 제한된 수의 인접 자료만을 활용하여 연산량을 줄이는 방식을 채택하고 있다. 자세한 내용은 gstat 라이브러리의 매뉴얼을 참조하기 바란다.

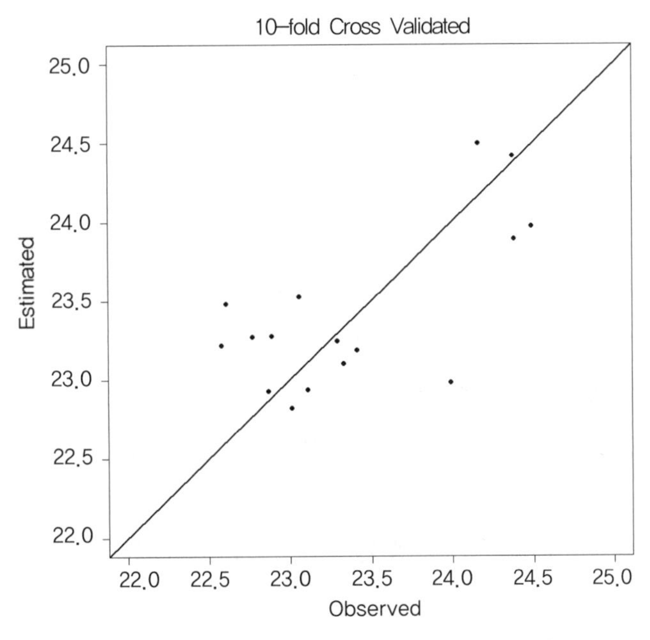

그림 4-18 Kriging 모델의 10-fold 교차검증 결과

4.4 공간자료 시각화

공간자료는 공간적인 특성변화가 연속적으로 변화하는 변수 속성을 감안하면 관측 정점 정보만으로는 공간분포의 시각적인 표현에 한계가 있다. 관측정점에 정보를 표현하는 불연속적인 시각적 도시기법도 어느 정도의 분포 파악에는 유용하나, 공간적인 변화 양상을 연속적으로 표현하는 등치선(contour) 가시화 기법이 대표적인 표현 방법이다. 등치선 정보는 평면으로 표현하기 때문에, 등치선의 간격으로 변화 양상을 파악할 수 있다. 그러나 (x, y, z) 형태, 즉 평면 공간좌표에서의 크기를 표현하는 수치정보라면 3차원 perspective 도시기법도 유용하게 널리 이용된다. 이러한 도시기법을 지원하는 정보는 관측에서 얻어지는 공간자료가 아니라, 이 자료를 이용하여 추정되는 격자 공간정보이다. 격자 공간정보를 추정하는 과정은 4.3절에서 설명한 내용과 동일하다. 가시화 기법은 과학적인 정보를 시각적으로 이해시키는 것이 목적이기 때문에 대상이 되는 정보의 변화 양상을 가장 적절하게 파악하는 시각적 표현방식 등에 대한 지식이 요구된다. 그 몇 가지를 설명한다. 시각화는 예술(art)영역이라고도 하지만, 과학적인 정보 시각화는 예술적인 난해함, 심오함보다는 과학적인 공간정보의 변화 양상을 이해하는 최적의 시간, 배치, 색상 등을 조합하는 최적화된 표현예술에 가치를 두어야 한다.

4.4.1 격자 정보의 시각화

격자형 자료는 넓은 범위의 공간을 빈틈없이 표현하기 위해 적합한 자료이다. 많은 해양자료 중 수치모델 또는 위성 관측자료가 여기에 해당한다. 우리가 일반적으로 접하는 사진, 이미지 정보를 표현할 때 일반적으로 사용되는 자료 형식은 raster이다. raster는 근본적으로 행렬 형태이며, 프로그램에서 활용할 때에도 클래스 호환성이 좋다는 점에서 수치모델 자료 표현에도 적합하다. 앞서 공간추정 결과의 시각화에서도 raster 라이브러리의 기능을 사용했다. 여기서는 앞서 다룬 raster 라이브러리의 대표적인 기능과 기본 제공되는 graphics 라이브러리의 image 함수, 그리고 다양한 시각화에 많이 사용되는 ggplot2 라이브러리를 이용하여 격자 정보를 시각화하는 방법을 다룬다.

먼저, raster 라이브러리를 이용한 방법이다. 격자 자료는 미국해양대기청(NOAA)에서 제공하는 ETOPO 2022 자료를 사용한다. 자료는 다음 URL을 통해 격자형 지형자료를 다운로드받을 수 있다. ETOPO 자료는 해양 연구에서 관측지점의 수심과 같이 자료의 기본적인 배경을 표현하는 데 유용한 자료이다.

ETOPO Global Relief Model Grid Extract:

https://www.ncei.noaa.gov/maps/grid-extract/ (검색일: 2023. 12. 04.)

여기서는 미리 다운로드 받은 우리나라 주변 지형자료를 사용한다. 자료는 용량을 줄이기 위해 aggregate 함수를 이용해 경도, 위도 각각 1/10 해상도로 조정했다(10*10 격자 평균 사용). etopo_raster 객체의 정보를 출력하면 격자 크기와 해상도, 공간 영역과 투영정보, 그리고 격자에 할당된 값의 최솟값, 최댓값이 표출된다.

EXERCISE ETOPO 2022 자료를 이용한 우리나라 주변 지형자료 시각화

- 사용 자료: ETOPO_kr.tiff
- 코드 파일: chapter_4_grid_data_visualization.R

```
# raster 함수를 이용하여 tiff 형식의 격자자료 읽기
library(raster)
etopo_raster <- raster("../data/ETOPO_kr.tiff")

# raster 객체를 행렬로 변환
etopo_mat <- as.matrix(etopo_raster)

# 객체 class 확인
class(etopo_raster)
class(etopo_mat)

etopo_raster
# class      : RasterLayer
# dimensions : 322, 285, 91770  (nrow, ncol, ncell)
# resolution : 0.04166665, 0.04166665  (x, y)
# extent     : 121.4792, 133.3542, 30.71667, 44.13333  (xmin, xmax, ymin, ymax)
# crs        : +proj=longlat +datum=WGS84 +no_defs
# source     : ETOPO_kr.tiff
# names      : ETOPO_kr
# values     : -4910.067, 2398.341  (min, max)
```

R에서 raster 객체의 가장 편리한 점 중 하나는 plot과 같은 기본함수와 호환이 매우 잘 된다는 것이다. 우선 raster 객체로 만들기만 하면 객체지향 언어의 특성인 method를 이용해 raster 객체에 맞는 generic 함수를 실행한다.

TIP — R의 method와 generic 함수

객체지향 언어의 특징 중 하나는 class와 method의 활용이다. 깊이 들어가면 조금 어려운 응용 기술도 많지만 간단하게 설명하면 같은 함수가 class에 따라 다르게 작동한다는 의미이다. 앞서 시계열 모델 등에서 plot 함수는 plot(x, y, …)과 같이 x, y 2개의 축에 투영되는 자료를 산점도 형식으로 보여준다(시계열 자료는 라인으로 보이지만 근본적으로 자료를 2차원 공간에 뿌리는 것과 같다).
plot 함수의 method를 methods("plot")으로 확인해보면, plot.xxx와 같이 매우 다양한 plot 함수의 작동방식이 있음을 볼 수 있다. raster 객체에 작동하는 method는 plot, Raster, Raster-method로 정의되어 있으며 ?"plot, Raster, Raster-method" 명령어로 매뉴얼을 호출하면 기본 plot 함수와 다른 페이지가 나온다.

```
# plot 함수를 이용한 기본 시각화
plot(etopo_raster)
```

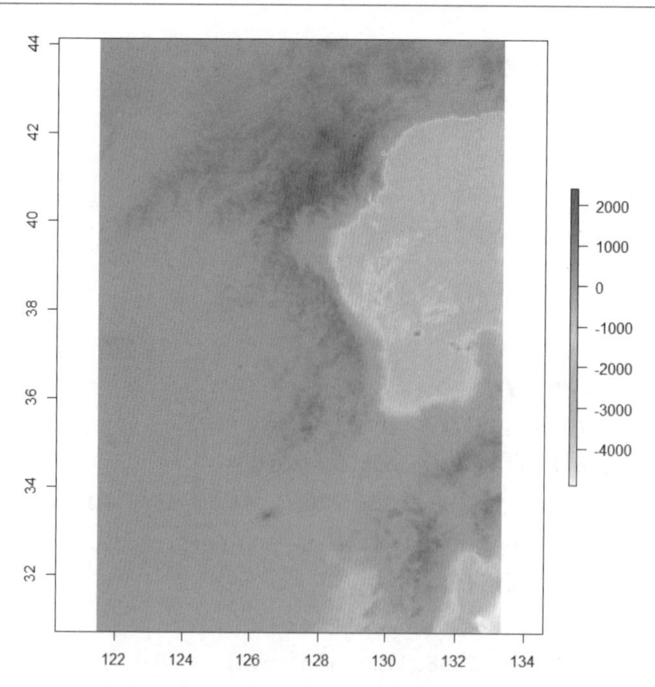

그림 4-19 raster 객체로 만든 우리나라 주변 지형의 시각화

공간정보가 함께 저장되는 raster 이전에, 기본행렬을 시각화하는 함수로 image가 있다. image 함수는 x, y, z 형태 또는 행렬 형태의 z 값을 단독으로 입력하면 된다. 공간정보 객체인 raster와 달리 행렬은 수학적인 관점에서 인식되므로 자료의 시작점이 다르다. 수학적인 표현으로는 좌측 하단이 원점(좌표로는 [1,1])이기 때문에 상대좌표로 표현하는 image 함수에서는 북서쪽 끝의 자료가 원점에 배정되고, 행을 우선으로 인식하는 table 자료의 특성에 따라 자료의 나열 순서는 북서쪽 끝 자료에서 남쪽 방향을 우선으로 읽는다. image 함수에서는 x 방향이 우선이기 때문에 결과적으로 반시계 방향으로 90° 회전한 형태로 그려진다. 우리가 흔히 보는 북쪽 기준의 지형도는 아래 코드와 같이 회전시켜 표현한다.

```
# image 함수를 이용한 행렬 시각화
image(etopo_mat)

# 행렬과 이미지의 자료 나열 순서 차이로 인한 행렬 회전
etopo_mat_t <- t(apply(etopo_mat, 2, rev))
image(etopo_mat_t)
```

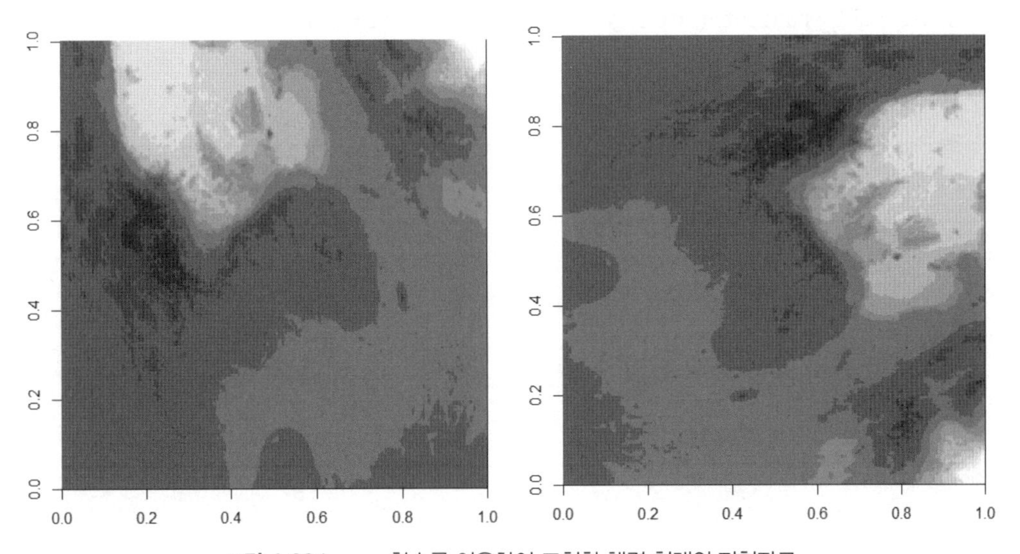

그림 4-20 image 함수를 이용하여 표현한 행렬 형태의 지형자료

ggplot2 라이브러리는 R 언어에서 거의 모든 시각화가 가능한 라이브러리이며, 공간정보 역시 ggplot2를 이용하여 시각화할 수 있다. 다만, 행렬 정보를 ggplot2로 표현할 때에는 reshape2 라이브러리의 melt 함수를 이용해서 자료 형태를 변환해 주어야 한다. 이후 geom_raster 함수로 이미지 표현 방식을 raster로 정해주고 축 및 색 표현 옵션을 설정해 준다. ggplot은 레이어 개념의 표현 방식이 특징이며, + 연산자를 이용해 필요한 정보들을 공유하는 좌표에 함께 올려 표현한다.

```
# reshape을 이용한 자료 형태 변환
library(reshape2)
etopo_melt <- melt(etopo_mat_t)
names(etopo_melt) <- c("x", "y", "z")

# ggplot을 이용한 시각화
library(ggplot2)
ggplot(etopo_melt, aes(x, y, fill = z)) +
  geom_raster() +
  coord_equal() +
  scale_fill_gradientn(colours = terrain.colors(10)) +
  theme_bw() +
  theme(panel.grid = element_blank())
```

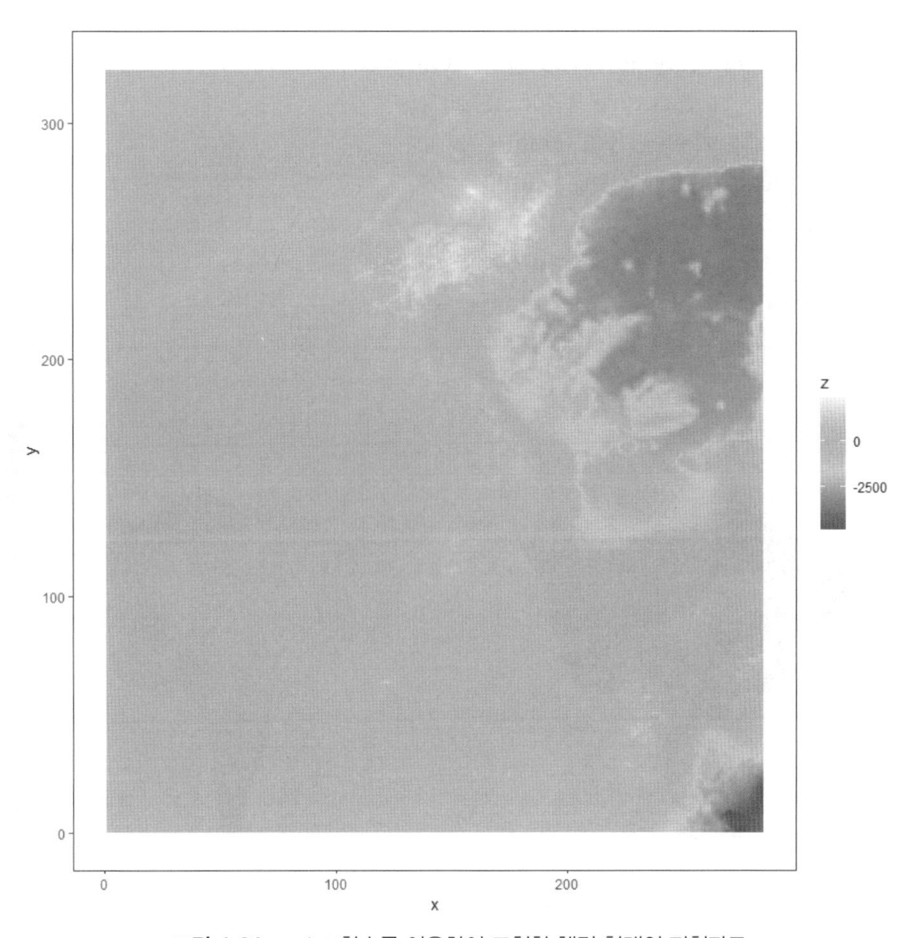

그림 4-21 ggplot 함수를 이용하여 표현한 행렬 형태의 지형자료

한편 x, y 좌표와 함께 관측값인 z를 갖는 보통의 공간정보는, 3차원 공간상에 표현할 수도 있다. 이는 색의 변화만으로 자료 변화 특성을 직관적으로 표현하는 데에 한계가 있거나, 색맹과 같은 특수한 상황에 대처하기 위해 선택할 수 있는 적절한 방법이다. 기본 graphics 라이브러리와 3차원 시각화에 많이 사용하는 라이브러리인 plot3D 라이브러리를 이용하는 코드는 다음과 같다. persp3D는 persp와 비교하여 작동 방식의 차이보다는 기본 제공 함수에서 색상 등 여러 옵션을 조금 더 보기 좋게 설정해 놓았다.

```
# 기본 graphics 라이브러리의 persp 함수를 이용한 3D data 시각화
persp(etopo_mat_t, ticktype = "detailed",
     xlab = "x", ylab = "y", zlab = "z")
# 3D data vidualization using plot3D
library(plot3D)
persp3D(z = etopo_mat_t, ticktype = "detailed",
       xlab = "x", ylab = "y", zlab = "z")
```

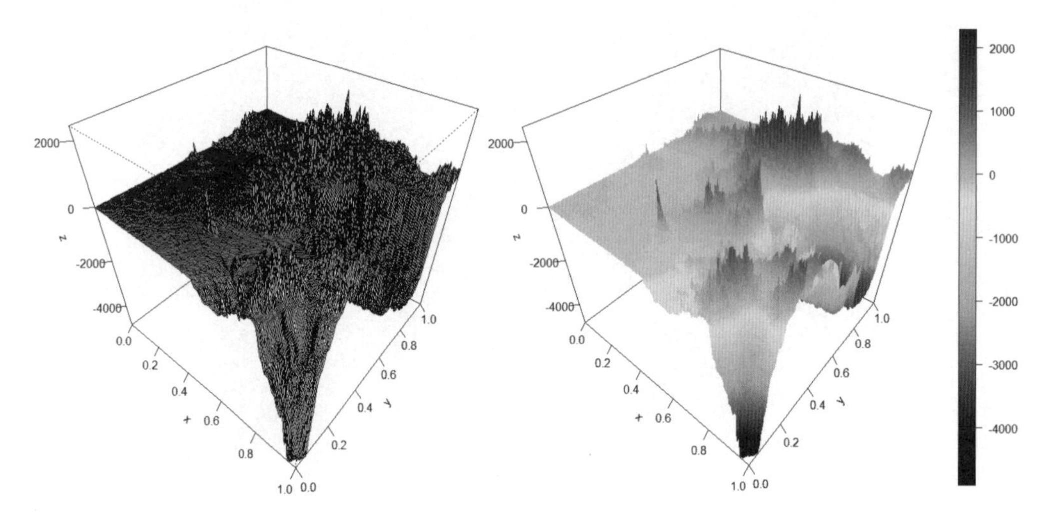

그림 4-22 graphics 라이브러리의 persp 함수와 plot3D 라이브러리의 persp3D 함수를 이용해 표현한 행렬 형태의 지형자료

```
# 필요한 라이브러리 불러오기
library(rayshader)
library(ggplot2)
library(viridis)
library(tidyverse)

# ggplot 객체로 저장: plot_gg 함수에 입력
etopo_3d <- ggplot(etopo_melt, aes(x, y, fill = z)) +
  geom_raster() +
  coord_equal() +
  scale_fill_gradientn(colours = terrain.colors(10)) +
```

```
  theme_bw() +
  theme(panel.grid = element_blank())

# rayshader 라이브러리의 plot_gg 함수를 이용한 3D data 시각화
plot_gg(etopo_3d, multicore = TRUE, height = 5, width = 6, scale = 300)
```

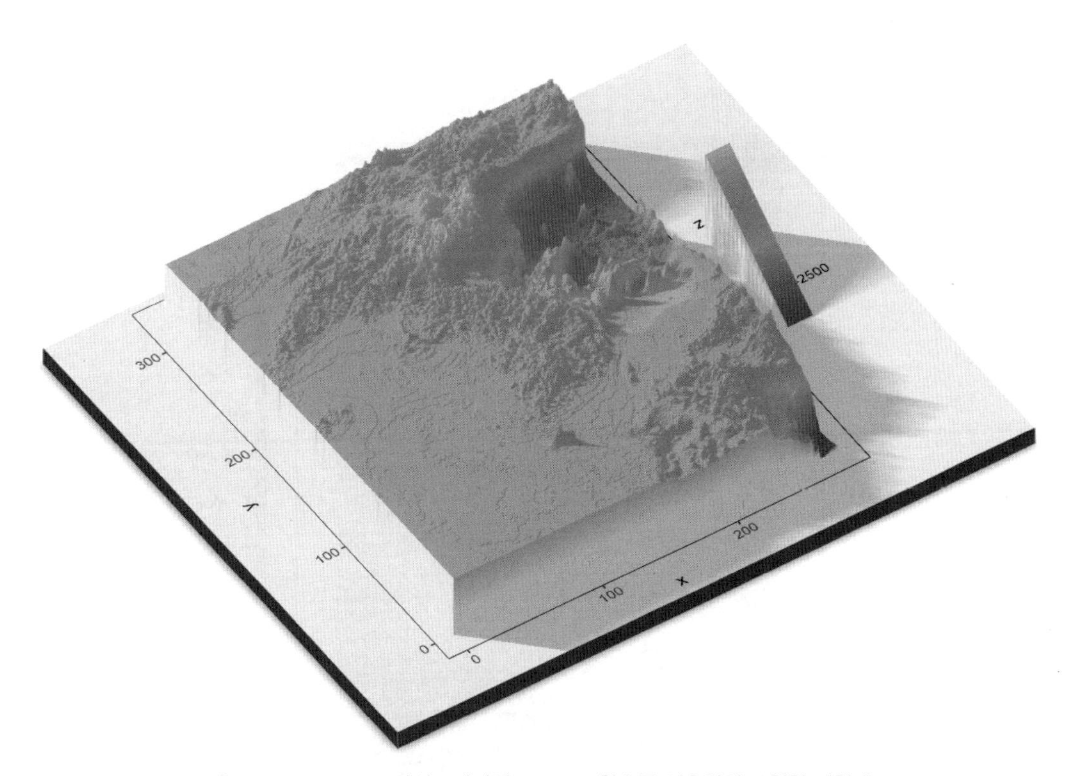

그림 4-23 rayshader 라이브러리의 plot_gg 함수를 이용하여 표현한 지형자료

4.4.2 등치선 표현

격자형 자료의 시각화와 함께 유용하게 사용하는 기능이 등치선이다. raster 객체는 plot 함수와 같이 contour 함수를 이용하여 간단하게 시각화할 수 있다. plot 함수를 먼저 그리고 points, lines 함수를 이용해 점과 선을 같은 좌표평면에 그리듯, contour 함수도 기본 plot 함수 위에 함께 그릴 수 있다. add 옵션을 TRUE로 설정하면, 축 정보 등 부가 정보는 새로 그리지 않고, 기존 그림 위에 등치선을 그린다. nlevels 옵션을 통해 최솟값부터 최댓값까지 몇 단계

로 등치선을 그릴 것인지 정한다. 등치선의 색상도 알맞게 조절할 수 있다.

```
# raster 정보를 이용한 등치선 시각화
plot(etopo_raster)
contour(etopo_raster, add = TRUE, nlevels = 20, col = "gray50")
contour(etopo_raster, add = TRUE, nlevels = 10, col = "white")
```

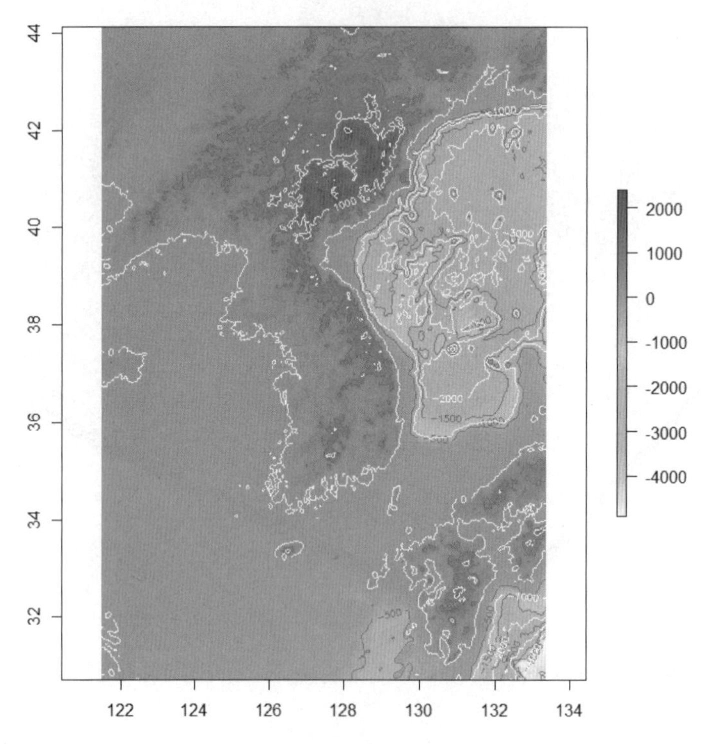

그림 4-24 plot 함수를 이용한 raster 객체의 시각화 결과에 contour 함수를 이용하여 10, 20단계의 등치선을 겹쳐 그린 결과

등치선도 ggplot 함수를 이용해 그릴 수 있으며, 이때에는 geom_contour 함수를 사용한다.

```
# ggplot을 이용한 시각화
ggplot(etopo_melt, aes(x, y, fill = z)) +
  geom_raster() +
  geom_contour(aes(z = z), colour = "white") +
  coord_equal() +
  scale_fill_gradientn(colours = terrain.colors(10)) +
  theme_bw() +
  theme(panel.grid = element_blank())
```

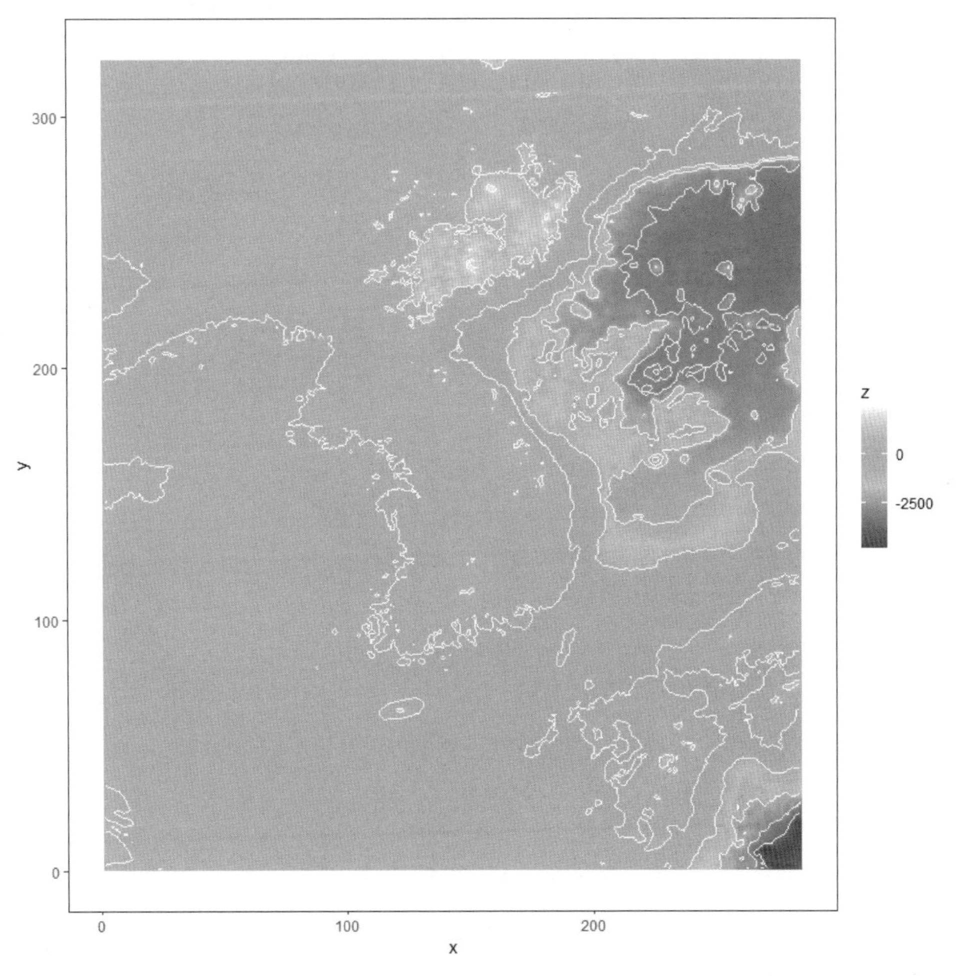

그림 4-25 ggplot을 이용하여 지형정보와 등치선을 함께 그린 결과

다변량 분석

C·H·A·P·T·E·R

05 다변량 분석(Multi-Variate Analysis)

5.1 다변량 관측자료의 유형

다변량 자료는 어떤 자료인가?

다변량 자료는 관측변수가 2개 이상인 자료를 의미한다. 일반적으로 해양에서 수행하는 관측은 장비 설치(계류)와 유지관리, 운영으로 과도한 고정비용이 요구되기 때문에, 하나의 관측 데이터 항목에 따른 비용을 줄이려는 목적으로 가능한 많은 개수의 인자를 관측한다. 따라서 정점/정선 또는 일정한 공간범위로 정의되는 해역에서 수행되는 관측은 하나의 항목에 집중되는 경우보다는, 다수의 항목을 대상으로 데이터를 생산하는 경우가 대부분이다. 정점 관측의 경우에는 시간변화 데이터 형태를 유지하며, 시간에 따라 변화하는 다수의 관측 항목으로 구성된다. 일반적으로 행렬 형태로 표현하며, 하나의 정점에서 (자료 개수) × (관측 변수 개수) 크기를 가지는 데이터 세트로 간주된다. 공간분포 자료의 경우에도, 일시적인 관측을 제외하고는 정기적으로 관측하는 경우가 빈번하기 때문에 정점을 모두 포함하거나 각각의 정점을 대상으로 행렬 형태 구조로 표현된다. 하나의 영역에서 다수의 정점에서 다수의 항목을 관측하는 경우가 일반적이고, 단위 데이터의 크기는 관측시점을 중심으로 (정점 개수) × (관측 변수 개수) 크기를 가진다.

기상청 해양부이 자료의 경우, 하나의 정점에서 바람, 파랑, 기본 기상정보 등을 포함하는 대표적인 다변량 자료이다. 국립수산과학원 정선 관측자료도 연 6회 영양염류 항목, 동물플랑크톤 항목으로 구성되는 다변량 자료이다. 해양환경공단 해양환경 네트워크 자료도 연 4회,

우리나라 연안 375개 정점에서 표층-저층 15개 항목의 환경인자를 관측하고 있으며, 대표적인 다변량 자료라 할 수 있다. 일시적으로 조사하는 전국 환경-생태계 조사 자료는 어떤 특정 시점, 특정 해역에서의 다수의 환경-생물 자료로 구성되는 다변량 자료이다. 다변량 자료는 분석이 매우 어려운 부분이 있으나, 대부분의 해양 관측 데이터가 다변량 자료로 구성되어 있기 때문에, 매우 일반적인 자료 형태로 자리를 잡아가고 있다.

그렇다면 다변량 자료 해석을 수행하는 목적과 얻고자 하는 대표적인 정보는 무엇인가?

다변량 자료의 해석은 기본적으로 해석하고자 하는 어떤 정점, 시점에서 얻어지는 모든 변수의 상관 또는 연관(correlation 또는 association) 분석에 중점을 두고 수행된다. 그 분석을 다시 분류하면, 모든 변수를 독립이라고 가정하고 분석하는 경우와 변수를 독립변수와 종속 변수로 구분하여 분석하는 경우로 양분된다. 변수의 독립-종속 관계를 기준으로 하는 경우, 대표적인 다변량 해석 기법은 다음과 같이 구분된다. 다변량 분석에서는 수치자료와 더불어 범주 자료도 포함되는 경우가 빈번하기 때문에 수치자료, 범주 자료를 모두 포함하는 분석으로 다루는 변수의 범위를 확장할 필요가 있다.

표 5-1 다변량 데이터 분석 기법의 분류

다변량 모두 독립을 가정 (상관관계)	다변량을 독립변수와 종속변수로 구분 (인과관계)
• 수치변수(양적변수), 범주변수 • 분류: cluster analysis • PCA, 요인분석, (정준) 상관분석 • proximity, 다차원 척도분석(MDS) • 대응분석(범주-PCA)	• 다중(선형, logistic) 회귀분석 • 분류: 판별 분석(discriminant) • 중복분석 • (정준) 대응분석(범주자료) • Detrended CA • Multiple ANOVA
classification	regression

그러나 다변량 분석의 기본 방향은 변수가 다수이기 때문에 변수의 개수에 해당하는 매우 어렵고, 복잡한 다차원(multi-dimension) 분석으로 간주된다. 다차원 분석은 매우 복잡하고 직관적인 이해하가 매우 어렵기 때문에, 가능하면 단순하게 차원을 줄여서 설명할 수 있는 방법이 요구된다. 따라서 차원 축소(dimension reduction)가 핵심 개념이며, 목표이다. 다변량 분석이 공통적으로 바라보는 목표라고도 할 수 있다. 차원 축소는 변수의 조합으로 수행한다.

해양 연구 분야로 한정하는 경우에도, 다변량 분석의 목표는 모든 관측 변수를 이용하여 해양 환경 또는 생태 특성의 변화 양상을 파악하는 것이다. 그러나 실질적으로 모든 변수 하나하나를 대상으로 그 변화 양상을 파악한다는 것은 서로 다른 변수간의 가능한 조합 개수가 방대하기 때문에 모든 조합을 해석하는 것은 거의 불가능하다. 따라서 어느 정도의 한계는 있을지라도 변수의 조합, 생략 등의 과정을 거쳐 조금 더 간단하게 축소된 변수 차원에서 해석하고자 하는 것이 핵심 내용이다.

5.2 다변량 상관분석

상관관계 분석은 다변량 자료의 탐색적 자료 분석(Exploratory Data Analysis, EDA) 과정에서 필수적인 과정이다. 상관분석은 다변량 분석을 시작하면서 자료 품질 검토 이후 가장 먼저 수행하게 되는 과정으로, 상관행렬 자체로도 의미 있는 정보가 될 수 있고 분석 대상 변수선택과 회귀모형의 다중공선성(multi-collinearity) 판단 등 많은 정보를 제공한다. 다변량 상관분석은 서로 다른 변수의 상관계수를 추정하는 과정이다. 따라서 변수의 개수가 m개인 경우에는 상관계수 추정 경우의 수는 $m(m-1)/2$개가 된다. 다변량 자료의 경우에는 상관계수 추정 조합 개수가 증가할 수 있기 때문에 적절한 그래픽과 수치를 조합하여 제시하는 방법이 효율적이다. 이상의 과정은 R 프로그램에서 corrplot 라이브러리의 corrplot 함수를 이용하여 간단하게 수행할 수 있다.

Step 1: 다변량 자료의 상관계수 행렬을 계산한다.

Step 2: 그 상관행렬을 다중 상관행렬 그림으로 출력한다.

EXERCISE KOEM 부산연안 자료를 이용한 다변량 상관분석

- 사용 자료: KOEM_BK1417.csv
- 코드 파일: chapter_5_multi_variate_correlation.R

```
# 필요한 라이브러리 불러오기
library(corrplot)
```

```
# 자료를 읽고 구조 확인
idata <- read.csv("../data/KOEM_BK1417.csv")
str(idata)

# 열 이름 변경
vdata <- as.data.frame(idata[, 8:18])
cstr <- c("SD", "WT.S", "WT.B", "S.S", "S.B", "pH.S", "pH.B",
          "DO.S", "DO.B", "COD.S", "COD.B")
colnames(vdata) <- cstr

# 상관행렬 계산 및 시각화
cmat <- cor(vdata, method="spearman")
corrplot(cmat)
corrplot.mixed(cmat, lower="circle", upper="number")
```

전체 39개의 요인변수, 관측변수에서 표층, 저층을 구분하여 수온, 염분, pH, DO, COD 항목과 투명도(Secchi depth), 총 11개 항목을 추출하여 다변량 상관분석을 수행하였다. 상관계수의 크기는 원의 크기와 색상 변화로 표시하였으며, 다른 옵션을 추가하여 수치도 포함하는 다변량 상관도를 그리는 작업을 수행했다. 코드를 실행하여 그린 그림에서 보면 수질 항목 간의 상관계수와 그 크기를 명확하고, 간단하게 파악할 수 있다. 상관도에 표시되는 상관계수는 사전에 계산된 상관계수 행렬을 이용하기 때문에, 상관계수 행렬 계산에서 Pearson 상관계수뿐만 아니라, Spearman, Kendall 순위상관계수 행렬을 이용할 수도 있다.

예제에서는 Spearman 상관계수 행렬을 이용한 다중 상관계수 도시 결과를 보여주고 있다. 다변량이기 때문에 모든 항목을 포함하여 다변량 상관도를 그릴 수도 있으나, 실질적으로 가시적으로 적절한 수준의 그림은 변수항목 개수를 10~12개 정도로 제한할 필요가 있다. 또한 변수 이름이 그림으로 표시되기 때문에, 그 이름이 길어지는 경우에는 문자가 중복될 수 있다. 따라서 변수 이름은 3~4개 이내의 코드 문자로 사전에 지정하고, 자세한 변수 정보는 별도의 테이블로 정리하는 것이 효과적이고 효율적인 선택이다. 상관계수 해석은 제2장의 상관계수 해석 내용을 참고한다.

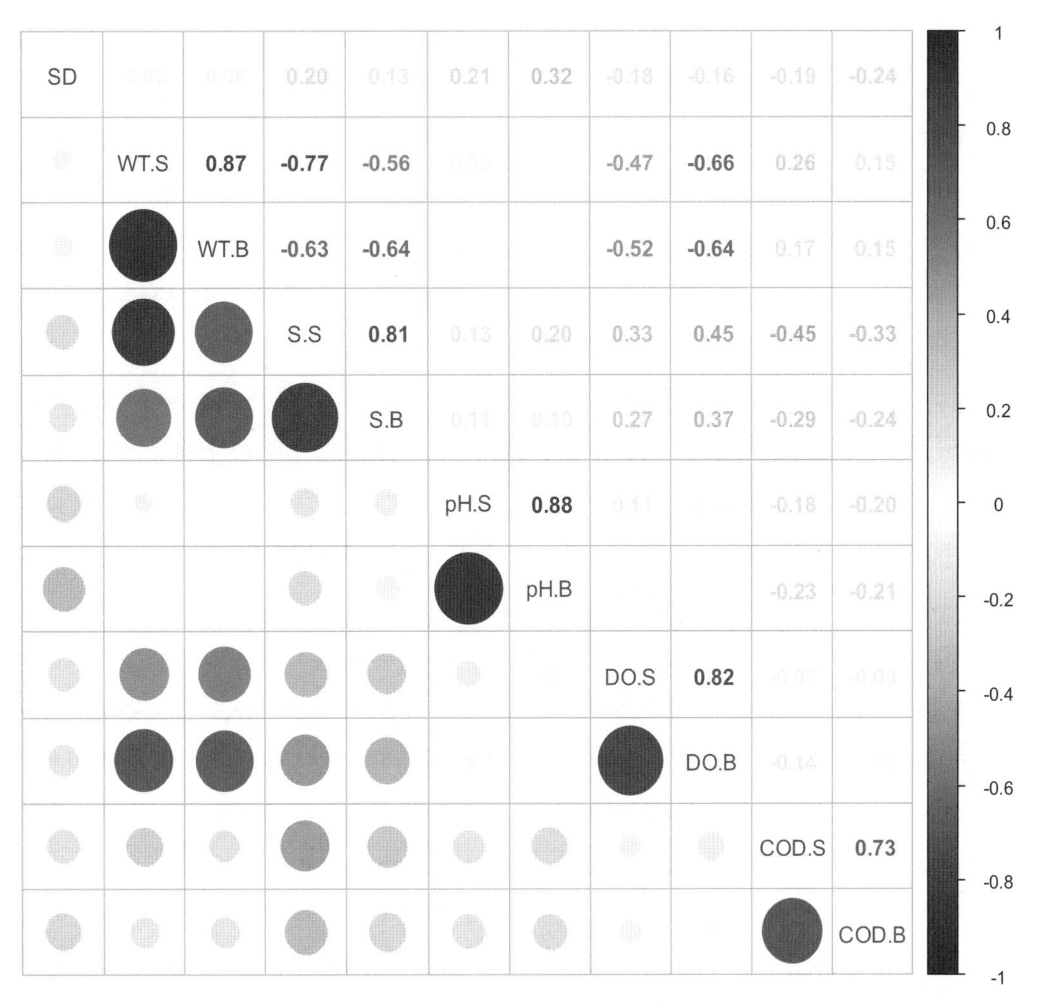

그림 5-1 corrplot 함수를 이용한 상관행렬 시각화

5.3 주성분 분석(Principal Component Analysis)

주성분 분석의 이론적인 배경은 전체 변수의 분산을 가장 크게 만드는 투영성분의 축, 변수의 선형조합으로 생성되는 새로운 변수를 의미하는 축을 크기 순서대로 순차적으로 추정하는 방법이다. 다차원 영역에서 투영 분산 범위를 최대로 하는 축과 그 크기를 추정하는 수학적인 문제의 답이 변수 상관계수 행렬의 고유벡터와 고유값을 구하는 문제의 답과 동일하기 때문에 투영과정은 고유값을 구하는 문제로 변환된다. 이 경우, 전체 자료의 분산은 고유

값(eigen-value)과 그에 해당하는 고유벡터(eigen-vector)의 크기에 나누어지고, 크기 순서로 나열되는 고유값이 모든 고유값의 합에서 차지하는 비율이 분산 설명 비율이 된다. 그리고 전체 분산 비율을 주도하는 고유벡터 몇 개를 주성분으로 간주하고 해석하는 과정이 주성분 분석이다. 가장 이상적인 희망사항은 하나의 가장 큰 고유값을 가지는 고유벡터가 전체 분산을 주도한다면 그 벡터를 형성하는 변수 조합으로 데이터의 변동 양상을 해석하는 것이 가능하다. 그러나 현장 관측자료에 이러한 경우는 거의 발생하지 않기 때문에 전체 분산의 70~80% 정도를 차지하는 2~3개의 주성분을 대상으로 분석을 수행한다.

주성분 분석은 해양 물리 분야에서 흔히 사용하는 경험직교함수(Empirical Orthogonal Function, EOF) 분석기법과 기본 이론을 공유하며, 이 특성으로 인해 기상·해양 관측인자의 공간변화 분석에 사용되기도 한다. 다변량 자료의 경우, 변수의 특성 또는 변동 범위에 따라 서로 단위 또는 수치를 사용하기 때문에 동등한 분산 조건을 부여할 필요가 있으며, 이를 위해서 변수를 표준화하는 사전 변수 변환이 요구된다.

다변량 자료에 주성분 분석이 자주 사용되는 이유로, 관측 항목들 사이의 다중공선성 제거 효과를 들 수 있다. 다변량 자료를 일반적인 다중선형회귀 모델에 적합할 때 다중공선성이 있으면, 변수의 독립성 가정을 만족하지 못할 수 있기 때문이다. 주성분 분석은 다변량 자료공간을 서로 직교하는 좌표계로 변환하여 변수 간 상관성을 제거한다. 주성분 분석은 자료의 분산을 최대로 설명하는 변수의 선형조합으로 표현되는 축, 즉 주성분 축을 중심으로 기존 자료를 투영하는 좌표의 회전 변환을 의미하며, 이 축을 중심으로 기존 자료의 정보를 해석한다.

기본 개념을 수학적인 측면에서 정리하면 다음과 같다. 다변량(다차원, 다수의 축(=차원)으로 구성되는) 데이터를 어떤 다변량 데이터의 선형조합으로 표현되는 축으로 투영(projection)하는데, 데이터의 분산이 최대가 되는 그 축을 추정하는 것이다. 이 문제의 해는 투영벡터가 단위벡터라는 제약조건을 부여하면 고유값 문제의 고유벡터를 구하는 문제와 동일하다.

5.3.1 고유값 분해를 이용한 방법

주성분 분석은 고유값 분해(Eigen Value Decomposition, EVD)와 특이값 분해(Singular Value Decomposition, SVD)를 이용하여 수행할 수 있다. 먼저, 고유값 분해는 대상 행렬이 대각화 가능한 정방행렬의 경우에 수행이 가능하므로, 다변량 자료를 직접 계산 대상으로 하는 것이 아니라 동 자료의 공분산행렬이나 상관행렬에 대한 고유값(eigenvalue) 및 고유벡터(eigenvector)

를 계산한다.

다음은 고유값 분해의 계산 원리이다.

조건: 행렬 A가 정방행렬이며, 대칭행렬(다변량 자료행렬의 공분산 또는 상관계수 행렬이 해당)

$$Ax = \lambda x$$
$$(A - \lambda I)x = 0$$

고유벡터 x가 0이 아닌 해를 갖기 위한 조건은 다음과 같다.

$$\det(A - \lambda I) = 0$$

상기 조건에서 벡터 x가 항상 존재하고, 길이는 λ만큼 증가하고, n차 정방행렬에서 최소 1개, 최대 n개의 고유값이 계산되며, 각 고유값에 대한 고유벡터가 계산된다. 정방행렬이면서 대칭행렬인 조건을 만족할 때, 고유값 분해는 항상 가능하며, 이로 계산된 고유벡터들은 서로 직교한다. 상기한 바와 같이, 통계학에서 위 조건(정방, 대칭)을 만족하는 행렬은 공분산 행렬 또는 상관행렬이기 때문에 주로 이 두 행렬로 계산한다.

주성분의 분산 설명력이 어느 정도 정량적인 기준을 충족하더라도 각 주성분의 적재량을 확인하여 어떤 변수들의 조합으로 설명된 주성분인지 참고하여 어떤 주성분을 사용할 것인지 결정해야 한다. 주성분의 적재량은 위에서 고유값 분해의 결과로 제시한 고유벡터 값이며, 각 변수들이 주성분에 어느 정도 가중치로 선형 결합되어 있는지 나타낸다.

5.3.2 특이값 분해를 이용한 방법

주성분 분석은 고유값 분해 방법 외에 특이값 분해 방법을 이용하여 수행할 수도 있다. 분산을 최대화하는 다변량 자료의 직교 변환이라는 목적은 두 방법이 동일하지만 접근 과정에서 약간의 차이가 있다. 고유값 분해 방법과 비교했을 때, 정방행렬이 아닌 $(n \times m)$행렬에 대해서도 적용이 가능하다는 특징이 있다. m은 변수의 수이며, n은 관측자료의 개수이다. 임의의 $(n \times m)$ 크기의 자료행렬 A는 다음과 같이 분리할 수 있다.

$$A = U\Sigma V^T$$

여기서, U 행렬은 (AA^T) 행렬을 고유값 분해하여 얻은 $(n \times n)$ 직교행렬이고, $UU^T = U^TU = I$ 특성을 가지고 있다. V 행렬은 (A^TA)를 고유값 분해하여 얻은 $(m \times m)$ 직교행렬이고, $VV^T = V^TV = I$ 특성을 가지고 있으며, Σ 행렬은 특이값의 $(n \times m)$ 직사각형 대각행렬이며, 대각성분은 고유값과 같다. 특이값은 AA^T, A^TA의 공통 고유값의 제곱근이며, 이는 두 정방 대칭행렬의 고유값들은 모두 0 이상이며, 0이 아닌 고유값들은 서로 같기 때문이다.

크기가 $(n \times m)$인 행렬 A를 특이값 분해할 때(full SVD), $A = U\Sigma V^T$를 표현하면 다음과 같다. 일반적으로, $n \geq m$이다.

$$\begin{bmatrix} a_{11} \cdots a_{1m} \\ a_{21} \cdots a_{2m} \\ a_{31} \cdots a_{3m} \\ \vdots \ \ddots \ \vdots \\ a_{n1} \cdots a_{nm} \end{bmatrix} = \begin{bmatrix} u_{11} \cdots u_{1n} \\ u_{21} \cdots u_{2n} \\ u_{31} \cdots u_{3n} \\ \vdots \ \ddots \ \vdots \\ u_{n1} \cdots u_{nn} \end{bmatrix} \begin{bmatrix} \sigma_1 & 0 & 0 \\ 0 & \ddots & 0 \\ 0 & 0 & \sigma_m \\ \cdots & \cdots & \cdots \\ 0 & 0 & 0 \end{bmatrix} \begin{bmatrix} v_{11} \cdots v_{1m} \\ v_{21} \cdots v_{2m} \\ v_{31} \cdots v_{3m} \\ \vdots \ \ddots \ \vdots \\ v_{m1} \cdots v_{mm} \end{bmatrix}$$

U, V는 벡터의 크기와는 관련 없는 회전 성분이고, Σ는 각 벡터의 크기 변환 성분이다. Σ의 요소인 $\sigma_1, \sigma_2, \ldots, \sigma_m$은 축소된 각 주성분 차원의 오차 제곱합을 나타내며, 이를 $m-1$로 나누면 공분산 행렬의 고유값과 같다. 따라서 특이값 분해의 대각성분 Σ의 요소 중 일정 비율 이상의 분산을 가진 차원을 선택하여 전체 자료를 주로 설명하는 소수의 차원으로 축소가 가능하다. 특이값 분해 또한 고유값 분해와 마찬가지로 다변량 자료에서 변수들 사이에 상관성이 있는 경우 이 변수들을 변환하여 상관성이 없는 변수들로 재구성한다.

고유값 분해 기법을 이용한 주성분 분석 결과와 비교해보면, 척도(scale) 변화 이외에는 동일한 분석 결과를 보인다. 앞서 고유값 분해 기법을 이용한 결과에서 설명한 추가 분석 결과는 생략한다.

EXERCISE R 함수를 이용한 주성분 분석

- 사용 자료: KOEM_BK1417.csv
- 코드 파일: chapter_5_principal_components_analysis.R

앞서 설명한 방법을 통해 주성분 분석 과정을 이해하였다면, 통계분석 목적으로 개발된 언어인 R 프로그램에서 기본으로 제공하는 함수를 사용하는 것이 효율적이다. R 프로그램은 내장 함수로 prcomp 및 princomp 함수를 제공하며, 과거 버전에서는 공분산 행렬 계산 시, 분모가 n인지 $n-1$인지에 따라 약간의 결과 차이가 있었다. 앞서 수동으로 고유값 분해와 특이값 분해 방법을 이용하여 계산한 결과를 비교했듯, 해당 함수들의 설명서에도 princomp 함수는 공분산 행렬 또는 상관행렬 기반으로 계산하는 것으로 나타나 있고, prcomp 함수는 특이값 분해를 이용해서 계산한다고 명시되어 있다. 결국 같은 목적을 달성하기 위해 같은 원리를 다른 방법으로 계산하는 것이므로 결과의 차이는 없다. 이후 제시되는 연습 코드에서는 princomp 함수 사용을 기본으로 한다.

주성분 분석에 사용한 데이터는 앞서 다변량 상관분석에서 사용한 것과 같은 해양환경공단(KOEM) 해양환경측정망 BK1417 지점의 자료이다. 분석에 사용한 항목도 동일하다.

```
# 자료 표준화
nvar <- ncol(vdata)
svdata <- scale(vdata)

# 특이값 분해
dc1 <- svd(svdata)
sqrt(dc1$d)

# 공분산 행렬
cvm <- cov(svdata)

# 공분산 행렬의 고유값 분해
ec1 <- eigen(cvm)
ec1
# 결과 생략

# 직교성 점검
p1 <- 2; p2 <- 3
sum(ec1$vectors[,p1] * ec1$vectors[,p2])
# [1] 6.678685e-17
```

```
# 고유값의 크기 확인 및 시각화
round(cumsum(ec1$values)/sum(ec1$values), 2)
# [1] 0.36 0.57 0.72 0.82 0.89 0.92 0.95 0.97 0.99 1.00 1.00

plot(1:nvar, ec1$values)
```

다양한 그림과 분석 결과가 제시되고 있으나, 가장 핵심적인 부분은 우세한 주성분의 선택이며, 그 주성분의 구조(고유벡터)를 확인하고 설명하는 과정이 요구된다. 주성분의 구조는 분석에 사용한 모든 변수의 선형조합으로 구성되며, 그 축의 분산 설명 수준은 고유해가 결정한다. 대략 2~3개의 주성분으로 설명되는 누적 분산이 비율이 1.0 수준에 접근할수록 적절한 주성분 분석이 이루어진 것으로 간주하고 해석한다. 시각화 결과는 이해를 돕기 위한 보조이다. 수치 결과를 해석할 수 없다면 시각화 그림은 무의미한 장식용 그림이 된다.

본 분석 결과에 의하면, 주성분 3개로 전체 분산의 약 72% 정도 설명되며, 각각의 주성분을 구성하는 벡터 조합은 고유벡터 성분으로부터 파악할 수 있다.

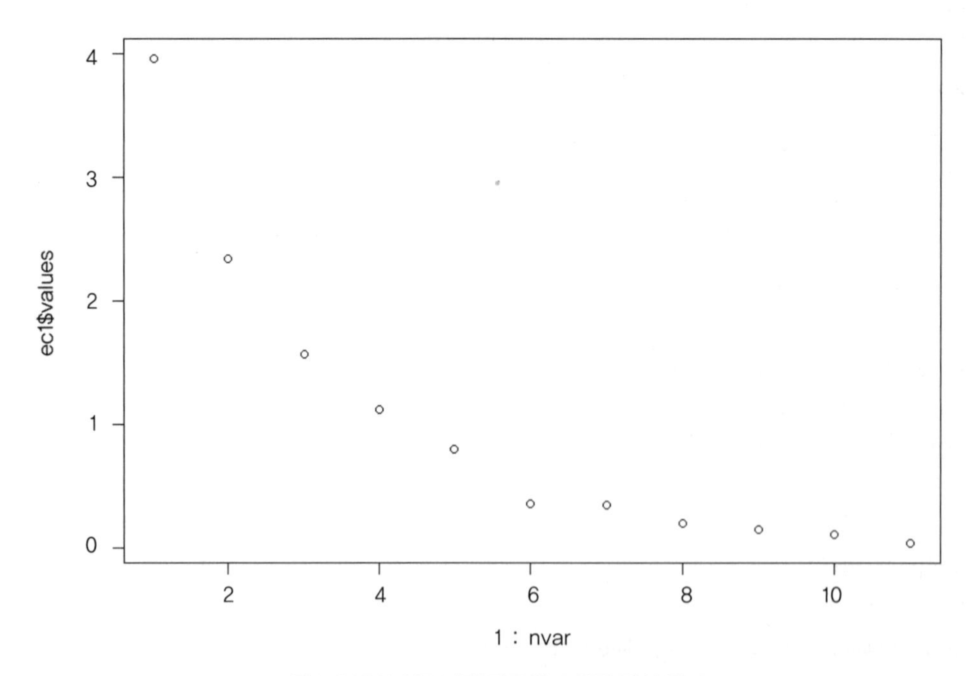

그림 5-2 BK1417 지점 자료의 고유값 계산 결과

다음은 prcomp와 princomp 함수를 이용한 방법이다. princomp 함수로 생성된 객체는 princomp라는 클래스를 가지며, plot 함수에 인자로 사용할 시, screeplot 함수와 같은 결과가 그려진다. 또한 princomp 객체에는 주성분의 표준편차 정보가 'sdev'라는 이름으로 저장되므로 다양하게 활용할 수 있다. 예제에서는 전체 분산의 70%가 넘는 주성분을 활용하기 위해 분산의 누적 합(cumulative sum)을 검토한다. 앞서 설명한 수치 정보들은 summary 함수를 이용해서도 볼 수 있다.

```
pca1 <- princomp(svdata)

# 분산정보 시각화
plot(pca1) # screeplot(pca1)과 같음

# 주성분의 누적 분산량 검토
cpp <- cumsum(prop.table(pca1$sdev^2))
xscr <- 1:nvar
plot(xscr, cpp, type = "o")
abline(h=c(0.7, 1.0), col="blue", lwd=2)

summary(pca1)
# 결과 생략
```

주성분 분석 결과를 해석할 때에는 biplot 함수로 표현되는 자료의 주성분 투영 정보를 활용한다. 앞서 3개의 주성분을 활용하면 자료가 가진 정보의 약 72%를 설명할 수 있음을 보았고, 이제 3개의 주성분에 투영된 자료 정보를 이용하여 어떤 변수와 어떤 관측이 서로 상관성이 높은지 검토한다. biplot 역시 같은 이름의 함수에 princomp 객체를 입력하기만 하면 된다. biplot 함수는 2차원 평면에 표현되므로 choices 옵션에서 투영 정보를 보고 싶은 주성분을 2개 선택한다.

```
# 투영된 정보를 biplot으로 표현하기
# 주성분 1과 2
```

```
biplot(pca1)
grid(lty = 3, col = "red")

# 주성분 1과 3
biplot(pca1, choices = c(1,3))  ## PC 축 번호 선택
grid(lty = 3, col = "red")
```

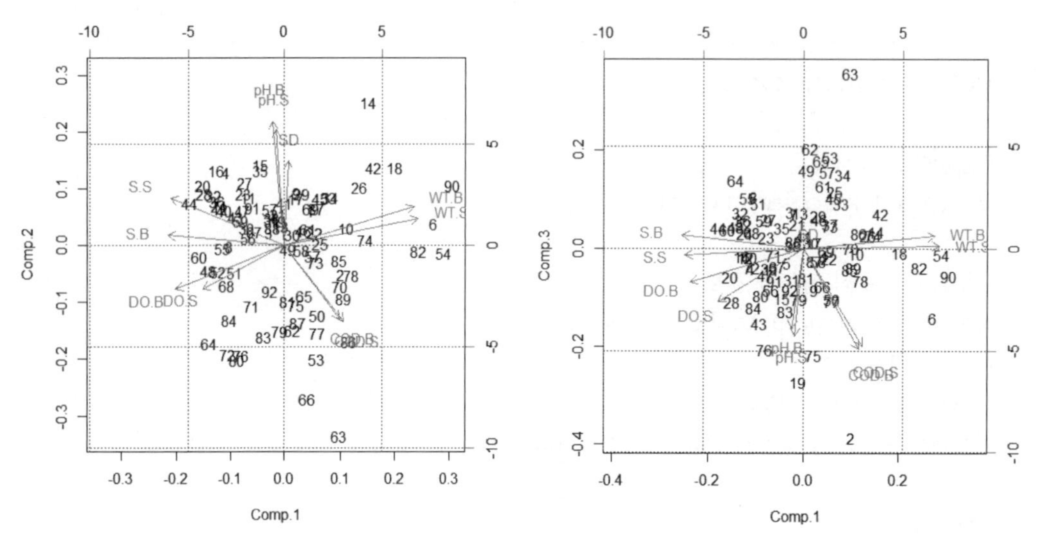

그림 5-3 BK1417 지점의 주성분 분석 결과. 각각 제 1, 2 주성분에 투영된 자료(좌)와 제 1, 3 주성분에 투영된 자료(우)를 나타냄

5.4 요인 분석(Factor Analysis)

어떤 정점에서 다양한 수질항목을 관측하는 경우, 그 자료는 다변량(multi-variate) 자료로 간주된다. 다변량 자료를 분석하는 방법은 관측 변수의 관계를 가정하는 방법에 따라 달라진다. 독립변수와 종속변수로 구분하는 경우, 종속기법(dependence techniques)으로 분류되며 대표적인 방법은 다중 회귀분석이다. 반면, 모든 관측 항목을 독립변수로 가정하고, 모든 관측 변수의 상호 관계를 분석하는 방법은 독립기법(independence or inter-dependence techniques)으로 분류되며, 대표적인 방법은 주성분(principal component), 요인(또는 인자, factor) 분석이다 (Hair Jr., 2010). 여기서는 요인(factor) 분석의 수행 방법과 기본 개념, 주성분 분석과의 차이

등을 비교·제시하며, 예제 자료는 앞서 설명한 주성분 분석에서 사용한 자료를 그대로 사용한다.

5.4.1 주성분 분석과 요인 분석의 개념 차이

주성분 분석은 기본적으로 모든 관측변수를 상호 종속관계가 없는 독립변수로 가정하고, 자료의 변동성분에 해당하는 분산을 서로 직교하는 다수의 성분, 변수의 개수에 해당하는 서로 직교 성분을 추출하여 크기 순서로 정렬되는 부분 분산 성분으로 분해하는 기법이다. 대부분의 분산을 설명하는 주성분 성분을 관측 변수 개수보다 아주 작게 선정하는 경우, 차원 축소의 효과를 가지게 된다. 따라서 이 방법은 관측 변수의 선형조합으로 관측자료의 다차원 변동 양상을 크기 순서로 설명한다. 크기는 관측 자료의 고유값 분해 또는 특이값 분해를 통하여 추정된다. 반면 요인분석은 관측변수의 상호 관련정도를 고려하여 미지의 잠재적인(latent, 숨어 있는) 요인 변수로 구성하는 방법이다. 일반적으로, 다변량 자료 해석은 기본적으로 다차원 공간에서의 해석에 해당하기 때문에 세분화된 고급 해석과 수월한 이해를 위해서는 차원 축소가 요구된다. 요인분석이나 주성분 분석 모두 변수 개수에 해당하는 성분, 요인을 분리할 수 있으나, 실질적인 장점이 없기 때문에 우세한 소수 성분, 요인 추출과 해석에 집중하게 된다. 요인분석을 통해 구성되는 요인은 주성분 분석과는 달리 관측 변수가 아니고, 관측할 수 없는 잠재변수이다. 각각의 모형을 수학적으로 표현하면 다음과 같다.

1) 주성분 분석 모형

$$T = XW$$

여기서, X는 자료 행렬이고, T는 투영 자료, W는 투영에 사용되는 계수이며, 투영자료의 분산을 최대로 하는 최적 추정이 요구된다. 이 문제는 이미 수학적으로 증명된 최적화(optimization) 문제이며, 그 해는 행렬의 최대 고유값 조건에서 그에 대응하는 고유벡터(eigen-vector)에 투영하는 경우가 된다. 따라서 주성분 분석 모형은 자료행렬의 공분산 행렬의 고유값 분해, 자료행렬의 특이값 분해 유형의 문제에 해당된다. 이 주성분 분석은 수학적인 문제로 선형 좌표변환기법을 이용한 투영 문제에 해당된다.

2) 요인분석 모형

$$X = \mu + Lf + e$$

여기서, X는 자료 행렬($E(X) = \mu$)이고, L은 부하 행렬(loading matrix), f는 미지의 요인(factor), e는 모형의 잔차(residuals)이며, 다음과 같은 기본 가정을 포함한다. (1) 요인(f)과 잔차(e)는 서로 독립이다. 수식으로 표현하면 $Cov(f,e) = 0$이다. 그리고 (2) $E(f) = 0$, $Cov(f) = I$ (항등행렬), $Cov(e) = \Psi$ (대각행렬) 조건이다. 이 조건을 이용하여 요인분석 모형 수식을 변형하면 다음과 같은 관계식으로 정리된다.

$$\begin{aligned} Cov(X-\mu) &= Cov(Lf+e) \\ &= L\,Cov(f)L^T + Cov(e) = LL^T + \Psi = \Sigma \end{aligned}$$

따라서 요인분석을 수행하면 부하 행렬(가중계수)과 잔차의 분산 정보가 추정된다. 분산 정보 Ψ는 유일성(uniqueness)이며 전체 측정 변수의 분산을 성명하는 비율을 의미하며, 부하 행렬(loading matrix, L)로 계산되는 LL^T은 공통성(communality, loadings)이며, 데이터에서 추출된 요인에 의하여 분산이 설명되는 비율을 의미한다.

예제 자료인 연안 수질 관측자료를 이용한 요인분석 수행은 일반적으로 다음과 같은 과정으로 수행한다.

EXERCISE 주성분 분석과 요인분석 수행 과정 및 결과 비교

- **사용 자료:** KOEM_BK1417.csv
- **코드 파일:** chapter_5_factor_analysis.R

앞서 다룬 간단한 검정(Test)과 달리, 다변량 분석은 사전에 다양한 자료처리 과정이 필요할 수 있다. 코드를 이용한 본격적인 분석 내용에 앞서, 실제 분석가가 분석 전에 생각하는 내용들을 정리해 보았다. 요인분석과 직접 관련이 있는 내용은 아니지만 반드시 거쳐야 하는 검토 과정들이다.

먼저, 연안 관측 자료의 결측 보충(missing imputation) 및 척도(scale) 조정한다. 연안 수질관

측자료는 결측과 이상자료(outliers) 등이 포함되어 있기 때문에, 이상자료의 제거를 먼저 수행하고, 결측 구간의 자료를 imputeTS 라이브러리에서 제공하는 na_kalman 함수 등을 이용하여 각각의 수질항목에 대하여 보충한다. 그리고 수질항목에 따른 변동 차이를 동등하게 하기 위하여 척도를 평균이 0이고, 표준편차가 1인 표준정규분포($\sim N(0,1)$) 자료로 조정한다.

TIP — 결측값의 대치(Imputation)

imputeTS 라이브러리에서는 결측값을 대치하는 다양한 함수들을 제공하며, 대표적으로 na_locf, na_ma, na_mean, na_seadec, na_kalman 등이 있다. 가장 간단한 방법으로, 이전 값과 다음 값으로 채우는 LOCF(Last Observation Carried Forward)와 NOCB(Next Observation Carried Backward)가 있으며, 자료의 전체 평균이나 이동평균으로 채우는 na_mean, na_ma 함수가 있다. 이밖에도, 시계열 분해성분을 이용한 na_seadec, 칼만필터 기법을 이용한 na_kalman 함수를 지원한다. 짧은 구간의 결측은 LOCF, NOCB 방법이나 평균값을 사용해도 자료의 구조를 크게 바꾸지 않지만, 장기 결측은 시계열 구조를 활용하는 방식이 더 적절하다.

요인분석 수행을 위한 함수는 자료행렬 또는 자료의 공분산 행렬을 모두 입력으로 받을 수 있다. 예제에서는 자료 공분산 행렬 입력 조건을 이용하였으며, 그를 위하여 자료를 이용한 공분산 행렬을 우선 계산한다. 이 경우에는 요인분석 모형의 적합 판단을 위한 p-value 계산에 자료의 개수 입력이 추가로 요구된다. 요인분석에서 자료 공분산 행렬은 가장 핵심이 되는 정보이기 때문에 자료행렬을 직접 입력하는 방법보다 자료 공분산 행렬을 계산하고, 행렬을 요인분석 수행 전에 미리 살펴보는 것을 추천한다. 일반적으로 NH3, NO_2 등과 같은 질소 계열 유형의 자료라고 할지라도, 각각의 항목 통계정보를 이용하여 축척(scale) 조정을 하는 것이 일반적이나, 같은 계열이라면 평균, 분산 유지에 한계가 있더라도 그 계열을 대표하는 축적변수를 선택하여 이용하는 방법도 검토할 필요가 있을 것으로 판단한다.

요인분석에서 결정하여야 하는 것은 핵심적인 내용은 (1) 적절한 요인의 개수, (2) 요인분석 모형의 계수 추정방법, (3) 회전변환(rotation)의 영향 분석이다. 여기서 가장 중요한 요소는 인자의 개수를 결정하는 것이며, 추정 방법과 회전변환이 모형 구성 적합 수준에 미치는 영향은 상대적으로 작다.

다음은 factanal 함수를 이용한 요인분석 수행 코드이다.

```
# 필요한 경우 이전 분석에 사용한 코드 실행
# source("chapter_5_principal_component_analysis.R")

fa1 <- factanal(covmat = cov(svdata), factors = 6, n.obs = 92)
str(fa1)
# List of 13
# $ converged   : logi TRUE
# $ loadings   : 'loadings' num [1:11, 1:6] 0.0903 0.9309 0.8889 -0.6001 -0.5929
...
# ..- attr(*, "dimnames")=List of 2
# .. ..$ : chr [1:11] "SD" "WT.S" "WT.B" "S.S" ...
# .. ..$ : chr [1:6] "Factor1" "Factor2" "Factor3" "Factor4" ...
# 이하 생략

fa1$PVAL
# objective
# 0.5707746

fa1$loadings
# Loadings:
#   Factor1 Factor2 Factor3 Factor4 Factor5 Factor6
# SD            0.289  -0.142  -0.174   0.121
# WT.S   0.931          -0.279   0.121          -0.160
# WT.B   0.889          -0.297          -0.226   0.236
# S.S   -0.600   0.272   0.110  -0.228   0.397   0.368
# S.B   -0.593                  -0.162   0.779
# pH.S          0.878
# pH.B          0.990
# DO.S  -0.153           0.984
# DO.B  -0.422           0.738
# COD.S  0.121                   0.793          -0.150
# COD.B                          0.982           0.122
#
# Factor1 Factor2 Factor3 Factor4 Factor5 Factor6
# SS loadings      2.601   1.944   1.724   1.720   0.853   0.274
# Proportion Var   0.236   0.177   0.157   0.156   0.078   0.025
# Cumulative Var   0.236   0.413   0.570   0.726   0.804   0.829
```

```
fa1$uniqueness
# SD          WT.S        WT.B        S.S         S.B         pH.S
# 0.842348797 0.005000000 0.005702689 0.208356975 0.005000000 0.223112773
# pH.B        DO.S        DO.B        COD.S       COD.B
# 0.005000000 0.005000000 0.256402840 0.323757241 0.005000000

fa1$correlation
# 결과 생략
```

결과로 제시되는 화면에서 앞서 언급한 유일성(uniquenesses)은 입력 변수의 요인으로 설명되는 부분을 제외한 분산성분으로 0~1 범위이며, 이 값이 크면(1에 접근) 요인으로 설명되는 부분이 적음(요인으로의 적합 수준이 미약)을 의미하며, 작으면(0에 접근) 요인으로 설명되는 부분이 많음을 의미한다. 결과로 제시되는 정보는 아니지만, 공통성(communality)은 1-유 일 성 으 로, '주어진 요인의 개수로 k-번째 변수를 설명하는 비율'이며, 정의된 바와 같이 Uniqueness 의미인 '주어진 요인의 개수로 k-번째 변수를 설명하지 못하는 비율'과는 상반된다.

부하계수(loadings)로 제시되는 수치는 -1.0~1.0 범위로, 각각의 요인분석 대상(수질) 항목에 대한 요인의 가중계수로, 미계측(unobserved) 요인과의 상관계수를 의미한다. 이어지는 화면 정보에서 SS 부하 수치는 부하계수 제곱합(sum of squared loading)으로, 각각의 요인에 대한 대상 항목 계수의 제곱합이며, 일단 1.0 보다 큰 경우 의미 있는 요인으로 간주한다. 이어지는 두 줄은 각각의 요인에 대한 분산 수치, 누적 분산 비율이며, 요인으로 설명되는 대상(수질)항목 자료의 전체 분산에 대한 설명 비율을 의미한다. 누적 비율이 1.0(100%)에 접근하는 경우, 요인분석 모형의 설명 수준이 높아짐을 의미한다.

기본이 되는 귀무가설은 '공통 요인이 없다(요인의 개수는 0이다)' 조건이지만, 요인 개수를 하나부터 증가시켜 가면, 다음 귀무가설이 기본이 되는 귀무가설을 포함한다. 요인분석 모형에 대한 귀무가설은 '입력한 요인의 개수로 구성되는 모델이 충분하게 자료를 설명한다.' 이다. 따라서 입력한 요인 개수 조건에서 검정 결과로 제시되는 p-value 크기로 모델 기각-채택 여부를 결정한다. 마지막으로 제시되는 통계정보는 표시되는 귀무가설에 대한 검정 결과이다. p-value < 0.05 조건에서는 이 가설을 기각할 수 있기 때문에 요인의 개수를 추가해서 다시 요인분석을 수행해야 한다. 요인분석의 목적 중의 하나가 해석이 가능한 수준으로 차원을 축소하는 의미가 있다. 따라서 요인의 개수가 변수 개수 절반 이상으로 증가하는 경우는

요인분석의 장점이 크게 감소한다고 할 수 있다. 요인의 개수는 통계적으로 귀무가설을 채택할 수 있는 최소 개수로 결정한다. 최적 요인 개수는 다양한 기준으로 결정할 수 있으며, 통계적인 분석 결과와 더불어 해석 가능한 수준, 요인의 의미 등을 고려하여 결정할 필요가 있다. 그러나 그 과정은 연구 분야에 따라 다를 수 있으므로, 여기에서는 통계적인 분석 기준에 따른다. p-value > 0.05 조건에 해당하는 경우, 귀무가설을 채택하고, 그 요인의 개수에 대한 분석 및 해석을 수행하여야 한다.

요인분석에서 미지의 계수를 추정하는 과정은 다양한 라이브러리에서 제공하는 함수와 추정 방법을 선택하여 간단하게 결과를 얻을 수 있다. 가장 중요하고 의미 있는 과정은, 요인모형으로 추정된 요인에 대한 적절한 해석 과정으로, 이는 기술적인 부분이 아닌 활용 영역에서 고려할 사항이다. 요인분석 모형은 통계적인 모형이며, 관측 자료의 상관 특성 정보와 요인의 구성 요소가 가지는 의미를 기초로 분석하여야 한다. 더불어 요인모형 적합을 판정하는 p-value 검토가 요구된다.

앞선 코드 실행 결과에서, fa1$PVAL의 값은 약 0.57로, '현재 요인개수의 모델로 자료를 충분하게 설명한다'는 귀무가설을 채택한다. factanal 함수의 factor 인자를 5로 바꾸면, 자료를 설명하기에 요인의 수가 불충분하여 p-value < 0.05가 된다. 개수가 다소 많지만, 요인 6개 조건에서 p-value > 0.05 적합 판정이 나온다. 요인분석 모형의 적합 검정 판단을 위한 p-value 추출은 다음과 같이 수행한다. psych 라이브러리를 사용한다면, fa 함수는 요인분석 매개변수 추정방법이 기본으로 "잔차 최소화('minres')이고, factanal 함수의 경우에는 최우도법(mle)로 차이를 보이기 때문에, 동등한 조건에서의 비교를 위하여 fa 함수에서 계수 추정 방법 옵션인 fm을 'ml'로 설정하여 최우도법("mle")으로 조정하는 옵션이 필요하다.

이 경우 요인 6개를 사용하는 모델이 통계적으로 유의미한 모형으로, 요인분석 결과를 이용한 세부적인 분석 과정을 진행할 통계적인 근거가 된다. 요인모형은 요인분석을 수행하는 함수를 이용하여 매개변수를 추정하고, 추정된 매개변수를 해석하기 이전에 요인 모형의 적합 여부를 판단하는 과정이 중요하다. 자료가 요인분석 모형에 적합하다고 판정되는 경우, 보다 자세한 요인분석 정보, 회전변환 등의 다양한 옵션을 이용하여 다각적인 시각으로 요인분석을 수행할 정보를 추출할 수 있다. 대표적인 R 라이브러리는 기본 stats 라이브러리의 factanal 함수이며, psych 라이브러리의 fa 함수도 널리 이용되고 있다.

5.5 다중회귀분석(Multiple Linear Regression Analysis)

다중선형회귀분석은 단순 선형(simple linear) 회귀분석의 확장된 형태로 종속변수를 예측할 때 다수의 독립변수를 가중 선형 결합하여 사용하는 방법이다. 다중선형회귀분석은 다변량 분석의 기초가 되는 분석 방법이며 분석이 간결하고, 통계적 이론이 명확하기 때문에 다양한 분야에서 자주 사용되는 방법이다. 다중 선형회귀모델은 하나의 종속 변수를 예측하기 위하여 다수의 독립변수를 선형 조합하는 방법을 이용한다. 보다 간결한 수식 표현을 위해서 변수 자료를 평균제로(zero-mean) 데이터로 변환하는 것을 추천하기도 한다.

$$
\begin{aligned}
y_i &= \beta_0 + \beta_1 x_{i1} + \beta_2 x_{i2} + \cdots + \beta_m x_{im} + \epsilon_i \\
&= \left(\beta_0 + \sum_{k=1}^{m} \beta_k x_{ik}\right) + \epsilon_i
\end{aligned}
$$

여기서, x_{ik}는 독립변수 또는 예측변수이며, 첨자 $i = 1, 2, 3, \ldots, n$, $k = 1, 2, \ldots, m$이며, n는 자료의 개수, m은 변수의 개수이고, y_i는 종속변수 또는 반응변수이다.

위 식을 풀어서 다시 표현하면,

$$
\begin{aligned}
y_1 &= \beta_0 + \beta_1 x_{11} + \beta_2 x_{12} + \cdots + \beta_m x_{1m} + \epsilon_1 \\
y_2 &= \beta_0 + \beta_1 x_{21} + \beta_2 x_{22} + \cdots + \beta_m x_{2m} + \epsilon_2 \\
&\vdots \\
y_n &= \beta_0 + \beta_1 x_{n1} + \beta_2 x_{n2} + \cdots + \beta_m x_{nm} + \epsilon_n
\end{aligned}
$$

여기서, β_0는 절편(평균제로 데이터인 경우는 제로), β_k은 k번째 독립변수의 회귀계수, ϵ_i는 오차항이다. 실제 계산에서는 행렬식을 풀어서 계수를 구하는데, 다중선형회귀의 변량, 변수들과 계수 추정 과정을 행렬 형태로 표현하면 다음과 같다.

$$
\boldsymbol{y} = \boldsymbol{X\beta} + \boldsymbol{\epsilon}
$$

$$\boldsymbol{y}=\begin{bmatrix} y_1 \\ y_2 \\ y_3 \\ \vdots \\ y_n \end{bmatrix},\ X=\begin{bmatrix} 1 & x_{11} & x_{12} & x_{13} & \cdots & x_{1m} \\ 1 & x_{21} & x_{22} & x_{23} & \cdots & x_{2m} \\ 1 & x_{31} & x_{32} & x_{33} & \cdots & x_{3m} \\ \vdots & \vdots & \vdots & \vdots & & \vdots \\ 1 & x_{n1} & x_{n2} & x_{n3} & \cdots & x_{nm} \end{bmatrix},\ \boldsymbol{\beta}=\begin{bmatrix} \beta_0 \\ \beta_1 \\ \beta_2 \\ \vdots \\ \beta_m \end{bmatrix},\ \boldsymbol{\epsilon}=\begin{bmatrix} \epsilon_1 \\ \epsilon_2 \\ \epsilon_3 \\ \vdots \\ \epsilon_n \end{bmatrix}$$

$$\hat{\boldsymbol{\beta}} = (X'X)^{-1}X'\boldsymbol{y}$$

$$\hat{\boldsymbol{y}}= X\hat{\boldsymbol{\beta}},\ \boldsymbol{\epsilon}=\boldsymbol{y}-\hat{\boldsymbol{y}}$$

다음으로 모형의 설명력을 나타내는 결정계수 R^2의 계산인데, 다중선형회귀 역시 다음과 같이 일반선형회귀와 같은 방식으로 계산한다. 그러나 변수가 추가되면 실제 모형의 정밀성과는 별개로 종속변수의 설명력이 좋아지는 경향이 있기 때문에 사용된 변수의 수만큼 결정계수를 R_a^2(adjusted R^2)와 같이 보정(조정, adjusted)한다. 이는 표본의 평균, 분산 등 통계량 계산에서 사용된 자료의 수에서 계산된 통계량을 빼주는 것과 같은 원리이다.

$$R^2 = 1-\frac{\sum_{i=1}^{n}\epsilon_i^2}{\sum_{i=1}^{n}\left(y_i-\bar{y}\right)^2} = 1-\frac{\sum_{i=1}^{n}(y_i-\hat{y}_i)^2}{\sum_{i=1}^{n}\left(y_i-\bar{y}\right)^2}$$

$$R_a^2 = 1-\left(1-R^2\right)\frac{n-1}{n-m-1}$$

회귀분석에서는 추정된 회귀계수가 통계적으로 유의한지는 표준오차(standard error)를 통해 검정할 수 있는데, 이때 사용되는 것이 (Student) t분포이다. 회귀계수들의 오차 분포 범위를 이용한 원리이며, 만약 계산된 회귀계수의 오차가 일정 조건하에서의 t분포 범위를 벗어나는 경우 회귀계수의 유의성이 없다고 판단한다.

j번째 회귀계수 β_j의 오차 분포가 정해진 일반적으로 사용하는 유의수준 $\alpha = 0.05$ 조건에서 t_0보다 클 확률은 다음과 같다고 하고, 추정된 j번째 회귀계수 β_j가 유의수준 $\alpha = 0.05$, 자유도 $n-k-1$을 갖는 t분포에서의 확률을 계산한다. 이때 독립변수의 분산-공분산 행렬

K를 평균오차제곱합인 MSE와 곱한 뒤 대각성분의 제곱근을 구하면 각 회귀계수의 표준오차가 계산된다. 표준오차를 이용한 회귀계수(β_j)의 신뢰구간 추정 공식은 다음과 같다. 표준오차 및 유의성의 검정 과정을 수식으로 표현하면 다음과 같다.

$$\hat{\beta}_j - t_{(1-\alpha/2, n-(k+1))} \cdot \sqrt{C_{jj}} \leq \beta_j \leq \hat{\beta}_j + t_{(1-\alpha/2, n-(k+1))} \cdot \sqrt{C_{jj}}$$

여기서, σ_e^2는 잔차의 제곱합(MSE, $MSE = \Sigma(Y - \hat{Y})^2/(n-k-1)$)이며, C_{jj}는 C 행렬의 j번째 대각성분(diagonal element)이고, $C = \sigma_e^2 \cdot K$, $K = (X'X)^{-1}$ 관계이다.

R 프로그램에서는 상기 과정을 직접 행렬식을 이용해 계산할 수도 있고, 단순선형회귀와 마찬가지로 lm 함수를 이용하여 다중선형회귀분석을 수행할 수 있다. lm 함수에 입력하는 'formula' 인자는 $y \sim x_1 + x_2 + \cdots + x_m$ 과 같은 형식이며 여기서 m은 변수의 개수이다.

앞서 다변량 상관분석과 주성분 분석에서 언급한 바와 같이, 통계적인 관점에서는 다중공선성(multi-collinearity)이 있는 자료를 분석할 때 주의를 요한다. 다중공선성은 종속변수의 예측에 사용된 독립변수들 사이에 상관관계가 있는 것을 의미하는데, 실제 자료 분석 문제에서 변수들이 완전하게 독립인 경우는 거의 없기에 통상적으로 강한 상관관계가 있을 때 다중공선성을 고려한다.

위와 같은 문제 때문에 다중공선성을 피하면서 적절한 변수선택을 할 수 있는 방법들이 개발되어 있는데 그중 많이 사용하는 것이 분산팽창지수(Variance Inflation Factor, VIF)를 이용하는 방법과 Akaike Information Criterion(AIC)를 이용한 단계적 소거법이다. 변수 및 모델 선택 기준이 되는 VIF 및 AIC는 각각 다음과 같이 계산한다.

$$VIF = \frac{1}{1 - R_k^2}$$

$$AIC = 2k - 2\ln(\hat{L});\ k = 1, 2, 3, \cdots, m$$

'분산팽창지수(VIF)'는 m개의 변수에 대하여, j번째 변수를 종속변수로, 나머지 변수를 독립변수로 하여 적합된 다중회귀 모형의 결정계수이다. 이를 각각의 변수에 대하여 반복수행하여 변수별 분산팽창지수를 구하고 통상적으로 10 이상이면 분산팽창지수가 큰 것으로 보고 변수를 제외시킨다. 이때 기준으로 반드시 10을 사용할 필요는 없으며 사용자의 판단에 따라 조절할 수 있다.

AIC에서는 j개의 변수가 사용된 다중회귀모형에서 변수의 수를 최대우도함수($\hat{L}$) 값과 함께 고려하여 최적 모형을 찾는다. AIC의 계산 구조상 최대우도가 높아지면 AIC 값이 점점 낮아지는데 이는 회귀모형의 잔차제곱합이 작아짐을 의미한다. 서두에 언급한 바와 같이 다중회귀모형의 경우 변수를 많이 사용할수록 실제 의미와 상관 없이 결정계수가 높아지는 경향이 있는데, AIC는 사용된 변수의 수가 많아지면 값이 커지므로 최대우도가 포함된 항과 반대로 변화한다. 이를 해석하면 변수를 많이 사용해서 모델의 표면적인 성능이 좋아진다고 하더라도 변수를 추가하여 모형이 복잡해진 만큼 설명력 상승이 동반되지 않았다는 것이다. 분산팽창지수를 계산해 주는 VIF 함수는 fmsb 라이브러리에서 제공한다.

다음은 다중회귀분석을 수행하는 예제 코드이며, 사용된 자료는 앞서 사용한 해양환경공단 해양환경측정망 BK1417 지점의 환경자료이다. 투명도(secchi depth) 변수가 종속변수이며, 표층-저층의 수온, 염분, pH, DO, COD 항목이 독립변수이다. 다수의 독립변수를 이용한 회귀분석이다. 또한, 엽록소 농도 자료를 추가하고, 이 변수를 종속변수로 간주하여 다중회귀분석을 수행했다.

EXERCISE 다중회귀분석 수행 코드

- 사용 자료: KOEM_BK1417.csv
- 코드 파일: chapter_5_multiple_linear_regression.R

```
idata <- read.csv("../data/KOEM_BK1417.csv")

str(idata)
vdata <- as.data.frame(idata[, 8:18])

## Multiple linear regression --- Secchi depth (종속변수)
df1 <- vdata[,-1]
TR <- vdata[,1]
```

```
mfit <- lm(TR ~ ., data = df1) # 종속변수를 제외한 모든 변수를 독립변수로 사용
summary(mfit)
# 결과 생략
```

다중 선형회귀분석을 수행하는 함수는 단순선형회귀분석 모형과 동일한 함수를 사용한다. 기본적으로 선형모델이라는 관점에서 동일한 유형으로 간주할 수 있다. 회귀분석 결과도 변수의 개수만큼 증가하지만, 기본 내용은 추정 매개변수의 신뢰구간, 결정계수, 추정 회귀곡선의 신뢰구간, 회귀곡선을 이용한 예측 변수의 신뢰구간 추정 등으로 압축된다. 다만 통계적으로 유의미한 수준에 못 미치는 변수를 제외하는 과정이 요구된다. 다중 회귀분석도 기본 분석 방향이 다수의 변수를 이용한 추정 수준 향상과 더불어 가능한 가장 적은 개수의 독립변수를 이용하여 가장 작은 추정오차를 산출하는 선택이 요구된다.

```
# chlorophyll-a 항목 예측으로 변경
cdata <- as.data.frame(idata[, c(8:18, 38)])
cstr <- c("SD", "WT.S", "WT.B", "S.S", "S.B", "pH.S", "pH.B",
          "DO.S", "DO.B", "COD.S", "COD.B", "chlorophyll-a")
dim(cdata)
TR1 <- as.numeric(cdata[,12])
df2 <- cdata[,-12]
mfit <- lm(TR1 ~ ., data = df2) # 모든 변수를 독립변수로 사용
summary(mfit)

plot(mfit)

# 다중공선성 확인 및 변수 선택: VIF 함수
# install.packages("fmsb") # 라이브러리 설치가 되어있지 않은 경우 실행
library(fmsb)
VIF(mfit) # 엽록소 농도 자료 = 종속변수로 선택한 모델의 분산팽창지수
# [1] 2.223953
```

상기 코드는 독립변수를 엽록소 농도(chlorophyll-a)로 변경한 조건에서 다중선형회귀분석을 수행한다. 독립변수 변경에 따라 매개변수 추정결과도 다르게 나타나지만, 기본 결과 제시 유형은 동일하다. 추가로 다중공선성 평가를 위한 분산 팽창지수 계산 코드를 추가하여 계산하였다. 분산팽창지수는 fmsb 라이브러리에서 제공하는 VIF 함수를 이용하였으며, 이 경우 2.22 정도로 계산되었다. 일반적인 기준보다는 분산 팽창지수가 작은 것으로 판단할 수 있으나, 변수의 개수가 많기 때문에 다수의 변수 조합 조건에서 분산 팽창지수 변화를 검토할 필요가 있다. 다중 회귀분석 모형이 선형 회귀분석 모형과 근본적으로 다른 부분은 독립변수 개수와 모든 독립변수는 각각 독립이라는 가정을 포함하고 있기 때문에 모든 독립변수의 다중공선성에 대한 수치적인 검토, 분산 팽창지수에 대한 검토가 요구된다.

5.6 중복분석

해양 환경과 생물 사이의 관계를 연구하기 위한 방법으로도 다변량 분석 방법을 많이 사용한다. PCA 기법은 하나의 변환을 이용하여 각각의 변수를 설명력이 최대가 되는 축으로 투영시켜 관계를 보는 기법이었다. 그러나 같은 관측, 예를 들어, 같은 지점 또는 시간에 관측한 다른 성격의 자료 행렬이 더 존재할 경우 이들의 관계를 살펴보는 방법이 필요하다. 이를 위하여 다변량(다중선형) 회귀분석(multi-variate, multiple regression), 정준 상관(대응)분석(canonical correlation 또는 Correspondence Correlation Analysis, CCA), 중복분석(redundancy analysis)과 같은 방법들이 제시되었다. 다중회귀분석은 종속변수 1개에 대하여 여러 독립변수의 선형 결합으로 표현하는 방법이며, 다변량 회귀분석은 여러 종속변수에 대하여 여러 독립변수의 조합으로 구성하는 방식이다. 여기서는 위 방법들 중 중복분석을 이용한 환경과 생물 다변량 데이터의 분석 방법을 제시한다.

정리하면, 다수의 변수집단을 독립변수(설명변수)와 종속변수(반응변수)로 구분하고, 다수의 설명변수와 다수의 반응변수의 관계를 분석하는 것이 중복분석이다. 다변량 분석기법은 그 의미를 명확하게 파악할 수 없는 일반적인 용어가 조합되어 사용하는 경우가 빈번하다. 따라서 용어 자체의 의미와 더불어 기법의 차이를 파악하기 위해서는 몇 가지 대표 기준을 적용하여야 한다. 그 기준으로 사용할 수 있는 후보 기준은 다음의 연속되는 질문으로 결정해 나갈 수 있다. (1) 종속변수, 독립변수의 구분이 있는가? YSE 또는 NO. (2) 그리고 대상이 되는 변수가 수치변수인가, 범주 변수인가? (3) 매개변수 추정이 필요한 수학 문제가 이용되는가? 아니면, 어떤 규칙 기준에 따른 분리/구분이 이용되는가? 두 방법이 혼용되는가? 이상의 기준으로 다변수 통계분석 문제를 구분할 수 있으며, 같은 유형으로 분류되는 문제는 같은 함수 사용이 가능하다.

5.6.1 중복분석의 기본 개념

중복분석(Redundancy Analysis, RDA)은 두 변수 집단의 연관성 분석 목적인 정준상관분석과 한 변수 집단을 이용한 다른 변수집단의 예측이 목적인 다변량 회귀분석의 중간에 위치한다. 정준상관분석과의 차이는 두 변수집단 X와 Y의 집단 내 상관이 영향을 주는지 여부이며, 중복분석에서는 X의 집단 내 상관 구조에 영향을 받지 않고, Y의 집단 내 상관구조에는 영향을 받는다(강과 김, 2000). 중복분석은 환경변화에 대한 생물의 반응을 선형으로 가정하기 때문에, 중복분석을 수행할 때에는 변수의 선형변환이 필요하다. 여기서는 Y 에 대하여 Hellinger 변환을 수행했다(Legendre and Gallagher, 2001). 독립-종속 관계를 이용한 분석은 일반적으로 해양 연구 분야에서는 환경인자를 독립변수로, 생물인자를 종속 변수로 가정한다. 모델에서의 의미는 영향을 미치는 인자(설명변수), 영향을 받는 인자(대응변수)라는 관계를 유지하면 된다.

$$y'_{ij} = \sqrt{y_{ij}/y_{i\cdot}}\ ,\ y_{i\cdot} = \sum_{j=1}^{p} y_{ij}$$

여기서, i는 생물 표본의 관측지점 인덱스$(1,2,...,n)$, j는 생물 종 인덱스이며, p는 전체 종 수를 의미한다. 중복분석은 척도가 조정된(scaling) X, Y 자료에 대하여 다음과 같은 절차로 계산한다(Legendre and Legendre, 2012).

Step 1: 다변량 자료를 준비하고 X, Y 세트 자료를 구분하고 척도를 조정한다.

환경정보 X와 생물정보(본 연구에서 사용한 자료는 어떤 종 발현 정보) Y의 구조는 다음과 같다.

$X(n\times m)$			
	E_1	$\cdots$	E_m
O_1	x_{11}	$\cdots$	x_{1m}
$\vdots$	$\vdots$	$\ddots$	$\vdots$
O_n	x_{n1}	$\cdots$	x_{nm}

$Y(n\times p)$			
	SP_1	$\cdots$	SP_p
O_1	y_{11}	$\cdots$	y_{1p}
$\vdots$	$\vdots$	$\ddots$	$\vdots$
O_n	y_{n1}	$\cdots$	y_{np}

여기서, X와 Y는 각각 $(n\times m)$, $(n\times p)$ 크기의 관측자료 행렬이며, X행렬에서 m은 환경변수의 수, Y행렬에서 p는 생물변수의 개수(여기서는, 종의 수)를 의미한다. X와 Y가 공유하는 O_i는 각 관측(observation) 자료를 나타내며, 관측 시간이나 관측 지점이 될 수 있다. 정리하면, 중복분석은 같은 시간 또는 지점에서 관측한 환경변수 $E_k(k=1,2,...,m)$와 나타난(발현한/발견된) 종 정보 $SP_k(k=1,2,...,p)$ 변수(종수, abundance 등)들 사이의 관계를 기본개념으로 하고, 모델 구조를 표현하는 필요한 계산을 수행하는 방법이다.

Step 2: X를 이용하여 추정치 $\hat{Y}$을 계산한다(모델 수식, $Y=XB$).

먼저, 다변량 회귀식의 계수 행렬 $B[(m\times p)]$를 추정하고, $\hat{Y}$, Y_r 행렬을 계산한다.

$$\hat{B}=[X'X]^{-1}X'Y,$$

$$\hat{Y}=X\hat{B},$$

$$Y_r=Y-\hat{Y}$$

Step 3: $\hat{Y}$ $[(n\times p)]$에 대하여 주성분 분석을 수행한다. 여기서 $\hat{y}$ 변수의 공분산($S_{\hat{y}\hat{y}}$, $[(p\times p)]$)은 다음과 같이 계산한다. 이후 필요한 정보는 순차적으로 계산한다.

$$S_{\hat{y}\hat{y}}=\frac{1}{(n-1)}(\hat{Y}^T\cdot\hat{Y})$$

이후 주성분분석 과정을 따라, $(S_{\hat{y}\hat{y}}-\lambda_k I)u_k=0$ $(k=1,2,...,p)$ 형태의 고유값 문제를 풀어 고유값 λ_k와 고유벡터 u_k를 구하고, 계산된 고유벡터를 이용하여 각각 X와 Y 공간에서 서열화된(ordinated) 벡터 $Z\ [(n \times p)(p \times p) = (n \times p)]$, $F\ [(n \times p)(p \times p) = (n \times p)]$를 계산한 뒤, 환경변수 벡터 $E_a[(m \times n)(n \times p) = (m \times p)]$를 계산한다. 새로운 변수 Z, F, E_a는 아래의 정의를 따른다. Y와 $\hat{Y}$이 구분된다는 점을 주의한다.

$$Z = \hat{Y}U = X\hat{B}U$$
$$F = YU$$
$$E_a = X^T Z$$

다음은 국가해양생태계종합조사를 통해 수집된 자료 중 동해 연안 일부의 환경 및 생물자료를 이용하여 중복분석을 수행하는 예제이다.

EXERCISE 중복분석을 이용한 동해 연안 환경 및 생물자료의 관계 분석

- 사용 자료: env_data.csv, spe_data.csv
- 코드 파일: chapter_5_redundancy_analysis.R
- 데이터 상세설명
  - 원본자료 출처: 국가해양생태계종합조사(2022) [남해동부·동해·제주] 조사연보II, 연·근해
  - 조사정점/시점: 동해 E01~E11 (11개) 정점. 춘계 관측 해양수질 및 생물자료
  - 해양환경 자료: 보고서 표 2-2-1 자료에서 표층 데이터(수온, 염분, DO, POC 항목)
  - 해양생물 자료: 보고서 표 2-5-1의 식물플랑크톤, 표 2-6-1의 동물플랑크톤 데이터

중복분석을 수행하는 대표적인 R 프로그램 함수는 vegan 라이브러리에서 제공하는 rda 함수이다. 이 라이브러리는 기본원리가 되는 위의 계산 방식을 나누어 반복하거나(Braak, 1987), 세부적인 계산 방식에 차이가 있을 수 있기 때문에 다른 방법과 비교할 경우 'site score' 등 결과 수치에 약간의 차이가 발생할 수 있다. 유사한 다변량 기법으로 CCA 기법을 적용한 결과도 제시한다.

```
# 필요한 라이브러리 불러오기
library(tidyverse)
library(vegan)

# 자료 경로
env_path <- "../data/env_data.csv"
sp_path <- "../data/spe_data.csv“

# 자료 읽기
xx <- read.csv(env_path, row.names = 1)[1:11,] %>% as.matrix
yy <- read.csv(sp_path, row.names = 1)[1:11,] %>% as.matrix

# 자료 수 점검 및 scaling
# 여기서는, hellinger 변환을 사용함(Legendre & Gallagher, 2001)
nn <- nrow(xx)
xs <- scale(xx)
ys <- decostand(yy, 'hellinger')
# using library 'vegan’
op <- par(no.readonly = T)
par(mfrow=c(2,1), mar=c(3,3,1,1))
rda_sp <- vegan::rda(ys ~ ., as.data.frame(xs), scale = T)
summary (rda_sp)
plot(rda_sp, cex.lab=1.2, cex.axis=1.8)
cca_sp <- vegan::cca(ys ~ ., as.data.frame(xs), scale = T)
summary(cca_sp)
plot(cca_sp,  cex.lab=1.2, cex.axis=1.8)
par(op)
```

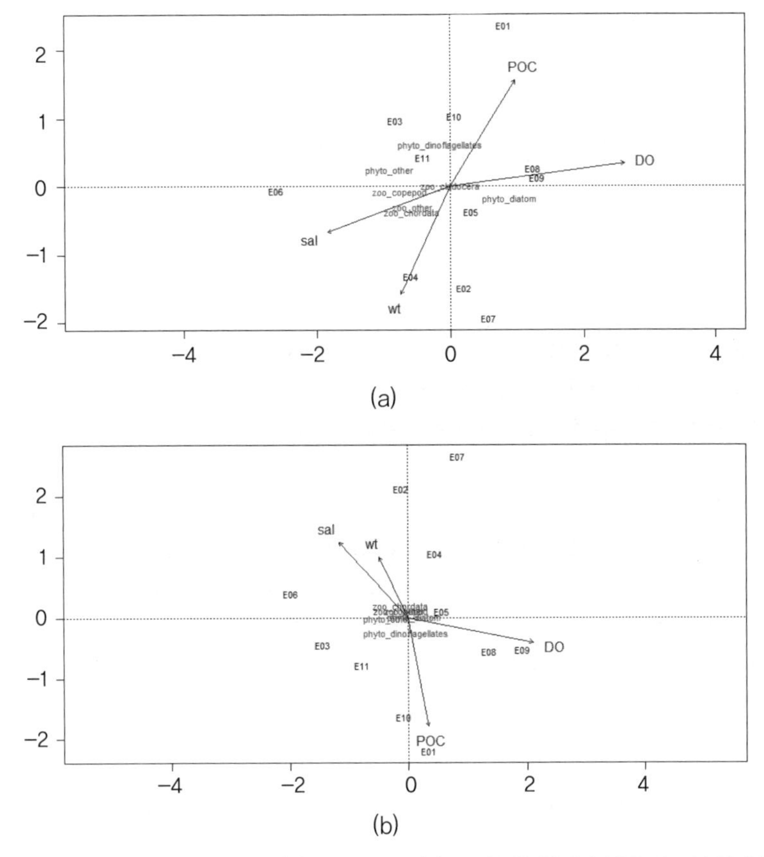

그림 5-4 vegan 라이브러리의 rda 함수(a)와 cca 함수(b)를 이용한 환경과 생물 자료의 관계 분석 결과

5.6.2 중복분석 수행 시 고려 사항

중복분석의 서열화(ordination) 방법은 환경자료 X에 대한 종 발현 자료 Y의 선형 반응을 가정하고 수행하는 분석기법이기 때문에 선형모델 적합성을 Detrended Correspondence Analysis (DCA) 기법을 이용하여 평가할 수 있다. 이 방법은 적합된 모델의 환경변수 변화에 대한 미생물 군집 분포 변화를 의미하며 투영된 축의 길이와 Y의 군집 분포의 표준편차(σ_Y) 단위와 비교한다. DCA 결과에서 제1축의 길이(l_{DCA})는 자료 집합의 균질성을 나타내며, 앞서 언급한 바와 같이 선형 변화를 가정한 중복분석 또는 단봉(unimodal, single peak) 변화를 가정한 정준상관(대응)분석의 사용을 결정할 때 사용할 수 있다. 제1축을 기준으로, $l_{DCA} > 4\sigma_Y$ 조건이면 단봉기법(unimodal method), $l_{DCA} < 3\sigma_Y$ 조건이면 선형기법(linear method), 3과 4 사이이면 둘 다 사용 가능하다(Leps & Smilauer, 2003). 위 예제에서 사용한

Y 자료를 이용한 DCA 결과는 다음과 같다.

```
# DCA를 이용한 선형 가정 점검(축의 길이를 기준으로 함)
decorana(ys)
# Call:
#   decorana(veg = ys)
#
# Detrended correspondence analysis with 26 segments.
# Rescaling of axes with 4 iterations.
# Total inertia (scaled Chi-square): NaN
#
# DCA1     DCA2     DCA3     DCA4
# Eigenvalues          0.03148 0.011238 0.012182 0.011685
# Additive Eigenvalues 0.00000 0.000000 0.000000 0.000000
# Decorana values      0.03154 0.007046 0.001836 0.000395
# Axis lengths         0.45250 0.292305 0.302250 0.289843
```

위 결과에서 축 길이(axis length) 정보를 살펴보면, 첫 번째 축의 길이(l_{DCA})가 약 0.452으로 나타났으며 이는 σ_Y(0.317) 단위 대비 약 $1.43\sigma_Y$ 정도의 값이므로 예제의 자료는 중복분석 기법을 사용하는 것이 적절하다고 볼 수 있다.

5.7 기타 다변량 분석 도구와 함수

해양 환경변수가 시간과 공간의 변화 특성을 반영하고, 그 특성에 다양한 분석 기법, 분석 결과가 도출되기 때문에 하나의 분석기법에만 의존하기보다는 다양한 분석을 이용한 분석결과의 비교평가가 요구된다. 모든 다변량 기법의 세부적인 복잡한 계산과정을 모두 직접 코딩하여 결과를 얻어내는 것은 한계가 있지만, 이미 개발된 또는 사용되고 있는 적절한 기법을 선택하여 결과를 얻고 그 결과를 해석하는 과정은 실질적으로 가능하다.

다변량 분석은 (1) 해당 기법을 설명하는 문서로 공부하여 개념, 계산 절차를 이해하고, (2)

직접 코딩을 하거나(추천하는 방법은 아님), 이미 개발되어 공유되는 함수를 이용하여 수행하는 방법을 추천한다. 다변량 분석은 다수의 변수를 이용하여 연구 영역의 변수 관계 및 변화 양상을 설명하는 과정이기 때문에, 어떤 통계적인 기법(도구)을 이용하여 결과 추출하는 과정은 간단하게 수행할 수 있다. 보다 핵심적이고 어려운 과정은 그 결과를 특정한 연구 분야의 전문지식(domain knowledge)을 이용하여 데이터 특성을 고려하여 해석하는 부분이다. 이 부분은 통계 도구의 지원을 받는 범위를 벗어나는 영역으로 간주된다.

따라서 어떤 분석 기법을 적용하여 결과를 얻어내는 과정은 해석을 위한 기본 자료이다. 앞 절에서 제외된 몇 가지 다변량 기법을 적용하여 결과를 도출하는 과정을 소개한다. R 프로그램에서 제공하는 라이브러리를 이용하면 단 몇 줄의 코드로 결과 생산이 가능하다. 예시로 집단분석(cluster analysis)과 판별분석(discriminant analysis)에 대한 코드와 결과를 제시한다. 결과 해석은 생략한다. 도구 검색 과정이나 논문에서 알 수 있는 바와 같이 고급 도구와 자세한 설명 자료는 쉽게 접할 수 있다. 기본 개념을 파악하고, 고급 도구를 적용하여 해석에 도움이 되는 최적의 결과를 얻어내는 과정을 우선 수행할 필요가 있다. 적절한 결과는 해석에 힘을 부여한다. 기본 도구로 한정되는 경우에는 다수의 가정에 따른 제약이 있기 때문에 해석을 제한하는 경우가 빈번하다. 그 가정에서 벗어나는 고급 도구의 사용이 권장된다. 고급 도구를 사용하기 위해서는 기본 도구에 대한 확실한 이해는 초석이 된다.

EXERCISE 집단분석/(선형)판별분석

- 사용 자료: KOEM_BK1417.csv
- 코드 파일: chapter_5_cluster_and_discriminant_analyses.R

집단 분석(hierarchical cluster analysis)을 수행하는 기법을 달리 선택하고, 분석 결과 도시기법을 적용한 그림을 생산하고, 판별분석을 수행하는 코드이다. 코딩 초보자라 할지라도 (1) 데이터를 읽고, 적절한 이름으로 변수를 할당하고, (2) 라이브러리 불러서, 함수를 적용하면 결과가 산출된다. 결과 추출까지는 간단하다. (3) 그리고 그 결과를 해석한다.

```
# BK1417 자료 사용
idata <- read.csv("../data/KOEM_BK1417.csv")
```

```
str(idata)
vdata <- as.data.frame(idata[, 8:18])
cstr <- c("SD", "WT.S", "WT.B", "S.S", "S.B", "pH.S", "pH.B",
          "DO.S", "DO.B", "COD.S", "COD.B")
colnames(vdata) <- cstr

# 계층적 군집화
dd <- dist(t(vdata))
hc <- hclust(dd, method = "complete", members = NULL)
plot(hc)
```

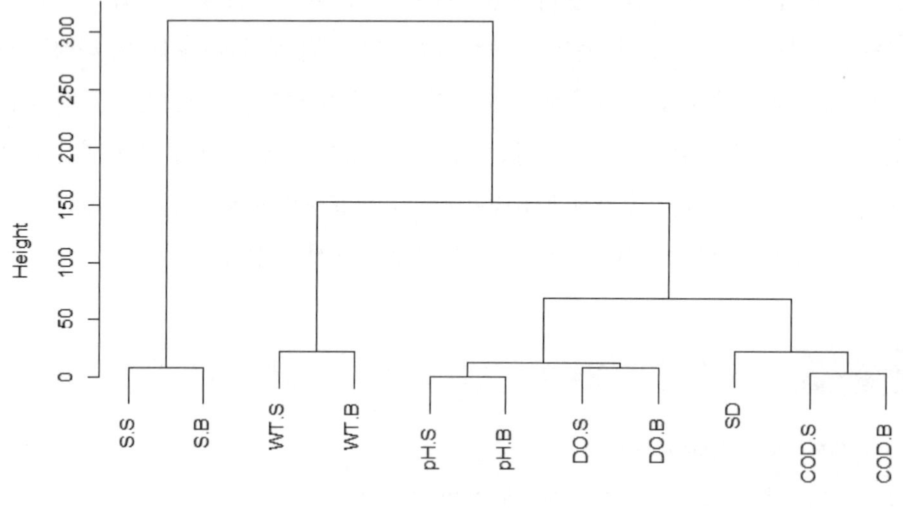

그림 5-5 환경자료의 거리행렬을 기반으로 계층적 군집화를 수행한 결과

이상의 코드에서 볼 수 있는 바와 같이 dist, hclust 함수를 이용하여 간단하게, 단 두 줄의 코드로 군집분석을 수행한 결과이다. 군집분석 결과를 얻는 과정은 이처럼 매우 간단하다. 입력데이터도 데이터 행렬 형태로 입력하고, 군집 분석 대표 결과를 도시하면 'dendogram' 이라는 결과 그림을 얻을 수 있다. 기본적인 분석은 이 그림으로 가능하다. 일단 그림에서 볼

수 있는 바와 같이, 그리고 예상할 수 있는 바와 같이, 동일한 항목의 표층-저층 자료가 같은 군집(group)으로 분류되고 있으며, 적절한 분류임을 알 수 있다. 다른 항목으로 군집범위를 확장하면 pH, DO 항목의 군집거리가 가깝고, SD(Secchi depth) 항목과 COD 항목의 유사도도 가까움을 알 수 있다. 이상은 분석 결과이고, 이 분석 결과를 바탕으로 찾아낼 수 있는 원인-결과 등 추가적인 분석 또는 보조자료, 분야 지식 등이 요구된다. 본 도서에서는 코드를 이용한 간단한 분석 결과를 도출하는 과정 제시에 중점을 둔다. 도구의 지원은 적절한 도구 함수의 탐색에서 시작된다. 그 도구는 다양한 라이브러리에서 제공한다.

```
# 라이브러리 불러오기
library(factoextra)
kmc <- kmeans(vdata, 4)
fviz_cluster(kmc, data = vdata, palette = "jco")
```

군집분석 기법도 매우 다양하고, 그 분석에 사용되는 선택사항(option)도 매우 다양하기 때문에 수준 높은 분석을 수행하기 위해서는 그 기법에 대한 깊은 이해가 요구된다. 그러나 다양한 도시 도구(plot tool)를 이용하면 보다 효율적인 결과도출 및 결과 도시를 통하여 이해수준과 속도를 높일 수도 있다. 여기서는 우선 kmeans 함수를 이용하여 연4회 측정된 다변량 자료를 4개의 계절 군집으로 분류한다. 이어지는 그림은 factoextra 라이브러리에서 제공하는 fviz_cluster 함수를 이용하여 도시하는 코드이다.

직접 결과를 파악하고, 코딩을 하는 것이 바람직하지만 효율적인 측면에서는 도구 이용을 추천한다. 군집 분석 결과 분석에 중점을 두고자 하면, 그 결과 도출은 적절한 도구를 이용하면 간단하게 얻을 수 있다. 그림에서 보면 각각의 계절 그룹이 어느 정도의 중첩 영역을 가지면서 구분되고 있음을 알 수 있다. 분류 군집 개수를 늘리거나, 중첩 영역에 대한 적절한 해석이 요구된다. 또는 다른 군집분석 기법이나 기준을 사용하여 높은 분류성능을 보여주는 결과를 얻을 때까지 반복하는 방법도 가능하다. 이 과정은 코드로 효율적인 수행은 가능하지만, 전체적인 작업 설계는 분석자가 계획하고 결정하여야 하는 부분이다. 코드가 모든 것을 해결해 주지는 않는다.

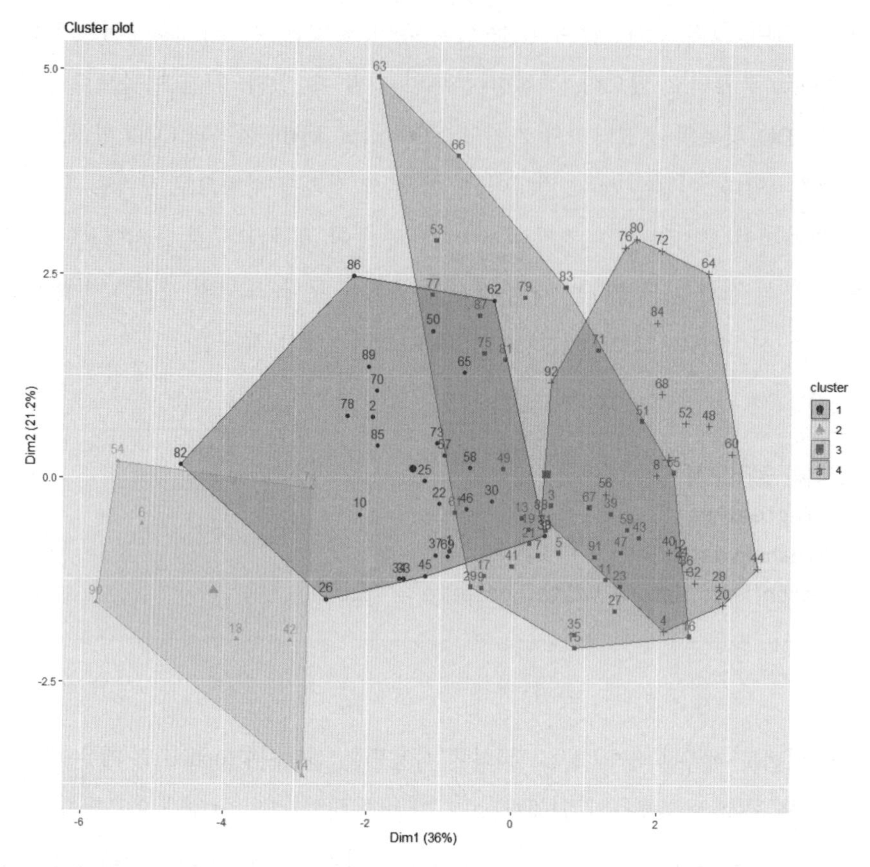

그림 5-6 환경자료를 kmeans 방법으로 군집화한 뒤, factoextra 라이브러리의 fviz_cluster 함수를 이용하여 군집을 시각화 결과

```
# 판별분석
library(MASS)
cdata <- as.data.frame(idata[, c(8:18, 38, 39)])
cstr <- c("SD", "WT.S", "WT.B", "S.S", "S.B", "pH.S", "pH.B",
          "DO.S", "DO.B", "COD.S", "COD.B", "chlorophyll-a", "WQI")
colnames(cdata) <- cstr

model <- lda(as.factor(WQI) ~ ., cdata)
plot(model, cex.lab=1.3, cex=1.3, col="blue")
```

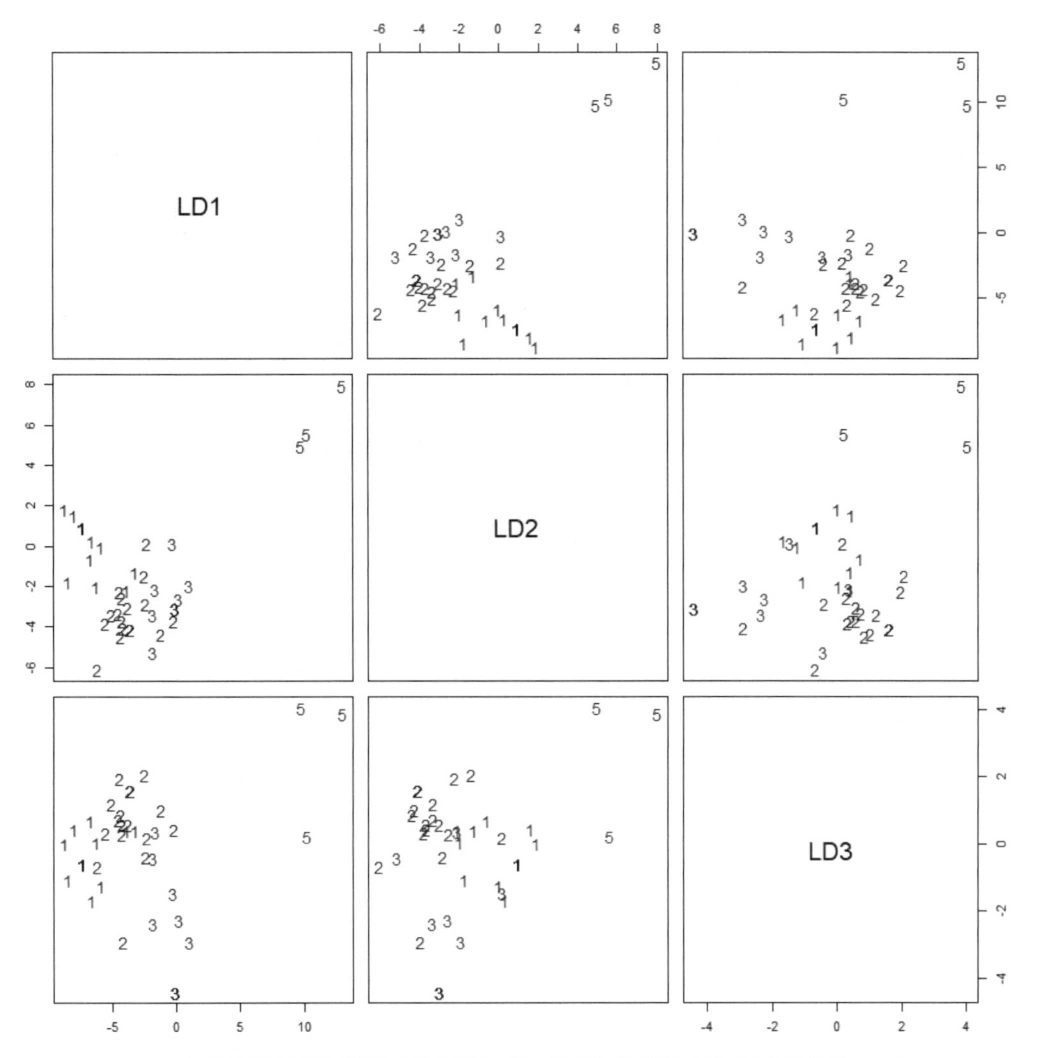

그림 5-7 MASS 라이브러리의 lda 함수를 이용한 선형판별분석 수행 결과

이상의 코드는 판별 분석을 수행하는 코드이다. 군집분석은 정답을 모르고, 데이터의 속성 유사정도로 군집을 결정하기 때문에 비지도 학습 유형의 문제로 본다. 반면 판별분석은 지도 학습 유형의 문제로 판별 그룹을 알고 있는 경우, 어떤 후보 함수의 판별 성능을 판단하는 과정이라고 볼 수 있다. 판별 분석은 R 프로그램 'MASS' 기본 라이브러리에서 제공하는 lda 함수를 이용하여 간단하게 수행하고, 결과를 얻을 수 있다. 이 함수는 선형 함수를 이용한 판별 방법으로, 가장 높은 구분 성능을 보이는 함수의 매개변수를 추정하고, 그 함수를 이용하여 구분을 한다. 이 경우, 정답을 알고 있기 때문에 선형 판별 모형의 오차평가가 가능하다.

수질 등급지수를 선형 함수를 이용하여 구분한 결과를 그림으로 도시하는 것도 간단하게 plot 함수를 이용하여 수행 가능하며, 기본적인 수준의 분석은 수행 가능하다.

코드에서 사용한 입력 자료의 경우, 수질 등급이 1, 2, 3, 5등급으로 구분되어 있으며, 선형 함수를 이용하는 경우, 5등급 자료는 뚜렷하게 구분이 되고 있음을 알 수 있고, 1등급 자료도 비교적 높은 수준으로 구분되고 있음을 알 수 있다. 수질 등급 2, 3 수준의 구분도 다소 중첩되는 부분이 있으나 적절한 선형 판별함수를 사용하면 80% 정도의 구분은 가능한 것으로 판단된다. 보다 정확한 구분성능 평가를 위해서는 수치 자료 사용을 권장한다.

부록

부록

A.1 통계측도(statistical measures) 추정 공식

A.1.1 데이터를 표현하는 수학적인 기호

1) 데이터: 일반적으로 데이터는 얻어지는 순서대로 제공하며, 그 순서의 의미는 생략함

$x_1, x_2, \cdots, x_n$ 또는 x_i, $i = 1,2, \cdots ,n$ (n = 데이터의 개수)

- 하나의 기호가 하나의 변수를 의미
- 첨자는 동일한 변수를 의미하는 데이터 집합을 표현하는 기호
- 다른 변수를 의미하는 데이터를 표현하기 위해서는 다음과 같은 다른 기호를 사용하여 표현
- 자료 개수는 첨자의 범위로 표현. 첨자 변수는 데이터 변수 표현에 종속된 기호

$y_1, y_2, \cdots, y_m$ 또는 y_i, $i = 1, 2, \cdots, m$ (m = 변수 y 데이터의 개수)

$z_1, z_2, \cdots, z_l$ 또는 z_j, $j = 1, 2, \cdots, l$ (l = 변수 z 데이터의 개수)

변수의 개수가 크게 늘어나는 경우에는 별도의 첨자 또는 벡터기호 등을 사용하여 표현

$x_1^k, x_2^k, \cdots, x_n^k$ ($k = 1, 2, \cdots, m$, m = 변수의 개수)

또는 x_i^k, $i = 1, 2, \cdots, n$; $k = 1, 2, \cdots, m$ (n = 데이터의 개수)

또는 $\boldsymbol{x}_i$(벡터), $i = 1, 2, \cdots, n$; $\boldsymbol{x} = (x^1, x^2, \cdots, x^m)1$

데이터 변수마다 개수가 다른 경우, 적절하고 명확한 기호 사용 또는 설명이 필요

2) 순위 데이터: 비모수적인 통계분석, 검정에서 주로 사용

주어진 데이터를 크기 순서로 정렬한 데이터(순위 데이터)를 말하며, 정렬 순서는 기본(default) 오름차순이다. 가장 작은 데이터부터 순서대로 정렬한다.

$$x_{(1)}, x_{(2)}, \cdots, x_{(n)} \text{ 또는 } x_{(i)},\ i = 1, 2, \cdots, n$$

오름차순으로 정렬된 데이터는 다음 조건을 만족하여야 한다.

$$x_{(1)} \le x_{(2)} \le \cdots \le x_{(n)}$$

A.1.2 기술통계, 데이터 요약정보(summary statistics) 추정 공식

일반적으로, 통상적으로 모집단과 표본 집단의 측도 기호는 각각 그리스 문자, 그에 대응하는 알파벳 문자 또는 별도의 기호를 사용한다. 첨자는 표본 집단을 대표하는 기호를 사용하기도 한다.

1) 표본 평균($\overline{x}$). 전체집단(모집단)의 평균(μ)

- 산술 평균(arithmetic mean, $x_c = \overline{x}$, center value)

$$\sum_{i=1}^{n} x_i = x_1 + x_2 + \ldots + x_n$$

$$\overline{x} = \frac{1}{n}\sum_{i=1}^{n} x_i = m_X,\ \sum_{i=1}^{n} x_i = n \cdot \overline{x}$$

2) 표본의 분산(s^2, s_X^2). 전체집단(모집단)의 분산(σ^2)

표본의 표준편차($s, s_X \ge 0$), 전체집단의 표준편차($\sigma \ge 0$)

표준편차는 분산의 양의 제곱근에 해당한다. 아래 제시하는 표본 분산 추정 공식은 편향된(biased) 추정이며, 표본 측도 추정에서는 불편추정 공식을 이용한다. 체계적으로 정의되는 모멘트 기반 공식이 제시되고, 기호는 불편 추정공식과 비교하기 위하여 모수 기호에 해당하는 그리스 문자를 사용하기도 한다. 일반적으로 표본의 개수가 작은 경우를 위하여 불편(un-biased) 추정공식이 제안되고 있다. 표본 분산이라는 용어를 이용하며, 실질적으로 이 공식을 이용한 추정이 추천되며, 널리 사용된다. 기호 사용은 명확한 수학적인 정의가 동반되어야 한다. 표본의 개수가 충분하게 큰 경우에는, 편향추정, 불편추정 표본의 측도는 같아진다.

(1) Biased(moment-based, second-order) 분산추정 공식

$$s^2 = \frac{1}{n}\sum_{i=1}^{n}\left[(x_i - \overline{x})^2\right] = s_X^2 = \sigma^2,\ \sum_{i=1}^{n}\left[(x_i - \overline{x})^2\right] = n \cdot s^2$$

(2) Unbiased 분산추정 공식

$$s^2 = \frac{1}{n-1}\sum_{i=1}^{n}\left[(x_i - \overline{x})^2\right],\ \sum_{i=1}^{n}\left[(x_i - \overline{x})^2\right] = (n-1) \cdot s^2$$

3) 표본의 왜도(coefficient of skewness)

(1) Biased(moment-based, third-order) 왜도계수 추정 공식

$$\gamma = \frac{1}{n}\sum_{i=1}^{n}\left[(x_i - \overline{x})^3\right]/\sigma^3$$

(2) Unbiased 표본 왜도계수 추정공식

$$G_1 = \frac{n}{(n-1)(n-2)} \cdot \frac{\sum_{i=1}^{n}\left[(x_i - \overline{x})^3\right]}{s^3}$$

4) 표본의 첨도, 돌도(coefficient of kurtosis)

(1) Biased(moment-based, fourth-order) 첨도계수 추정 공식

$$\delta = \left[\frac{1}{n}\sum_{i=1}^{n}\left[(x_i-\bar{x})^4\right]/\sigma^4\right]-3$$

(2) Unbiased 표본 첨도 계수 추정공식

$$G_2 = \frac{n(n+1)}{(n-1)(n-2)(n-3)} \cdot \frac{\sum_{i=1}^{n}\left[(x_i-\bar{x})^4\right]}{s^4} - \frac{3(n-1)^2}{(n-2)(n-3)}$$

5) 범위(range), 중간값(median), 분위수(quantiles) 추정

분위수는 다양한 분위수가 사용되고 있으며, 가장 기본이 되는 분위수는 사분위수이며, 순위 데이터를 이용하여 추정한다. 사분위수는 순위 데이터를 4등분하고, 그 구분 경계수치를 순서대로 제1사분위수, 제2사분위수, 제3사분위수로 명칭을 부여한다. 참고로 순위데이터를 n 등분하는 경우, 구분 경계의 개수는 $(n-1)$개가 된다. 따라서 어떤 분위수의 순서에 따른 명칭은 1부터 분위수 명칭보다 하나 작은 수치로 한정된다. 백분위수의 경우, 제1백분위수, 제2백분위수, …, 제99백분위수로 명칭이 부여된다. 제2사분위수는 중간값(median)이며, 분위수 규칙에 따라 명칭을 부여하면, 순위 데이터를 양분(이분)하는 경계 수치로, 제1이분위수가 된다. 데이터의 개수는 자연수이고, 분할하는 비율은 자연수가 아니기 때문에 그 비율에 인접한 순위 자료를 평균하거나, 내삽하거나, 가장 인접한 자료 하나를 선택하는 기준은 별도로 부여한다. 가장 일반적인 기준으로는 인접한 두 자료를 평균하는 방법이다.

(1) 범위(range), $x_{(i)} = \{x_{(1)}, x_{(2)}, \cdots, x_{(n)}\}$, 데이터 집합 기호로 사용

$$R = x_{(n)} - x_{(1)} = \max(x_i) - \min(x_i)$$

(2) 데이터 미디안(median=middle value), 중위수 = 제1이분위수 = 제2사분위수(Q_2)

$$x_m = x_{(n/2)} = \text{median}(x_i)$$

(3) 데이터 모드(최빈값, mode) 추정은 본문 참조, 기호, $x_p = \mathrm{mode}(x_i)$

(4) 사분위수(quartiles), 제1사분위수, 제2사분위수, 제3사분위수(Q_1, Q_2, Q_3)

$$Q_1 = x_{(n \times 1/4)} = x_{(n/4)},$$

$$Q_2 = x_{(n \times 2/4)} = x_{(n/2)} = x_m (\text{구분기호, } x_c = \bar{x},\ x_p)$$

$$Q_3 = x_{(n \times 3/4)} = x_{(3n/4)}$$

(5) 사분위수 구간범위(Inter-Quartile Range, IQR)

$$IQR = Q_3 - Q_1$$

(6) 팔분위수(octiles), 제1팔분위수, 제2팔분위수, ⋯ , 제7팔분위수($O_1, O_2, \cdots, O_7$)

$$O_1 = x_{(n \times 1/8)} = x_{(n/8)},$$

$$O_2 = x_{(n \times 2/8)} = x_{(n/4)} = Q_1$$

$$\vdots$$

$$O_7 = x_{(n \times 7/8)} = x_{(7n/8)}$$

(7) 백분위수(percentiles), 제1백분위수, 제2백분위수, ⋯ , 제99백분위수($P_1, P_2, \cdots, P_{99}$)

$$P_1 = x_{(n \times 1/100)} = x_{(n/100)},$$

$$P_2 = x_{(n \times 2/100)} = x_{(n/50)}$$

$$\vdots$$

$$P_{99} = x_{(n \times 99/100)} = x_{(99n/100)}$$

A.1.3 로버스트(robust) 통계측도

이상자료(outliers)의 정량적인 영향분석을 평가하기 위하여 선정한 기본적인 통계모수는 평균, 표준편차, 왜도 및 첨도이다. 또한 기본적인 통계모수에 대응하는 로버스트 통계 모수는 이상자료의 영향을 적게 받는, 이상자료에 굳건하게 저항하는 통계측도이다. 로버스트 통계측도는 실질적으로 빈번하게 발생하는 이상자료의 영향으로 크게 편향된 측도 추정을 바로 잡아주는 역할을 한다.

1) 절삭평균(trimmed or truncated mean; trim ratio : α(%), α-trimmed mean)

순위 데이터에서 작은 자료 $\alpha/2$(%), 큰 자료 $\alpha/2$(%) 제외한 평균.

$$\bar{x}_{\alpha} = \frac{1}{n(1-\alpha)} \sum_{i=\alpha/2}^{n-\alpha/2} x_{(i)}$$

$\alpha = 0.25 = 25(\%)$, $\bar{x}_{25}$ = 제4분위구간평균

2) 올림픽 평균(olympic mean, modified mean)

$$\bar{x}_{o} = \frac{1}{n-2} \sum_{i=2}^{n-1} x_{(i)},\ (x_{(1)} = \min(x_i),\ x_{(n)} = \max(x_i))$$

3) 중간 힌지측도(mid-hinge), R_{mh}; 절삭 중간범위(trimmed mid-range), R_{mr}

$$R_{mh} = (Q_1 + Q_3)/2$$

$$R_{mr} = x_{(n-\alpha/2)} - x_{(\alpha/2)}$$

4) 사분위가중평균(TM, tri-mean (TM) 또는 Tukey's tri-mean)

$$\bar{x}_{TM} = (Q_1 + 2Q_2 + Q_3)/4$$

5) 윈저라이즈 평균(Winsorized mean, α% winsorization)

전체 자료 개수의 상위, 하위 각각 α/2(%) 개수에 해당하는 자료를 해당되지 않은 자료의 최대-최소로 대체하여 구하는 평균을 말한다. 순위데이터의 변환으로 $x_{(\alpha/2)}$보다 작은 자료는 모두 $x_{(\alpha/2)}$ 데이터로 대체하고, $x_{(n-\alpha/2)}$보다 큰 자료는 모두 $x_{(n-\alpha/2)}$ 데이터로 대체하여 평균한다.

$$x_{(i)} = \{x_{(1)}, x_{(2)}, \dots, x_{(n)}\}$$

$$x_{(i)}^W = \{x_{(\alpha/2)}, \dots, x_{(\alpha/2)}, x_{(\alpha/2+1)}, \dots, x_{(n-\alpha/2-1)}, x_{(n-\alpha/2)}, x_{(n-\alpha/2)}\}$$

$$\bar{x}_W = \frac{1}{n}\sum_{i=1}^{n} x_{(i)}^W$$

6) RMS 평균(root mean squared mean 또는 quadratic mean)

$$x_{rms} = \sqrt{\frac{1}{n}\sum_{i=1}^{n} x_i} = \left(\frac{1}{n}\sum_{i=1}^{n} x_i\right)^{1/2}$$

7) MAD, x_c, x_m 기준의 다양한 MAD 추정 공식(mean, median 함수)

- mean absolute deviation around the mean, $MAD_1(x_i) = mean(|x_i - x_c|)$
- median absolute deviation around the median, $MAD_2(x_i) = median(|x_i - x_m|)$
- mean absolute deviation around the median, $MAD_3(x_i) = mean(|x_i - x_m|)$
- median absolute deviation around the mean, $MAD_4(x_i) = median(|x_i - x_c|)$

MAD 추정에서 필요한 절대편차 기준 조합은 모두 4가지로 제한되며, 처음 1, 2번째에서 정의되는 조합의 추정 방법이 널리 이용된다.

8) 관계공식(정규분포 조건)

$$IQR(x) = 1.349\hat{\sigma}_X$$

$$\sigma_X \approx 1.4826 MAD_2(x_i)$$

9) 변동계수(coefficient of variation), 분산계수(coefficient of dispersion)

$$x_{cv} = \frac{s_X}{\bar{x}}$$

$$x_{cd} = \frac{MAD(x)}{x_m},\ MAD(x) = median(|x_i - x_m|) = MAD_2(x_i)$$

10) 로버스트 왜도계수, MC(Median-Couple)

$x_{(1)}, x_{(2)}, \ldots, x_{(n)}$, $x_{(1)} \leq x_{(2)} \leq \cdots \leq x_{(n)}$ 조건을 이용

$i < j$, $x_{(i)} \leq x_m$, $x_{(j)} \geq x_m$ 모두 만족하는 조건에서 계산을 수행

두 순위자료($x_{(i)}$, $x_{(j)}$)의 조합(couple)함수, $h(x_{(i)}, x_{(j)})$는 다음과 같이 정의된다.

(1) Case 1 : $x_{(i)} \neq x_{(j)}$, $x_{(i)}$, $x_{(j)}$ 모두 x_m이 아닌 경우

$x_{(i)} < x_{(j)}$ 조건을 만족, $x_{(j)} - x_{(i)} > 0$ ($x_{(j)} - x_{(i)} \neq 0$),

$$h(x_{(i)}, x_{(j)}) = \frac{(x_{(j)} - x_m) - (x_m - x_{(i)})}{x_{(j)} - x_{(i)}} = \frac{x_{(j)} - 2x_m + x_{(i)}}{x_{(j)} - x_{(i)}}$$

(2) Case 2 : $x_{(i)} = x_{(j)} = x_m$, $k = [n/2] + 1$(n=짝수), $k = [n/2]$(n=홀수).

$$h(x_{(i)}, x_{(j)}) = \begin{cases} -1 & i+j-1 < k \\ 0 & i+j-1 = k \\ +1 & i+j-1 > k \end{cases}$$

계산 가능한 모든 조합의 개수는 $n(n-1)/2$

모든 가능한 조합에서 계산되는 $h(x_{(i)}, x_{(j)})$ 변수집합의 median

$$\gamma_{MC} = median[h(x_{(i),}x(j))] = MC(x_i),\ \text{제약조건(s.t.)}\ x_{(i)} \le x_m \le x_{(j)}$$

11) Pearson 제1차 왜도계수(mode skewness), x_p, x_m

$$\gamma_{P_1} = \frac{x_c - x_p}{s_X}$$

12) Pearson 제2차 왜도계수(median skewness)

$$\gamma_{P_2} = 3 \times \frac{x_c - x_m}{s_X}$$

13) Pearson 왜도계수(skewness)

$$\gamma_{PSK} = \frac{\bar{x} - Q_2}{s_X}\ \text{(제2사분위수 이용 추정)}$$

14) 로버스트 사분위수 왜도(robust quartile skewness)

$$\gamma_{QSK} = \frac{Q_3 + Q_1 - 2Q_2}{IQR}$$

15) 로버스트 팔분위수 왜도(robust octile skewness),

$$\gamma_{OSK} = \frac{(O_7 - O_4) - (O_4 - O_1)}{O_7 - O_1}$$

16) 로버스트 팔분위수 첨도(robust octile kurtosis)

$$\delta_{KR} = \frac{(O_7 - O_5) + (O_3 - O_1)}{O_6 - O_2} - 1.23$$

$$\delta_{KR_O} = \frac{O_7 - O_1}{IQR} - 1.704$$

17) 로버스트 십육분위수 첨도(robust hexa-decile kurtosis)

$$\delta_{KR_H} = \frac{H_{15} - H_1}{IQR} - 2.274$$

여기서, H_1, H_{15} = 각각 제1십육분위수, 제15십육분위수이다.

18) Geary 첨도 측도(G-kurtosis)

$$\delta_G = \frac{\frac{1}{n}\sum_{i=1}^{n} | x_i - \bar{x} |}{\sigma_X} = \frac{MAD_1(x_i)}{\sigma_X}$$

A.1.4 통계측도 구간 추정 공식

1) 왜도(skewness) 계수 신뢰구간 추정

($\gamma = 0$, symmetric shape) 데이터 분포의 대칭 여부 판단

Coefficient of skewness, $\gamma = \frac{1}{n}\sum_{i=1}^{n}(x_i - \bar{x})^3 \bigg/ \left(\frac{1}{n}\sum_{i=1}^{n}(x_i - \bar{x})^2\right)^{(3/2)}$

Sample skewness, $G_1 = \frac{\sqrt{n(n-1)}}{n-2} \cdot \gamma$ (un-biased estimator)

SE of skewness, $SES = \sqrt{\frac{6n(n-1)}{(n-1)(n+1)(n+3)}} \fallingdotseq \sqrt{\frac{6}{n}}$ (for large samples).

$$G_1 - z_{1-\alpha/2} \cdot \sqrt{6/n} \le \gamma \le G_1 + z_{1-\alpha/2} \cdot \sqrt{6/n}$$

2) 첨도(kurtosis) 계수 신뢰구간 추정(이상자료 영향 판단, tailedness), $\pm z_{1-\alpha/2}\sqrt{\frac{24}{n}}$

Coefficient of kurtosis, $\delta = \left[\frac{1}{n}\sum_{i=1}^{n}(x_i - \overline{x})^4 \Big/ \left(\frac{1}{n}\sum_{i=1}^{n}(x_i - \overline{x})^2\right)^2\right] - 3$

Sample kurtosis, $G_2 = \frac{(n-1)}{(n-2)(n-3)}[(n+1) \cdot \delta + 6]$

SE of kurtosis, $SEK = 2(SES) \cdot \sqrt{\frac{(n-1)(n+1)}{(n-3)(n+5)}} \fallingdotseq \sqrt{\frac{24}{n}}$ (for large samples)

$$G_2 - z_{1-\alpha/2} \cdot \sqrt{24/n} \le \delta \le G_2 + z_{1-\alpha/2} \cdot \sqrt{24/n}$$

A.2 데이터의 빈도분포 함수

어떤 함수를 안다는 것은 무엇인가? "나는 이 함수를 알고 있다"라고 말하려면 적어도 무엇을, 어느 정도 알아야 하는가? 이 질문을 통계분석에서 사용하는 함수로 확장하면, 다음과 같은 질문이 된다. 확률분포함수(PDF/PMF, CDF)를 안다는 것은 무엇인가? 함수를 안다는 것과 적어도 무엇을 추가로 더 알아야 이 함수를 안다고 할 수 있는가? 기준이 되는 답안은 아래 내용을 이해한다면, 수행할 수 있다면 그 함수를 안다고 할 수 있다. 코드로 구현하고, 계산할 수 있다면 그 함수를 안다고 말할 수 있다. 함수의 신비를 거론하는 것이 아니라, 함수의 형태, 변화 특성을 파악하면 기본은 알고 있는 것이다. 시작은 그 정도로 충분하다. 다음은 심오한 단계라기보다는 능숙한 단계로의 연습이 요구된다.

• 데이터 분포함수 인지수준 체크리스트

일반적인 함수 인지 수준: 기본 수준(Levels 1-2), 추천 수준(Level 3)

Level 1: 입력변수(x)에 따른 출력변수($y = f(x)$) 변화를 그릴 수 있다.

Level 2: 제한된 입력변수 범위에 대한 출력변수 변화를 그릴 수 있다.

Level 3: 함수의 다양한 대표적인 특성을 이해하고, 그 의미를 알고 있다.

Level 4: 함수를 다양한 문제에 활용할 수 있다.

데이터 분포 함수의 인지수준은 다음 단계로 구분한다.

기본 수준은 어떤 데이터 분포함수가 주어지는 경우, 다음 요구사항을 수행할 수 있어야 한다(코드 이용을 권장한다). Level 1 수준은 기본 수준이며, Level 2 수준이 가능하면, 실질적인 데이터 분석업무 수행이 가능하며, 상당한 수준이라고 스스로 판단해도 된다.

Level 1:

1. 어떤 분포함수의 확률밀도함수(PDF), 누적분포함수(CDF) 함수를 그릴 수 있어야 한다. 그리고 입력되는 변수의 실질적인 범위와 그려지는 분포함수의 범위를 알고 있어야 한다. 확률질량함수(probability mass function)는 확률변수가 정수 또는 불연속적인(한정된 개수로 구분이 가능한) 변수에 대응하는 확률밀도함수라고 할 수 있다.
2. 주어진 (누적)확률에 대한 변량(inverse function)을 계산할 수 있어야 한다.

3. 그 함수분포를 따르는 난수(데이터)를 생성할 수 있어야 한다.

이상의 내용에 대한 예시 코드를 추가한다. 분포함수는 Student-t 분포함수를 대상으로 한다.

Student-t 분포함수를 그리기 위한 입력함수는 (데이터)변수와 자료개수(n로 계산되는 자유도(degree-of-freedom, $\nu = n-1$)이다. 데이터 범위(-3, 3) 자유도 5 조건에서 수행한다. 함수를 수식으로 직접 정의하는 방식으로 표현하여도 되지만, 대부분 해당 함수가 지원된다. 그 함수를 이용한다(지원되지 않는 함수는 번거롭지만, 별도로 정의하여 사용하여야 한다). 참고로 Student-t 분포함수를 제시한다. 그 복잡한 정도와 사용하는 함수 수준은 아래와 같다.

$$p(x;\nu) = \frac{\Gamma\left(\frac{\nu+1}{2}\right)}{\sqrt{\nu\pi}\,\Gamma\left(\frac{\nu}{2}\right)} \cdot \left(1+\frac{x^2}{\nu}\right)^{-\frac{\nu+1}{2}}, \quad -\infty < x < \infty,\ \nu > 0$$

$$P(X \leqq x) = \frac{1}{2} + x \cdot \Gamma\left(\frac{\nu+1}{2}\right) \cdot \frac{F\left(\frac{1}{2};\frac{\nu+1}{2};\frac{3}{2};-\frac{x^2}{\nu}\right)}{\sqrt{\nu\pi}\,\Gamma\left(\frac{\nu}{2}\right)},$$

$$\Gamma(x) = \int_0^{\infty} \left(s^{x-1}e^{-s}\right) ds = \text{the Gamma function},$$

$$\begin{aligned} F(a;b;c;x) &= \sum_{k=0}^{\infty} \frac{(a)_k (b)_k}{(c)_k} \cdot \frac{x^k}{k!} \\ &= 1 + \frac{ab}{c} \cdot \frac{x}{1!} + \frac{a(a+1)\cdot b(b+1)}{c(c+1)} \cdot \frac{x^2}{2!} + \cdots \\ &= \text{the (Gaussian) hyper-geometric function.} \end{aligned}$$

확률밀도함수와 누적분포함수를 그리는 코드는 다음과 같다.

```
xx <- seq(-3.5, 3.5, 0.05)
dof <- 5
par(mfrow=c(2,1), mar=c(3,3,1,1))
tpdf <- dt(xx, dof)
tCDF <- pt(xx,dof)
plot(xx, tpdf, type="l",
```

```
        xlab="Data Quantiles", ylab="Probality, p(x)", cex.lab=1.2)
plot(xx, tCDF, type="l",
        xlab="Data Quantiles", ylab="Cumulative Probability, P(X < x)",
cex.lab=1.2)
```

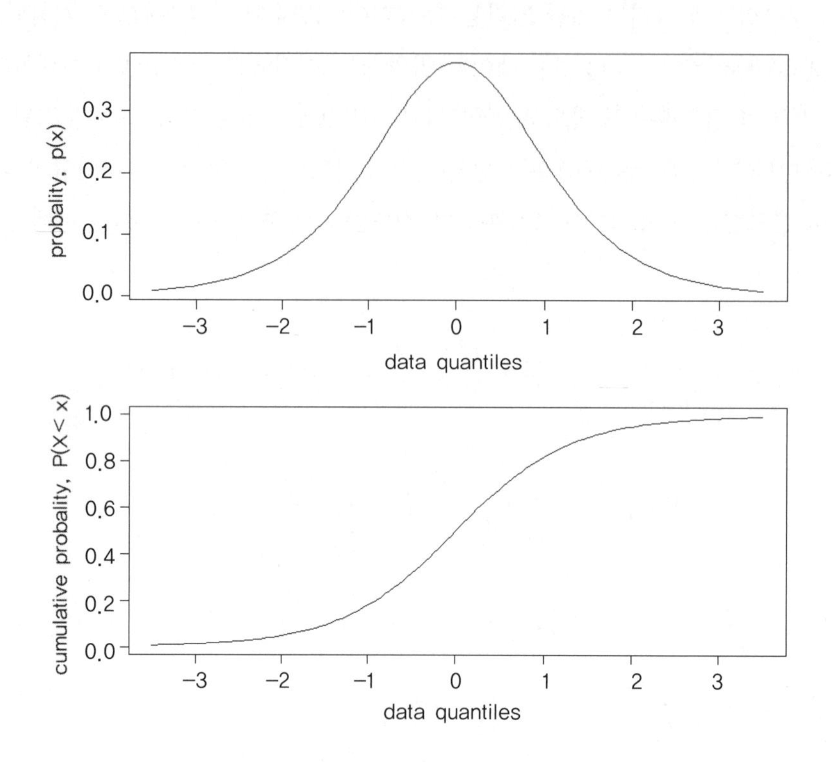


```
qx  <- c(0.05, 0.25, 0.50, 0.75, 0.95)
qt(qx, dof)  ## 누적확률 'qx' 수치에 대응하는 데이터 변량
[1] -2.0150484 -0.7266868  0.0000000  0.7266868  2.0150484
```

rt(100, dof) 명령은 Student-t 분포를 따르는 난수 100개를 생성한다(난수 발생은 매번 그 결과가 다름, 동일한 결과를 얻기 위해서는 난수 발생 시작이 되는 set.seed 함수로 번호를 지정하여야 한다).

여기서는 결과를 소수점 3번째 자리까지 반올림했다.

```
round(rt(100, 5), 3)
```

```
  [1] -0.347  0.295  0.712 -1.713 -0.639 -0.083  1.241  3.439  1.092 -0.172 -0.143
 [12] -3.550  1.585  0.208 -1.044 -0.108  0.531 -0.235  0.219  0.124 -1.111  1.408
 [23]  0.913  0.578  0.653  0.702  0.991 -1.490 -0.206  0.471  0.430  0.397  0.045
 [34] -1.166  1.956 -0.942 -0.476  0.622  0.352 -0.347  0.700  0.051 -0.685  0.442
 [45] -1.578 -1.493  2.015 -1.257 -1.187  0.232 -0.711 -0.055  0.954  0.285  1.373
 [56] -1.302 -0.049 -0.533 -0.516  3.857  0.408  0.378  0.397  0.369  2.038 -0.644
 [67]  0.611  1.113 -0.075 -1.101 -0.104  3.861 -2.240 -1.266  0.402  0.714  0.565
 [78]  0.917 -0.515  0.659  0.920 -1.505  0.129 -2.148 -0.458 -0.989 -1.957 -0.557
 [89]  1.426 -0.137  1.264 -0.865  0.972  0.489 -0.415  1.412  0.380  0.441 -2.195
[100]  2.611
```

```
set.seed(1234)
rnt <- rt(n=1000, dof)
hist(rnt, breaks="FD", prob=TRUE, main="",
        xlab="Student t quantiles",ylab="density", cex.lab=1.3)
lines(xx, tpdf, col="red", lwd=2)
```

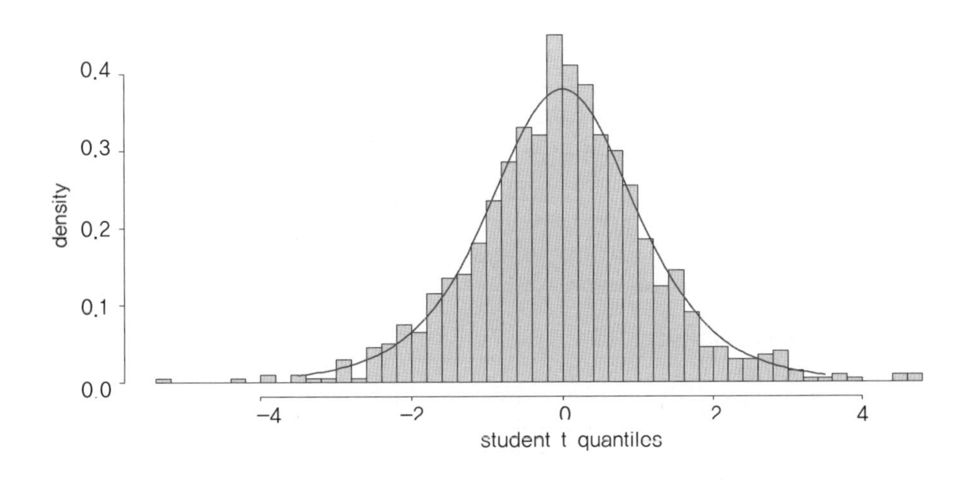

Level 2:

1. 어떤 데이터가 주어지는 경우, 그 데이터의 발생빈도 분포(히스토그램 또는 Kernel 분포 함수)를 그릴 수 있어야 한다. 그리고 그 분포 형태에 정규분포 함수(또는 어떤 후보 분포 함수)를 중첩하여 그릴 수 있어야 한다.

2. 주어진 데이터의 발생빈도 분포함수와 유사한 후보 분포함수를 선정하고, 그 분포함수의 매개변수를 추정하고, 그 추정 매개변수를 이용하여 데이터 발생빈도 분포함수에 중첩하여 그릴 수 있어야 한다.
3. 데이터와 후보 분포함수의 분포적합 검정(goodness-of-fit test)을 수행할 수 있어야 한다.

Level 3:

0. 실질적으로 발생하는 통계적인 자료 분석 문제와 통계적인 분포 함수 기반의 지식을 연결 할 수 있다. 그리고 통계적인 분석을 위한 실질적인 데이터 정리(cleaning, 이상자료 진단과 처리 및 결측자료의 처리와 보충 등)가 가능하다.
1. 변수의 개수가 두개 이상인 확장 조건에서 데이터 분포함수를 도시할 수 있다.
2. 결합 확률분포, 조건부(conditional, Bayesian) 확률분포 등 실질적인 문제에 활용이 되는 정형화되지 않은 문제에 적용할 수 있다.
3. 데이터의 변동 양상(일반적으로 추가되는 상황)을 반영하여 보다 개선되는 통계적인 추정이 가능하다.

대표적인 데이터 발생빈도 분포 함수를 정리하면 다음과 같다.

R 함수 정리 TABLE(d, p, q, r-prefix 체계적이고/일관성을 가지는 이름으로 이용하고 있다)

Names	variable range, input parameters	pdf(d..)	CDF(p..)	inverse CDF(q..)	random number generation(r...)
uniform distribution	0 ~ 1	dunif	punif	qunif	runif
Normal(Gaussian) distribution	−∞ ~ +∞	dnorm	pnorm	qnorm	rnorm
Student t distribution	−∞ ~ +∞ one df (df1=n-1)	dt	pt	qt	rt
Chi-square(d) distribution	0 ~ +∞ one df (df1=n-1)	dchisq	pchisq	qchisq	rchisq
F distribution	0 ~ +∞ two dfs. (df1=n1−1, df2=n2−1)	df	pf	qf	rf
non-parametric (kernel)distribution	−∞ ~ +∞, bandwidth, kde1d(object)	dkde1d	pkde1d	qkde1d	rkde1d

*df(degree of freedom); uniform 분포; 난수발생의 기본, 정규분포-평균 등 다양한 추정 통계량의 구간, Student-t 분포-자료의 개수가 작은 경우($n \le 30$)의 추정 통계량(통계측도) 구간추정, X^2(chi-squared) 분포-분산의 구간추정, F 분포-두 표본의 분산 비율 구간추정 등에 활용되는 주요한 확률 분포 함수이다.

A.3 Shapiro-Wilk 검정 계수 추정 방법

A.3.1 Shapiro-Wilk 검정 방법

이 검정 방법은 다음과 같은 검정 통계량의 계산을 수행하고, 그 검정통계량의 분포함수를 이용하여 p-value 수치를 계산하는 절차를 따르게 된다. 검정 방법에서 가장 중요한 내용은 귀무가설(H_0), 대립가설(H_a, H_1)를 명시하는 것이다.

1) 가설의 명시(기술, description)

귀무가설: 이 자료는 정규분포를 따른다(정규분포를 따르는 자료와 차이는 없다).

대립가설: 이 자료는 정규분포를 따른다고 할 수 없다.

2) 검정 통계량의 계산 및 통계량의 분포함수

검정 통계량의 계산은 다소 복잡한 공식 또는 과정을 거쳐 계산하는 경우가 일반적이나, 표본자료를 이용하는 계산이라는 점은 모두 동일하다. 유명한 검정기법의 경우에는 검정 함수에서 계산을 수행하기 때문에 별도의 계산과정을 생략할 수 있다. 그러나 검정기법이 가지는 개념 및 절차를 이해하기 위해서는 세부 계산절차 및 내용을 파악할 필요가 있다. 검정 통계량 기호는 (혼동 우려가 없는 경우에는) 그 검정기법을 개발하거나 제안한 통계학자가 사용하는 기호를 관습적으로 이용한다.

A.3.2 Shapiro-Wilk 검정 통계량(W) 계산 공식(EXERCISE)

$$W = \frac{\left[\sum_{i=1}^{n} a_i x_{(i)}\right]^2}{\sum_{i=1}^{n}(x_i - \overline{x})^2}$$

여기서, 계수 $a_i = (a_1, a_2, \ldots, a_n)$ 세트는 다음과 같이 계산되는 자료이다(Hanusz & Tarasinska,

2011). 계수는 다음과 같은 특성을 가지고 있다. $a_1^2 + a_2^2 + \cdots + a_n^2 = 1$, $a_{n-i+1} = -a_i$, 자료의 개수가 홀수인 경우, $a_{n/2+1} = 0$ 특성을 가지고 있다. 이 계수의 계산과정은 순서통계량에 대한 평균, 공분산행렬 계산과정을 포함한다. 그 과정은 또 하나의 알고리즘(AS218)을 이용하여 계산하는 절차를 따른다.

가장 간단한 경우(n=2)에 대한 계산과정을 소개한다.

정규순서통계량(normal order statistics)의 기댓값, $m = (m_1, m_2) = (-0.56419,\ 0.56419)$ (다양한 근사공식과 이론적인 복잡한 공식이 제안되어 있다(Harter, 1961; 계산 알고리즘은 AS 177 참고). 수치적분으로 계산한다.

$$E(x;k,n) = \frac{n!}{(n-k)!(k-1)!} \int_{-\infty}^{\infty} \left\{ x \left[\frac{1}{2} - \Phi(x) \right]^{k-1} \cdot \left[\frac{1}{2} + \Phi(x) \right]^{n-k} \cdot \phi(x) \right\} dx$$

여기서, $E(x;k,n)$= 자료의 개수가 n인 표본에서 k번째로 큰 표준정규분포 편차(deviate) 기댓값이고, $\phi(x)$, $\Phi(x)$는 각각 표준 정규분포의 pdf, CDF 함수이다. k번째로 작은 표준정규분포 편차(deviate)의 기댓값은 $-E(x;k,n)$으로 부호 차이를 가지는 대칭이다).

근사공식으로는 일반적으로 사용되는 형태는 다음과 같으며, 자료의 개수가 충분한 경우 사용이 가능하다.

$$E(x_i) = \Phi^{-1}\left(\frac{i-\alpha}{n-2\alpha+1} \right), \text{ Blom } (\alpha = 0.375 = 3/8), \text{ Harter } (= 0.363)$$

표준 정규분포 순서통계량의 공분산행렬은 다음과 같이 정의되고, 계산된다.

$$V_{ij} = E\left[(x_{(i)} - m_i) \cdot (x_{(j)} - m_j) \right], \ m_i = E(x_{(i)})$$

제약조건은 다음과 같다.

$$\sum_{j=1}^{n} V_{ij} = 1$$

$$V_{12} = V_{11} + m_1^2 - m_1 m_2 - 1,$$

$$trace(V) = n - \sum_{i=1}^{n} m_i^2,$$

$$V_{ij} = V_{ji} = V_{rs} = V_{sr},\ r = n+1-i, s = n+1-j.$$

$n=2$ 조건에서는 $i=1,2$, $j=1,2$ 범위를 적용하면 다음과 같이 계산된다.

$$m = (m_1, m_2) = (-0.56419, 0.56419)$$

$$V_{11} + V_{12} = 1$$

$$V_{21} + V_{22} = 1$$

$$trace(V) = n - m_1^2 - m_2^2 = V_{11} + V_{22}$$

$$V_{12} = V_{11} + m_1^2 - m_1 m_2 - 1 = V_{11} + (-0.56419)^2 - (-0.56419 \cdot 0.56419) - 1$$

$$= V_{11} - 0.3633793$$

$$V_{12} = V_{11} - 0.3633793 = 1 - V_{12} - 0.3633793$$

$$V_{12} = 0.3183104 = V_{21}$$

$$V_{11} = 1 - V_{12} = 0.6816896,\ V_{22} = 1 - V_{21} = 0.6816896$$

$$\boldsymbol{V} = \begin{bmatrix} 0.6816896 & 0.3183104 \\ 0.3183104 & 0.6816896 \end{bmatrix},\ \boldsymbol{V}^{-1} = \begin{bmatrix} 1.8759728 & -0.8759728 \\ -0.8759728 & 1.8759728 \end{bmatrix}$$

$$\boldsymbol{a} = (a_1, a_2) = \frac{\boldsymbol{m}^T \boldsymbol{V}^{-1}}{\left[(\boldsymbol{V}^{-1}\boldsymbol{m})^T(\boldsymbol{V}^{-1}\boldsymbol{m})\right]^{1/2}} = (-0.7071068, 0.7071068)$$

자료의 개수가 증가하는 경우, 계수를 계산하는 방법은 반복법을 이용하는 방법(AS 128)을 이용하여야 한다. 또한 W 검정 통계량에 대한 p-value 계산과정 등도 정확한 이론적인 공식이 없기 때문에 Monte-Carlo 기법 등을 이용하여 표로 제시하거나, 근사공식을 제시하는 경우가 일반적이다. 비모수 검정기법의 경우에는 일반적으로 순위통계량을 이용하기 때문에 이론적인 제한되는 경우가 일반적이고, 근사공식을 사용하는 경우가 빈번하다.

Shapiro-Wilk 계수 TABLE(일부, n = 2～10 범위)

n	2	3	4	5	6	7	8
a1	0.7071	0.7071	0.6872	0.6646	0.6431	0.6233	0.6052
a2	-0.7071	0.0000	0.1677	0.2413	0.2806	0.3031	0.3164
a3	-	-0.7071	-0.1677	0.0000	0.0875	0.1401	0.1743
a4	-	-	-0.6872	-0.2413	-0.0875	0.0000	0.0561
a5	-	-	-	-0.6646	-0.2806	-0.1401	-0.0561
a6	-	-	-	-	-0.6431	-0.3031	-0.1743
a7	-	-	-	-	-	-0.6233	-0.3164
a8	-	-	-	-	-	-	-0.6052

(1) Anderson-Darling 검정 방법

이 검정 방법은 일반적인 분포함수의 적합 검정에 널리 이용되는 방법으로, 자료의 개수가 7기 이상인 경우에 적용한다. 정규분포 적합 검정에 적용하는 경우에는 가설은 Shapiro-Wilk 검정을 포함한 대부분의 정규분포 적합 검정의 경우와 동일하다.

귀무가설: '이 자료는 정규분포를 따른다'

검정통계량(A)은 다음과 같은 수식을 이용하여 계산한다.

$$A = -n - \frac{1}{n}\sum_{i=1}^{n}\{(2i-1)[\ln p_{(i)} + \ln(1-p_{(i)})]\}$$

여기서, $p_{(i)} = \Phi\left(\frac{x_{(i)} - \bar{x}}{s_X}\right)$ = 순위통계량의 누적확률로 R 프로그램의 경우 pnorm 함수를 이용하면 계산된다. p-vale 계산은 수정된 통계량 $Z = A(1.0 + 0.75/n + 2.25/n^2)$를 이용하여 Stephen(1986) Table 4.9 표를 이용하여 계산한다(수동 실습에서는 필요하지만, 코드를 이용하는 경우에는 Table 정보가 이미 입력되어 있으며, p-value 계산도 자동으로 수행하는 장점이 있다).

(2) Kolmogrov-Smirnov 검정

교과서에서 가장 많이 소개되는 분포적합 검정기법으로, 정규분포 적합 검정에는 다음과 같은 함수를 이용하여 간단하게 수행할 수 있다. 이 기법은 동일한 수치를 가진 자료를 인정하지 않기 때문에 자료에 약간의 난수성분을 부여하는 흩트림 기법(jittering)을 적용한 자료를 사용한다. 귀무가설이나, 결과 해석 과정은 다른 기법과 동일하다. 유의수준 0.05보다 매우 작은 p-value 기준으로 판단하면, '정규분포를 따른다'라는 귀무가설은 기각된다. ks.test 함수를 이용하는 경우, 주의할 사항이 있다. 평균, 표준편차에 대한 입력이 없는 경우, 자료의 정규분포 적합을 표준화된 정규분포(평균=0, 표준편차=1)를 기준으로 수행하기 때문에 이 조건에서 벗어나면 정규분포 가설이 기각된다. 옵션으로 자료의 평균과 표준편차를 입력하여야 한다.

```
ks.test(jitter(secchi_depth), "pnorm")
        Exact one-sample Kolmogorov-Smirnov test
data:  jitter(secchi_depth)
D = 0.95271, p-value < 2.2e-16
alternative hypothesis: two-sided

ks.test(jitter(secchi_depth), "pnorm", mean=mean(secchi_depth),
sd=sd(secchi_depth))

Exact one-sample Kolmogorov-Smirnov test
data:  jitter(secchi_depth)
D = 0.16057, p-value = 0.2279
alternative hypothesis: two-sided
```

KS 검정기법은 자료의 개수가 충분히 많은 경우(보통 50~100개 이상)에 적용하는 검정 방법이다. 자료의 개수가 작은 조건에서 KS 검정기법을 이용한 정규분포 적합 검정은 추천하지 않는다. 그래도 결과를 해석한다면, KS 검정기법의 경우 귀무가설을 채택한다.

A.4 데이터 변환, 정규분포를 따르는 데이터로의 변환

$$z_i = f(x_i) = ax_i + b \text{ 또는 } a(x_i - c) \quad (1)$$

A.4.1 선형변환 : 위치 및 scale 조정 개념

- zero-mean transformation, $z_i = x_i - \bar{x}$ (식 (1) 대비, $a = 1,\ b = -\bar{x}$)
- 범위 제한 변환([0,1], min-max transformation), (식 (1) 대비, $a = 1/R_{X,}\ c = \min(x_i)$)

$$z_i = T_{01}(x_i) = \frac{x_i - \min(x_i)}{\max(x_i) - \min(x_i)} = (1/R_X)[x_i - \min(x_i)]$$

- Normalization, standardization, normal-score or z-score transformation

(식 (1) 대비, $a = 1/s_{X,}\ c = \bar{x}$)

$$z_i = T_z(x_i) = \frac{x_i - \bar{x}}{s_X}$$

여기서, $\bar{x} = \mathrm{mean}(x_i)$ (자료의 평균), $R_X = \max(x_i) - \min(x_i)$, s_X = 자료의 표준편차이다. 자료를 선형변환하면, 변환된 자료의 평균과 표준편차는 각각 $a\bar{x} + b$, $|a|\, s_X$가 된다.

z-score 변환은 선형변환이지만, 실질적으로는 두 번의 변환이다. 평균을 영(zero)으로 하는 위치변환과 분산(표준편차)을 1.0으로 하는 축척(scale) 변환이다. 이 변환은 절대적인 비교가 곤란한 서로 다른 특성을 가진 변수의 대등한 수준의 비교를 위한 방법이다. 표준화 변환이라고도 한다. 반면 [0,1] 범위변환을 정규(normalization) 변환이라고도 한다. 용어가 혼용되는 경우가 있으나, 변환 공식을 보면 그 내용을 명확하게 파악할 수 있다. 표준화, 정규화는 엄격한 기준보다는 분야에 따라 혼용되어 사용되고 있는 일반적인 용어이다. 보통 자료를 [0,1] 범위로 변환하는 경우를 정규화라고 하지만, 정규분포를 따르지 않는 변수를 정규분포를 따르는 자료로 변환하는 것도 정규화라고 한다. [0,1] 변환은 비율자료 개념을 따르는 조건에서 유용하다. 표준화라는 용어도 표준 정규분포와 관련된 용어이지만, 정규분포와 무관하게 평균=0, 분산=1 조건만을 만족하는 변환을 의미하기도 한다. 용어는 혼용되어도 혼동을 피하기 위해서는 변환 공식을 명확하게 기술하여야 한다.

A.4.2 자료의 변화(특성) 범위 조정을 위한 변환 : 비선형변환

- 기하학적인 변환, 대수변환 log-transformation

$$T_{\ln}(x_i) = \ln(x_i) \text{ 또는 } T_L(x_i) = \log_{10}(x_i)$$

가장 일반적인 변환이며, 자료의 범위가 정도(order)를 달리하는 경우, 10~10,000 또는 0.01~0.0001 범위에서 변화를 하는 경우 이용되는 변환이다. 이 경우에는 산술평균보다는 기하평균이 보다 적절한 의미를 가지게 된다. 과학적으로 자연로그가 사용되는 경우가 일반적이나, 밑(base)을 10으로 하는 로그를 사용하는 경우, 변수의 크기를 간단하게 파악할 수 있는 장점이 있으며, 다음과 같은 간단한 계수로 자연로그에 대한 변환으로 변경이 가능하다.

$$C = \ln(10) = 2.302585.$$

- 역수변환(inverse transformation)

변수가 파생변수인 경우, 역수로 정의되는 변수는 다음과 같이 역수변환이 사용된다.

$$T_I(x_i) = 1/x_i$$

이러한 변환과정을 거치는 변수는 일반적인 산술평균보다는 조화평균이 적절하다. 이러한 변환 과정이 필요한 변수는 주기(period, T, second)와 진동수, 주파수(frequency, f, Hertz, Hz)의 관계와 같이 역수로 정의되는 변수이다.

$$T = 1/f$$

함수를 이용한 다양하고 널리 이용되는 유명한 변환

1. 다항함수를 이용한 변환
2. 지수, 로그함수를 이용한 변환
3. power 함수를 이용한 변환 : $\sqrt{x}$ 변환
4. 삼각함수를 이용한 변환 등 : asin, asinh($\sinh^{-1}(x)$) 변환(변환 범위는 [0,1])

보다 복잡한 변환(정규분포 적합 변환)

일반적으로 해양 환경 모니터링 자료는 정규분포를 따르지 않는 경우가 빈번하다. 그러나 어떤 변수가 정규분포를 따르는 경우, 다양한 통계적인 추정 검정 등을 수월하게 수행할 수 있기 때문에 자료의 정규분포 가정을 만족하는 경우, 다양한 통계적인 추론이 가능하다. 따라서 정규분포를 따르지 않는 어떤 변수를 정규분포를 따르게 하는, 정규분포에 적합하게 하는 변환이 있다.

- Box-Cox transformation, 기본조건 $x_i + \alpha > 0$(변환함수로 로그함수를 이용하기 때문에 부여되는 조건, 간단하게 다음과 같이 우선 이동 변환을 수행하면 조건이 만족된다. $T_S(x_i) = x_i - \min(x_i) + o(\epsilon)$. 분산 안정화(stabilization) 효과가 있다. 보다 일반화된 변환 방법은 Yeo-Johnson 변환을 이용할 수 있다.

$$T_{BC}(x_i) = \begin{cases} \ln(x_i), & \lambda = 0 \\ \dfrac{(x_i)^{\lambda} - 1}{\lambda}, & \lambda \neq 0 \end{cases}$$

$$T_{BC-2}(x_i) = \begin{cases} \ln(x_i + \alpha), & \lambda = 0 \\ \dfrac{(x_i + \alpha)^{\lambda} - 1}{\lambda}, & \lambda \neq 0 \end{cases}$$

- One-by-one transformation(norm CDF-based quantile transformation)

$$T_N(x_i) = \Phi^{-1}(F_X(x_i)) = G(x_i)$$

여기서, F = 자료의 누적분포함수(CDF), Φ = 표준 정규분포의 누적분포함수(CDF)이다. 자료의 누적 분포함수는 일반적으로 경험적인 CDF(empirical CDF) 또는 적절한 도시 공식을 이요할 수 있지만, 자료에 근거한 최적 CDF 추정이 요구된다. 본 원고에서는 최적CDF 추정 과정은 생략하고, 자료에 대한 누적확률(non-exceedance probability, 비초과확률)을 다음과 같이 부여하는 방법으로 변환을 수행하였다.

Step 1 : 확률변수를 (오름차순) 순위변수로 변환, $x_{(i)}$, $i = 1, 2, \ldots, n$

Step 2 : 순위변수, $x_{(i)}$에 대하여 적절한 누적확률(=$(2i-1)/2n$, 범위=$[i/n,\ (i+1)/n]$) 을 할당. 하한과 상한의 범위는 각각 $[0, 1/n]$, $[(n-1)/n, 1]$이다.

Step 3 : 누적확률에 해당하는 정규분포 변량 추정, $\Phi^{-1}((2i-1)/2n)$선형 변환$z_{(i)}$

이 변환 방법은 변수 하나하나에 대한 강제 변환으로, 이론적으로 정규분포를 완벽하게 따르게 된다. 그러나 국지적으로 과도한 변환이 수행되기 때문에 전체적인 자료변환 형태를 대표할 수 있도록 양극단의 자료 일정부분을 삭감(trim)하여 보다 유연하고 다수의 자료변환을 대표하는 실질적인 방법에 검토가 필요하다. 이 변환은 '정규분포 변환'이라고 말할 수 있으며, 변환과정에서 요구되는 자료의 누적분포함수 추정에 따라 변환자료에 어느 정도의 차이가 발생할 수 있다.

어떤 변수의 통계적인 분석에 어떤 변환이 가장 적절한가는 분석 목적에 따라 다르겠지만, 일반적으로 정규분포에 적합(fitting)시킬 수 있는 변환이 가장 중요하다. 그러나 실질적으로 모든 변수가 정규분포 변환이 가능하지는 않기 때문에 z-score 변환 정도 또는 근사 변환 정도로 만족하는 경우가 대부분이다. 보다 효과적인 해양 자료의 변환 방법은 이론적으로나 실질적으로나, 경험적으로나 매우 중요한 주제이다.

이러한 정규분포 변환을 수행한 경우에는, 간단하게 nortest 라이브러리 등에서 제공하는 함수로 변환자료의 정규분포 적합 검정을 수행할 수 있으며, 이 과정은 선택사항이 아니라 필수이다.

정규분포 변환 비교·평가 : R 프로그램 코드

KOEM 해양환경측정망 부산연안(제1정점) 표층의 수온 자료에 대하여 정규분포 변환을 각각의 방법으로 비교-평가하였으며, 그 세부과정 및 관련 코드도 첨부하였다. 입력자료는 .csv 형태의 파일을 read.csv("data_file_name.csv", header=T) 함수를 이용하여 읽어 들이는 방법이 가장 일반적이다. 자료의 설명변수는 꼭 필요한 요소이기 때문에 포함하는 것을 권장하며, header=T 옵션은 자료의 설명변수가 첫줄에 포함되어 있는 경우에 사용한다. 설명변수가 없는 경우에는 옵션을 삭제하면 된다.

```
## BK1417 지점 표층 수온자료 할당
SWT <- read.csv("../data/KOEM_BK1417.csv")[,9]
head(SWT) ## 자료의 기본 구조 (설명변수가 변수이름으로 할당)
# [1] 17.61 23.29 16.22 11.39 14.40 25.93

plot(SWT, xlab="No. of data index", ylab="WT (C)", type="o")
```

```
# 그림 생략

qqnorm(SWT)
qqline(SWT, col="red", lwd=2)
```

수온 자료의 가시적인 정규분포 검정을 위하여 qqplot, qqline 함수를 적용하면 다음과 같은 결과가 얻어진다.

```
# QQ plot 확인
qqnorm(txx)
qqline(txx, col="red", lwd=2)
```

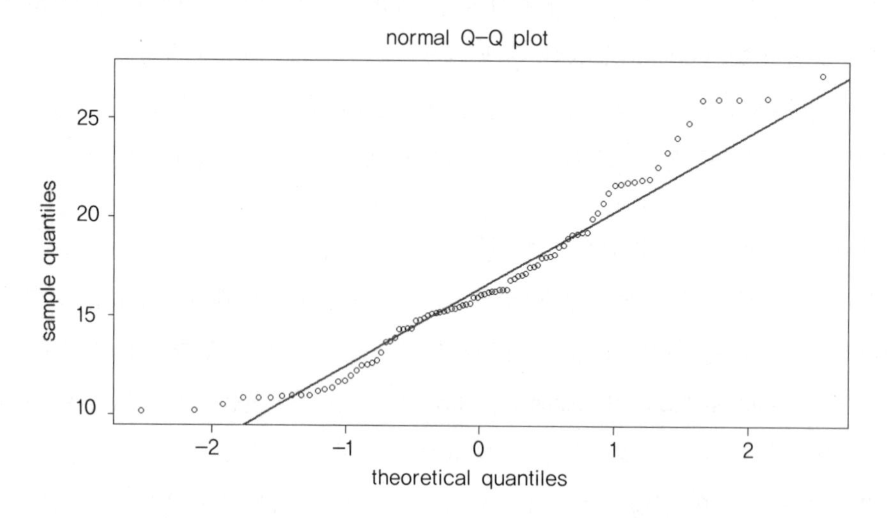

자료가 정규분포를 따르는 경우, qqline 함수에서 그려지는 붉은 선에 인접하여 자료가 위치하게 된다. 수온 자료의 경우, 정규분포에서 어느 정도 벗어난 자료임을 알 수 있다. 정규분포 검정을 수행하는 nortest 라이브러리에서 제공하는 ad.test(Anderson-Darling test) 함수를 이용하여 정규분포 적합 검정을 수행한 결과는 다음과 같다.

```
# Anderson-Darling test를 이용한 정규성 검정
library(nortest)
ad.test(txx)
```

```
#       Anderson-Darling normality test

# data:  SWT
# A = 1.1256, p-value = 0.005727
```

이상의 검정 결과에서 $p < 0.05$, 자료의 정규분포 적합 가설을 5% 유의수준에서 기각한다. 따라서 해당 수온자료는 정규분포를 따른다는 가설을 기각한다.

이 수온 자료를 Box-Cox 변환을 적용하면 다음과 같은 결과가 얻어진다. 이를 위해서는 'EnvStats' 라이브러리 설치가 요구된다. Box-Cox 변환 과정에서 요구하는 자료 범위 조건을 제거한 Yeo-Johnson 변환도 활용할 수 있다.

```
# install.packages(EnvStats)      # 한 번 설치한 경우, 재설치는 필요 없음
library(EnvStats)
trn1 <- boxcox(SWT, optimize=TRUE)

## 최적 매개변수(lambda) 추정 결과
trn1$lambda
# [1] -0.1034598
## lambda 정보를 이용한 Box-cox 변환
TBCxx <- boxcoxTransform(SWT, trn1$lambda)
qqnorm(TBCxx)
qqline(TBCxx, col="red", lwd=2)

# 변환 자료의 정규성 검정
ad.test(TBCxx)

#       Anderson-Darling normality test

# data:  TBCxx
# A = 0.55252, p-value = 0.1503
```

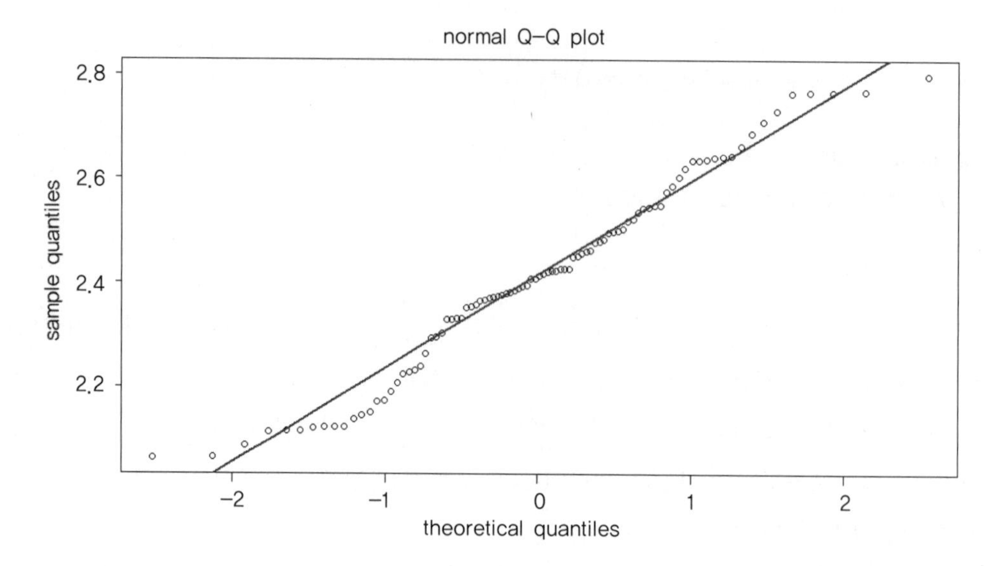

각각의 변환자료에 대하여 정규분포 검정을 다음과 같이 수행한다. 수행결과를 보면, p-value 0.15 > 0.05 조건을 만족하기 때문에, 변환자료가 정규분포를 따른다는 가설을 기각할 수 없다.

수온 관측자료를 1 : 1 변환을 추진하는 경우, 어떤 특정 함수를 가정하지 않고 정규분포의 변량으로 그대로 대응시키면 변환자료는 다음과 같이 완벽하게 정규분포를 따르게 된다. 그러나 그 변환 형태에 대응하는 함수는 다음 그림과 같은 매우 복잡한 거동을 하는 변화를 재현하여야 하는 제약이 따른다. 완벽한 변환이지만, 너무나도 복잡한 변환이 요구되는 형태임을 알 수 있다.

```
nn <- length(SWT)
## Cumulative distribution function value (probability) assignment, (m-0.5)/n
cf_lower <- (0:(nn-1))/nn
cf_upper <- (1:nn)/nn
cf_center <- (cf_lower+cf_upper)/2
stxx <- sort(SWT)
TLxx <- qnorm(cf_lower)
TUxx <- qnorm(cf_upper)
TMxx <- qnorm(cf_center)          ## 완벽한 변환 자료, TMxx

qqnorm(TMxx)
qqline(TMxx, col="red", lwd=2)

plot(stxx, TMxx, main="Point-by-point Transformation", type="o")
```

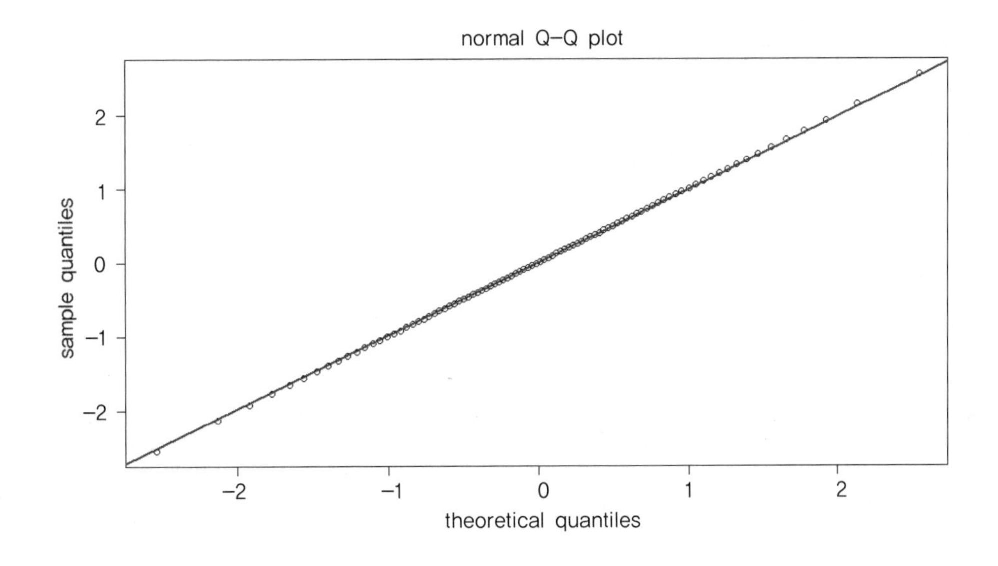

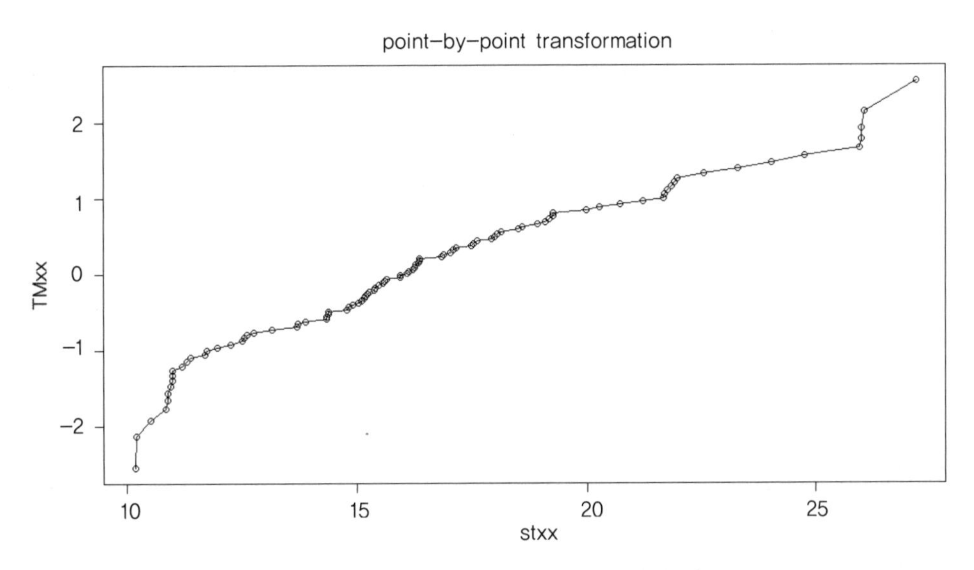

강제로 정규분포에 적합하도록 1 : 1 변환(point-by-point transformation)한 함수 형태는 급격하고 불연속적인 부분이 빈번하게 발생한다. 이러한 부분을 적절한 수준으로 적합할 수 있는 smooth 함수를 찾는 과정이 요구된다. 비모수적인 함수는 Kernel 기반 최적 smoothing 함수를 추정하면 되고, 모수 함수는 가장 적합한 후보함수(예를 들면, $\tanh^{-1}$ 등)를 선택하여 성능을 비교하면 된다.

A.5 로버스트 회귀분석(개념 및 예제 코드)

(1) Robust 회귀분석에 이용되는 가중 함수, $w(\cdot)$

- Ordinary Least-Squares Method,

  $w_{LS}(r_i) = 1$

- Huber's weight function(c=1.345),

$$w_H(r_i) = \begin{cases} 1, & |r_i| \leq c \\ \dfrac{c}{|r_i|}, & |r_i| \geq c \end{cases}$$

- Tukey bi-weight(bi-square) function(c=4.685),

$$w_B(r_i) = \begin{cases} \left[1 - \left(\dfrac{r_i}{c}\right)^2\right]^2, & |r_i| \leq c \\ 0, & |r_i| \geq c \end{cases}$$

$$L(a,\, b) = \sum_{i=1}^{n} \rho(y_i - ax_i - b)$$

$\dfrac{\partial L(a,\, b)}{\partial a} = \sum_{i=1}^{n} \rho'(r_i) \cdot (-x_i) = 0$ 조건으로부터

$\sum_{i=1}^{n} \psi(r_i) \cdot x_i = 0$ 조건이 도출되고,

$\dfrac{\partial L(a,\, b)}{\partial b} = \sum_{i=1}^{n} \rho'(r_i) \cdot (-1) = 0$ 조건으로부터

$\sum_{i=1}^{n} \psi(r_i) = 0$ 조건이 도출된다.

$\psi(x) = \rho'(x)$, 이 함수를 영향함수(influence function)라고 한다.

$w_i = w(r_i) = \dfrac{\psi(r_i)}{r_i}$, 이 함수를 가중함수(weighting function)라고 한다.

$\dfrac{\partial w_i}{\partial a},\ \dfrac{\partial w_i}{\partial b}$ the weighted least squares method, $L(a,\, b) = \sum_{i=1}^{n} \left[w_i \cdot (y_i - ax_i - b)^2\right]$

$$\frac{\partial L(a, b)}{\partial a} = \sum_{i=1}^{n} w_i \cdot 2r_i \cdot (-x_i) = 0 \text{ 조건으로부터}$$

$$\sum_{i=1}^{n} w_i \cdot r_i \cdot x_i = \sum_{i=1}^{n} \psi(r_i) \cdot x_i = 0 \text{ 조건이 도출된다.}$$

$$\frac{\partial L(a, b)}{\partial b} = \sum_{i=1}^{n} w_i \cdot 2r_i \cdot (-1) = 0 \text{ 조건으로부터}$$

$$\sum_{i=1}^{n} w_i \cdot r_i = \sum_{i=1}^{n} \psi(r_i) = 0 \text{ 조건이 도출된다.}$$

(2) Robust regression process

(by the IRLS [iteratively re-weighted least square] algorithm, $w_i = f(r_i)$)

OLS method: $y_i = ax_i + b$, $\min \sum_{i=1}^{n} [y_i - \hat{y}_i(a,b)]^2$

WLS method: $y_i = a(w_i x_i) + b$, $\min \sum_{i=1}^{n} [y_i - \hat{y}_i(a,b)]^2$

Step 1: OLS 방법을 이용하여 매개변수 a, b 추정, 잔차(r_i) 계산

→ 초기추정(initial guess) a_o, b_o, $(r_i)_o$

Step 2: 잔차[$(r_i)_o$] 정보를 이용하여 자료의 가중계수($(w_i)_o$ 계산

Step 3: WLS 방법을 이용하여 매개변수 추정, a, b 추정, 잔차(r_i) 계산

Step 4: 수렴조건 판단: $|a - a_o| \le \epsilon_a$, $|b - b_o| \le \epsilon_b$,

(ϵ_a, ϵ_b = 허용오차, $10^{-3} - 10^{-5}$ (a, b))

− Step 4 조건 만족: Step 3 계산 결과를 최종 매개변수로 확정, 가중계수 계산 → 종료

− Step 4 조건을 만족하지 못하는 경우, a, b, r_i → a_o, b_o, $(r_i)_o$ 지정, Step 2 이동

A.6 회귀분석 분산 성분 분리 유도

Equation: $\Sigma(y_i-\overline{y})^2 = \Sigma(y_i-\hat{y}_i)^2+\Sigma(\hat{y}_i-\overline{y})^2$, $i=1,2,...,n$

기본 정보: 종속변수 y_i 데이터의 분산, $V(y_i) = 1/(n-1)\cdot\Sigma(y_i-\overline{y})^2 \sim \Sigma(y_i-\overline{y})^2$

여기서, $\Sigma = \Sigma_{i=1}^{n}$, $\overline{y} = \frac{1}{n}\Sigma y_i$ 이고, 부분 성분, $\Sigma(y_i-\overline{y})^2$, 성분 분리를 유도하는 과정은 다음과 같다.

$$\begin{aligned}\Sigma(y_i-\overline{y})^2 &= \Sigma(y_i-\hat{y}_i+\hat{y}_i-\overline{y})^2\\ &= \Sigma(y_i-\hat{y}_i)^2+2\Sigma\left[(y_i-\hat{y}_i)(\hat{y}_i-\overline{y})\right]+\Sigma(\hat{y}_i-\overline{y})^2\\ &= \Sigma(y_i-\hat{y}_i)^2+\Sigma(\hat{y}_i-\overline{y})^2+2\Sigma(y_i\hat{y}_i-y_i\overline{y}-(\hat{y}_i)^2+\hat{y}_i\overline{y})\end{aligned}$$

$$\begin{aligned}\Sigma\left[y_i\hat{y}_i-y_i\overline{y}-(\hat{y}_i)^2+\hat{y}_i\overline{y}\right] &= \Sigma\left[\overline{y}(y_i-\hat{y}_i)\right]+\Sigma[\hat{y}_i(y_i-\hat{y}_i)]\\ &= \overline{y}\,\Sigma(y_i-\hat{y}_i)+\Sigma[\hat{y}_i\cdot r_i]\end{aligned}$$

여기서, r_i는 잔차 성분으로 다음 수식, $r_i = y_i-\hat{y}_i$, 으로 정의되며, 잔차 성분은 추정치와 독립이기 때문에 $\Sigma(\hat{y}_i r_i) = 0$ 조건을 만족하여야 한다. 또한 회귀모델에 의한 추정은 불편 추정(unbiased estimation) 조건을 만족하여야 한다. 따라서 $E(y_i) = E(\hat{y}_i)$ 조건이 부여되고, 이 조건은 $\Sigma y_i = \Sigma\hat{y}_i$ 조건과 동일하다.

$$\Sigma\left[y_i\hat{y}_i-y_i\overline{y}-(\hat{y}_i)^2+\hat{y}_i\overline{y}\right] = \overline{y}\left(\Sigma y_i-\Sigma\hat{y}_i\right)+\Sigma(\hat{y}_i\cdot r_i) = 0$$

이 조건을 전체 수식에 대입하면, 다음과 같다. q.e.d.

$$\begin{aligned}&\Sigma(y_i-\overline{y})^2 = \Sigma(y_i-\hat{y}_i)^2+\Sigma(\hat{y}_i-\overline{y})^2\\ &SS_T = SS_R+SS_M\end{aligned}$$

여기서, $\Sigma(y_i-\overline{y})^2$ 는 종속변수 자료의 전체 제곱합(total sum of squares, SS_T)으로 , 종속변

수 자료의 분산에 비례한다. $\Sigma(y_i - \hat{y}_i)^2$는 잔차성분의 제곱합(sum of squared residuals, SS_R), $\Sigma(\hat{y}_i - \overline{y})^2$는 회귀모델 추정 자료의 전체 제곱합(sum of model estimated values, SS_M)으로, 추정 자료의 분산에 비례한다. 그리고 회귀모형에서 중요한 지표로 제시되는 결정계수(coefficient of determination, R^2)는 다음과 같이 정의된다.

$$R^2 = 1 - \frac{SS_R}{SS_T} = \frac{SS_T - SS_R}{SS_T} = \frac{SS_M}{SS_T}$$

이 수식을 이용하여 결정계수를 풀이하면, 전체 종속변수 자료의 분산에서 모델 추정 자료가 차지하는 분산의 비율로, 모델에 의한 설명비율로 간주할 수 있다.

참고문헌

강현철, 김기영. (2000). 중복분석의 확장과 이를 이용한 일반화 정준상관분석. 응용통계연구, 13(1), 105-113.

국립국어원 표준국어대사전 (2020). https://stdict.korean.go.kr/search/searchResult.do Accessed 18 Aug 2020.

국립수산과학원 한국해양자료센터 https://www.nifs.go.kr/kodc/index.kodc Accessed 14 Dec 2022.

김우철. (2007). 『통계학 개론(제4개정판)』. 영지문화사.

김우철, 김재주, 박병욱, 박성현, 박태성, 송문섭, 이상열, 이영조, 전종우, 조신섭. (2000). 『통계학 개론(제4개정판)』. 영지문화사.

류근관. (2010). 『통계학(제2판)』. 법문사.

오철웅. (2012). 『생물통계학, 통계적 방법의 선택, 적용 및 해석』. 교보문고.

유학렬, 김대현, 박종진. (2006). 『MATLAB®을 이용한 해양자료처리』. 아진.

이기섭. (2020). R을 이용한 연안 수질 관측자료의 주성분 분석. KIDS Report, 2(4), 1-20.

이기섭. (2021). R을 이용한 연안 수질관측자료의 다중선형회귀분석. KIDS REPORT, 3(1), 1-13.

조홍연. (2022). 'TideHarmonics' 패키지를 이용한 조류자료의 조화분석. KIDS REPORT, 4(1), 44-52.

쿠리하라 신이치, 마루야마 아츠시. 김선숙 옮김. (2018). 『통계학 도감』. 성안당.

해양환경정보포털 해양환경측정망 정보. (2023). https://www.meis.go.kr

허명회. (2012). 『'R'을 활용한 탐색적 자료 분석(개정판)』. 자유아카데미.

Agresti, A. (2002). Categorical Data Analysis, Second Edition, John Wiley-Sons.

Agresti, A. and Franklin C. (2007). Statistics, The Art and Science of Learning from Data, Pearson Education.

Akmaev, R. A. (2003). Comment on "Time series, periodograms, and significance" by G. Hernandez. J. of Geophysical Research 108(A5): 1187. doi:10.1029/2002JA009687.

Amar, J. G. (2006). The Monte Carlo method in Science and Engineering, Computing in Science and Engineering, 9-19.

Andrienko, N. and Andrienko G. (2006). Exploratory Analysis of Spatial and Temporal Data, A Systematic Approach, Springer.

Anselin, L. (1995). Local Indicators of Spatial Association, Geographical Analysis, 27(2), 93-115.

Atkinson, A. C. (1985.) Plots, Transformations, and Regression, An introduction to graphical methods of diagnostic regression analysis, Chaps. 6-9, Clarendon Press, Oxford.

Balaji, R. (2020). Estimation of the Spectrum. http://civil.colorado.edu/balajir/CVEN6833/

Barnett, V., Lewis T. (1994). Outliers in Statistical Data, Third Edition, John Wiley Sons, p.584.

Bartels, R. (1982). The Rank Version of von Neumann's Ratio Test for Randomness, J. of the American Statistical Association, 77(377), 40-46.

Becker, R. A., Chambers, J. M. and Wilks, A. R. (1988). The New S Language. Wadsworth & Brooks/Cole.

Bernaards, Coen A. and Jennrich, Robert I. (2005). Gradient Projection Algorithms and Software for Arbitrary Rotation Criteria in Factor Analysis, Educational and Psychological Measurement: 65, 676-696. http://www.stat.ucla.edu/research/gpa

Betts, M. G., Forbes, G. J., & Diamond, A. W. (2007). Thresholds in songbird occurrence in relation to landscape structure. Conservation Biology, 21(4), 1046-1058.

Bivand, R. S., Wong, D. W. (2018). Comparing implementations of global and local indicators of spatial association, TEST, 27, 716-748. https://doi.org/10.1007/s11749-018-0599-x

Black, K. (2014). R object-oriented programming. Packt Publishing Ltd.

Blomqvist, N. (1950). "On a Measure of Dependence between Two Random Variables", Annals of Mathematical Statistics, 21(4): 593-600.

Bloomfield, P. (2000). Fourier Analysis of Time Series, An Introduction. Second Edition, John Wiley & Sons, Inc.

Bonato, M. (2011). Robust estimation of skewness and kurtosis in distributions with infinite higher moments, Finance Research Letters, 8:77-87.

Bonett, D. G., Wright, T. A. (2000). Sample size requirements for estimating Pearson, Kendall, and Spearman correlations, Psychometrika, 65(1), 23-28.

Bradley, C. (1985). "The Absolute Correlation", The Mathematical Gazette, 69(447), 12-17.

Brigham, E. O. (1988). The Fast Fourier Transform and Its Applications, Prentice Hall.

Brys, G., Hubert M., Struyf A. (2004). A Robust Measure of Skewness, Journal of Computational and Graphical Statistics, 13(4), 996–1017.

Burnham and Anderson. (2002). Model Selection and Multimodel Inference: A Practical Information-Theoretic Approach. Springer Science & Business Media.

Chan K. S., Ripley B. (2018). TSA: Time Series Analysis, R package version 1.2. https://CRAN.R-project.org/package=TSA

Chandler, R. E. and Scott E. M. (2011). Statistical methods for Trend Detection and Analysis in the Environmental Sciences, John Wiley & Sons.

Chatterjee, S. and Hadi, A. S. (1986). Influential observations, high leverage points, and outliers in linear regression, Statistical Science, 1(3), 379-416.

Cohen, J. (1988). Statistical Power Analysis for the Behavioral Sciences, Second Edition, Lawrence Erlbaum Associates, Publishers. {pwr} 2022. 10.14

Congdon, P. (2001). Bayesian Statistical Modeling, John-Wiley & Sons.

Conover, W. J. (2009). Distribution-free methods in statistics, WIREs Computational Statistics, 1, 199-207, John Wiley & Sons.

Costanza, R., & Sklar, F. H. (1985). Articulation, accuracy and effectiveness of mathematical models: a review of freshwater wetland applications. Ecological Modelling, 27(1-2), 45-68.

Crawley, M. J. (2012). The R Book. John Wiley & Sons.

Cressie, N. (1993). Statistics for Spatial Data. Wiley: New York.

Cressie, N. and Wikle C. K. (2011). Statistics for Spatio-Temporal Data, John Wiley & Sons.

Currel, G. and Doweman, A. (2009). Essential Mathematics and Statistics for Science, Second Edition, John Wiley & Sons. Chapter 7.

Dahiru, T. (2008). P-value, a true test of statistical significance? A cautionary note. Annals of Ibadan postgraduate medicine, 6(1), 21-26.

Davis, C. S. and Stephens M. A. (1978). Algorithm AS 128: Approximating the covariance matrix of normal order statistics, J. of the Royal Statistical Society, Series C (Applied Statistics), 27(2), 206-212.

Davis, C. S. and Stephens M. A. (1978). The covariance matrix of normal order statistics, Technical Report No. 14, Department of Statistics, Stanford University.

Di Ciccio, T. J. and Efron, B. (1996). Bootstrap Confidence Intervals, Statistical Software, 11(3), 189-228.

Dixon, W. J. (1951). Ratios involving Extreme values, The Annals of Mathematical Statistics, 22(1), 68-78.

Duong, T. (2022). ks: Kernel Smoothing. R package version 1.14.0, https://CRAN.R-project.org/package=ks.

Efron, B., Tibshirani, R. (1991). Statistical Data Analysis in the Computer Age, Science, Articles, 253, 390-395, 1991-06-26.

Erceg-Hurn D. M., Mirosevich V. M. (2008). Modern Robust Statistical Methods: An Easy Way to Maximize the Accuracy and Power of Your Research, American Psychologist, 63(7), 591-601.

Erich Neuwirth. (2022). RColorBrewer: ColorBrewer Palettes. R package version 1.1-3. https://CRAN.R-project.org/package=RColorBrewer.

F-distribution: https://en.wikipedia.org/wiki/F-distribution.

Fisher, R. A. (1921). On the "Probable Error" of a Coefficient of Correlation Deduced from a Small

Sample. Metron, 1, 3–32.

Fisher, R. A. (1929). Tests of significance in harmonic analysis. Proc. Roy. Soc. A. 125, 54-59.

Fisher, R. A. (1992). Statistical methods for research workers. In Breakthroughs in statistics (pp. 66-70). Springer, New York, NY.

Frederico Caeiro and Ayana Mateus. (2014). randtests: Testing randomness in R. R package version 1.0. https://CRAN.R-project.org/package=randtests.

Getis, A. and Ord J. K. (1992). The analysis of spatial association by use of distance statistics, Geographical Analysis, 24(3), 189-206.

Github page (2021). https://gist.github.com/fawda123/4717702 Accessed 04 Mar 2021.

Grolemund, G. and Wickham H. (2011). Dates and times made easy with lubridate. Journal of Statistical Software, 40(3), 1-25.

Gross, J. and Ligges U. (2015). nortest: Tests for Normality. R package version 1.0-4.

Grubbs, F. E. (1950). Sample Criteria for Testing Outlying Observations, The Annals of Mathematical Statistics, 21(1), 27-58.

Hair Jr. J. F., Black, W. C., Babin, B. J. and Anderson, R. E. (2010). Multivariate Data Analysis, A Global Perspective, Seventh Edition, Pearson (Global Edition). rules of thumb.

Harter, H. L. (1961). Expected values of normal order statistics, Biometrika, 48(1/2), 151-165.

Hernandez, G. (1999). Time series, periodograms, and significance. J. of Geophysical Research 104(A5), 10,355-10,368.

http://www.meis.go.kr/portal/main.do Accessed 10 Sep. 2020.

https://CRAN.R-project.org/package=nortest.

https://CRAN.R-project.org/package=psych, Version = 2.0.12.

https://pkg.robjhyndman.com/forecast/.

https://www.R-project.org/.

Huber, P. J., Ronchetti, E. M. (2009). Robust Statistics, Second Edition, Chap. 1, John Wiley & Sons. p. 380.

Hubert, M. and Vandervieren, E. (2008). An adjusted boxplot for skewed distributions, Computational Statistics and Data Analysis 52, 5186–5201. doi:10.1016/j.csda.2007.11.008.

Hyndman, R., Athanasopoulos G., Bergmei,r C., Caceres, G., Chhay, L., O'Hara-Wild M., Petropoulos F., Razbash, S., Wang E., Yasmeen, F. (2021). forecast: Forecasting functions for time series and linear models. R package version 8.15.

Hyndman, R. J., Khandakar Y. (2008). Automatic time series forecasting: the forecast package for R. Journal of Statistical Software, 26(3), 1-22. https://www.jstatsoft.org/article/view/v027i03

Jorgensen, S. E., & Bendoricchio, G. (2001). Fundamentals of ecological modelling. Elsevier.

Juergen Gross and Uwe Ligges. (2015). nortest: Tests for Normality. R package version 1.0-4. https://CRAN.R-project.org/package=nortest

Kay, S. M. (2006). Intuitive Probability and Random Processes using Matlab®, Springer.

Kendall, M. G. (1975). Rank Correlation Methods, Griffin, London.

Kim, T-H, White H. (2004). On more robust estimation of skewness and kurtosis, Finance Research Letters, 1, 56-73.

Lai, Y, McLeod A. I. (2016). ptest: Periodicity Tests in Short Time Series. R package version 1.0-8. https://CRAN.R-project.org/package=ptest6 lectures/Spectrum-Wei-Chap12-rotated.pdf.

Lee, G. (2019). Reviews on Efficient Ways for Handling Time Information Using 'lubridate' in R. KIost Data Science Report(1)4, 50-57.

Legendre, P. and Gallagher E. D. (2001). Ecologically meaningful transformations for ordination of species data. Oecologia, 129, 271–280.

Legendre, P. and Legendre, L. (2012). Numerical ecology. Elsevier, p. 1006.

Leps, J. and Smilauer P. (2003). Multivariate analysis of ecological data using CANOCO, Cambridge University Press. p. 282.

Mann, H. B. (1945). Nonparametric tests against trend, Econometrica, 13, 245-259.

Mardia, K. V., Kent, J. T. and Bibby, J. M. (1979). Multivariate Analysis, London: Academic Press.

Martinez, W. L., Martinez A. R. (2005). Exploratory Data Analysis with MATLAB, Chapman & Hall/CRC. p. 405.

Mayr, S., Erdfelder, E., Buchner, A. and Faul, F. (2007). A short tutorial of G*Power, Tutorials in Quantitative Methods for Psychology, 3(2), 51-59.

Millard, S. P. (2013). EnvStats: An R package for Environmental Statistics, Springer, http://www.springer.com Accessed 16, Jan. 2016.

Millard, S. P. (2018). EnvStats: Package for Environmental Statistics, Including US EPA Guidance, https://CRAN.R-project.org/package=EnvStats, http://www.probstatinfo.com

Mindham, D. A. and Tych, W. (2019). Dynamic harmonic regression and irregular sampling; avoiding pre-processing and minimising modelling assumptions. Environmental Modelling & Software, 121, 104503.

Minitab Support Page, https://support.minitab.com/ko-kr/minitab/18/help-and-how-to/statistics/basic-statistics/supporting-topics/basics/type-i-and-type-ii-error/ Accessed 24 Sep 2019.

Moors, JJA. (1988). A quantile alternative for kurtosis, J. of the Royal Statistical Society, Series D (The Statistician). 37(1), 25-32.

Moritz, S, Bartz-Beielstein, T. (2017). imputeTS: Time Series Missing Value Imputation in R. The R Journal, 9(1), 207-218. doi:10.32614/RJ-2017-009, https://doi.org/10.32614/RJ-2017-009).

Nagler, T., Vatter, T. (2022). kde1d: Univariate Kernel Density Estimation. R package version 1.0.5, https://CRAN.R-project.org/package=kde1d.

Nagler, T., Vatter, T. (2022). kde1d: Univariate Kernel Density Estimation. R package version 1.0.5, https://CRAN.R-project.org/package=kde1d.

Nakazawa, M. (2019). fmsb: Functions for Medical Statistics Book with some Demographic Data. R package version 0.7.0. https://CRAN.R-project.org/package=fmsb

Normal distribution. (2019). https://en.wikipedia.org/wiki/Normal_distribution Accessed 21 Jun. 2019.

Oksanen, J., Kindt, R., Legendre, P., O'Hara B, Stevens MHH, Oksanen MJ, and Suggests MASS. (2007). The vegan package. Community ecology package, 10(631-637), 719.

Otto, R. L., Longnecker, M. T. (2015). An introduction to statistical methods and data analysis. Nelson Education.

Otto, R. L. and Longnecker, M. (2001). An Introduction to Statistical methods and data Analysis, Fifth Edition, Duxbury.

Patrick Royston. (1995). Remark AS R94: A remark on Algorithm AS 181: The W test for normality. Applied Statistics, 44, 547–551. doi:10.2307/2986146.

Pearson correlation coefficient. (2019). https://en.wikipedia.org/wiki/Pearson_correlation_coefficient Accessed 21 Jun. 2019.

Prajapati, B., Dunne, M., Armstrong, R. (2010). Sample size estimation and statistical power analyses. Optometry today, 16(07), 10-18.

Pritha, Bhandari. (2022). Levels of measurement: nominal, ordinal, interval and ratio, https://www.scribbr/statistics/levels-of_measurement/

R Core Team. (2021). R: A language and environment for statistical computing. R Foundation for Statistical Computing, Vienna, Austria. URL https://www.R-project.org/.

R Pubs https://rpubs.com/cardiomoon/27080

R Source Code. source_lines.R. https://gist.github.com/christophergandrud

Revelle, W. (2020). psych: Procedures for Personality and Psychological Research, Northwestern University, Evanston, Illinois, USA,

Ripley, B., Venables B, Bates, D. M., Hornik, K., Gebhardt, A., Firth, D, and Ripley, M. B. (2013). Package 'mass'. Cran r, 538, 113-120.

Rosner, B. (1983). Percentage points for a generalized ESD many-outlier procedure, Technometrics, 25(2), 165-172.

Rousseeuw, P. J. and LeRoy A. M. (2003). Robust Regression and Outlier Detection, John Wiley & Sons.

Rousseeuw, P. J., Croux, C. (1993). Alternatives to the Median Absolute Deviation, Journal of the American Statistical Association, 88(424), 1273-1283.

Rousseeuw, P. J., LeRoy, A. M. (2003). Robust Regression and Outlier Detection, John Wiley & Sons. p. 329.

Ryan, J. A. and Ulrich, J. M. (2018). xts: Extensible time series. R package version 0.11-2. https://CRAN.R-project.org/package=xts

Shevlyakov, G. L. (1997). "On Robust Estimation of a Correlation Coefficient", Journal of Mathematical Sciences, 83(3), 434-438.

Sokal, R. R. and Rohlf, F. J. (2009). Introduction to Biostatistics, Second Edition, Chapter 2 (derived variables, 30-300 rules), Dover Publications.

Speaking Stata: Correlation with confidence, or Fisher's z revisited, The Stata Journal (2008). 8, Number 3, pp. 413–439.

Spearman, C. (1904). "The Proof and Measurement of Association between Two Things", American Journal of Psychology, 15, 88-93.

Stack Overflow https://stackoverflow.com/questions/49695113/changing-the-position-of-the-signifigance-pch-symbols-in-corrplot/69557793#69557793

Student's t-distribution. (2019). https://en.wikipedia.org/wiki/Student%27s_t-distribution Accessed 21 Jun. 2019.

Taiyun Wei and Viliam Simko. (2021). R package 'corrplot': Visualization of a Correlation Matrix(Version 0.92). https://github.com/taiyun/corrplot

ter Braak CJF. (1995). Ordination. In Data analysis in community and landscape ecology (pp. 91-274). Cambridge University Press.

Thorsten Pohlert. (2018). trend: Non-Parametric Trend Tests and Change-Point Detection. R package version 1.1.1. https://CRAN.R-project.org/package=trend

Ulm, K. (1991). A statistical method for assessing a threshold in epidemiological studies. Statistics in medicine, 10(3), 341-349.

Venables, W. N. and Ripley, B. D. (2002). Modern Applied Statistics with S, Springer-Verlag.

Vito M. R. Muggeo. (2003). Estimating regression models with unknown break-points. Statistics in Medicine, 22, 3055-3071.

Vito M. R. Muggeo. (2008). segmented: an R Package to Fit Regression Models with Broken-Line Relationships. R News, 8/1, 20-25. URL https://cran.r-project.org/doc/Rnews/.

Vito M. R. Muggeo. (2016). Testing with a nuisance parameter present only under the alternative: a score-based approach with application to segmented modelling. J of Statistical Computation and Simulation, 86, 3059-3067.

Vito M. R. Muggeo. (2017). Interval estimation for the breakpoint in segmented regression: a smoothed score-based approach. Australian & New Zealand Journal of Statistics, 59, 311-322.

von Storch H., Zwiers, F. W. (1999). Statistical Analysis in Climate Research, Chap. 8, Cambridge University Press.

Walter III, J. F., Christman, M. C., Hoenig, J. M., & Mann, R. (2007). Combining data from multiple years or areas to improve variogram estimation. Environmetrics: The Official Journal of the International Environmetrics Society, 18(6), 583-598.

Wang, Y. (2003). Nonparametric Tests for Randomness, ECE 461 Project Report (Draft).

Webster, R., Oliver M. (2001). Geostatistics for Environmental Scientists. Wiley: England.

Wickham, H., Averick, M., Bryan, J., Chang, W., McGowan, LDA., Francois, R., Yutani, H. (2019). Welcome to the Tidyverse. Journal of open source software, 4(43), 1686.

Working with financial time series data in R https://faculty.washington.edu/ezivot/econ424/Working%20with%20Time%20Series%20Data%20in% 20R.pdf Accessed 18 Aug 2020.

Zeileis, A. and Grothendieck, G. (2005). zoo: S3 Infrastructure for Regular and Irregular Time Series. Journal of Statistical Software, 14(6), 1-27. doi:10.18637/jss.v014.i06.

Zhou, Q., Zhu, Z., Xian, G., and Li, C. (2022). A novel regression method for harmonic analysis of time series. ISPRS Journal of Photogrammetry and Remote Sensing, 185, 48-61.

기본 용어

- event: 사상, 사건으로 해석. (해양)통계의 관점에서는 관측/분석으로 얻어진 하나하나의 데이터를 의미.
- trials: 시행으로 해석. 어떤 조건/환경에서 어떤 데이터를 얻기 위한 관측/분석 행동.
- 표본(집단): sample, 표본 집단, 부분집합. 전체집단의 정보를 알고자 하는 목적으로 관측/분석 과정을 거쳐 얻은 데이터로 부분집합에 해당. 적절한 표본을 얻기 위한 기준은 표본의 대표성(전체집단을 대표하는 표본 추출, sampling).
- 모집단: population, 전체집합, 해양연구의 경우, 특정 조건(시간/공간/환경)을 부여하여 한정된 모집단을 정의할 수 있으나, 일반적으로 무한 집단에 해당한다.
- process: 절차, 과정이라는 일반적인 용어. 통계에서는 자료 생성/수집과정을 의미.
- random process: stochastic process, 무작위로 생성되는 자료 생성/수집 과정. 보다 구체적인 의미를 부여하면, 선행 데이터가 다음에 이어지는 자료에 아무런 영향을 미치지 않는다는 독립 가정을 만족하면서, 어떤 하나의 통계적이 분포를 따르는 자료를 생산/수집하는 절차.
- gaussian process: 독립 조건을 만족하면서, 생성/수집되는 데이터가 Gauss(normal) 분포 함수를 따르는 경우, 이 과정을 의미.
- 유의수준(α): 통계적인 의미가 부여한 변화, 차이, 크기의 수준을 비율로 표현한 수치.
- 신뢰수준($1-\alpha$): 통계적인 추정, 판정 결과에 대한 신뢰정도를 비율로 표현한 수치.
- 표준오차: standard error, 표본으로 추정하고자 하는 통계측도(통계량)의 표준편차.
- 허용오차: margin of error, 추정 통계측도의 상한-하한 신뢰구간의 크기.
- 귀무가설(H_0): 일반적으로 모든 통계적인 추정이 우연이라고 가정하는 가설 또는 어떤 가설을 주장하고자 하는 경우, 그에 대립하는 가설. 과학적인 연구의 경우, 이렇게 설정된 귀무가설을 관측/실험데이터 등을 이용하여 기각하고 주장하고자 하는 가설을 채택하는 방식으로 수행한다.
- 대립가설(H_1): 귀무가설과 대립하는, 상호배타적인(mutually exclusive) 가설. 예를 들어, 귀무가설이 '이 자료는 추세(trend)가 없다'라면, 대립가설은 '이 자료는 추세가 없다'가 아니라 '[이 자료는 추세가 없다, H_0]고 할 수 없다'가 된다.
- p(p-value): 귀무가설이 참인 경우, 가설 검정에 사용하는 데이터가 귀무가설을 지지하는 확률 또는 귀무가설을 기각하는 경우의 오류확률로, 기준이 되는 유의수준(0.05) 조건에서 $p < 0.05$ 조건이면 귀무가설을 기각한다. 그러나 이 방법은 귀무가설이 참인 경우라는 전제조건에서 수행하기 때문에, 귀무가설이 거짓인 경우도 존재하는 조건에서 그 가설을 채택하는 제2종 오류에 대한 평가도 요구된다.

- 제1종 오류(α): 귀무가설이 참인 경우(전제조건), 그 가설을 기각하는 오류 비율.
- 제2종 오류(β): 귀무가설이 거짓인 경우, 그 가설을 채택하는 오류 비율.
- 신뢰수준: $1-\alpha$, confidence level, 귀무가설이 참인 경우(전제조건), 그 가설을 채택하는 비율(확률)
- 검정능력: $1-\beta$, power of the test, 귀무가설이 참인 경우(전제조건), 그 가설을 채택하는 비율(확률)
- $E(X)$: the expected value of the variable set, X.
- $V(X)$: the variance of the variable X, $V(X) = E[(X-E(X))^2] = E(X^2)-[E(X)]^2$
- $B(\hat{\phi})$: 편향, bias, $B(\hat{\phi}) = \phi - E(\hat{\phi})$, ϕ = true value, $\hat{\phi}$ = estimated values.
- 통계측도(statistical measures): 보다 일반적으로 사용되는 용어는 통계량(statistics). 대표적인 통계측도(통계량)는 평균, 분산으로 요약 통계량(summary statistics)은 다수의 데이터를 요약하는 소수의 통계측도이며, 대표적인 요약 통계량은 평균, median, mode, 분산, 표준편차, 왜도, 첨도, MAD(평균 또는 median 절대편차) 등이 대표적이다. 그러나 통계측도는 데이터의 어떤 특성을 반영할 수 있는, 데이터로부터 수식으로 계산되는 수치를 의미하기 때문에 보다 넓은 의미를 가지고 있다. 검정 통계량(test statistics)은 통계적인 검정에 사용되는 통계측도라고 할 수 있다.
- 척도(scale): 데이터의 범위, 변화 정도를 표현하는 단위.

기본 기호

본 도서에서 사용한 기호는 다음과 같다. 특별한 설명이 없는 경우 여기에 제시된 의미를 따르고, 부분적으로 별도 설명이 중복되거나 추가되는 기호는 그 부분의 설명이 우선한다. 기호 설명은 영문 용어를 우선하고, 필요한 경우 국문을 같이 쓴다. 또한 모집단(population, 전체집단)과 표본집단(sample, 부분집단)의 통계측도 기호는 관행적으로(conventional) 달리한다. 그러나 축약된 하나의 기호 사용은 다른 의미로도 사용될 수 있기 때문에 전체적인/대표적인 의미에만 한정하는 경우 역시 빈번하다. 기호의 중복 사용은 혼동을 불러올 수 있기 때문에 가능한 명확하게 명시하여야 한다.

- x = a variable, a sample data, 어떤 임의의 변수(데이터)
- x_c = the mean (average) of the variable x, 평균
- $\overline{x} = x_c$ = the mean (average) of the variable x
- x_m = the median of the variable x, 중위수 또는 중간값
- x_p = the most frequent value (mode) of the variable x, 최빈수, 최빈값
- μ = the population mean (unknown)
- μ_X = the population mean (unknown) of the variable X.
- m = the sample mean
- m_X = the sample mean of the (sample) data set of X.
- σ^2 = the population variance (unknown), 분산
- s^2 = the sample variance
- σ = the standard deviation (unknown), 표준편차
- s = the standard deviation (SD) of the sample.
- γ = the coefficient of the skewness, 왜도, 왜곡도 계수(무차원)
- δ = the coefficient of the skewness, 첨도, 첨도 계수(무차원)
- ρ = the (population) correlation (coefficient) between two variables, X, Y
- r = the sample correlation (coefficient) between two variables, X, Y
- $\rho_P = r$ = the Pearson correlation coefficient
- $\rho_S = \rho$ = the Spearman rank correlation coefficient

- $\rho_K = \tau$ = the Kendall rank correlation coefficient
- n = the number of the data
- x_i = the data (set) $(i=1,2,...,n)$
- y_i, z_i = the other data set $(i=1,2,...,n)$
- $x_{(i)}$ = the rank data set of the data x_i. (오름차순) 순위데이터
- $x_{\max} = x_{(n)}$ = the maximum of the data x_i, 최댓값
- $x_{\min} = x_{(1)}$ = the minimum of the data x_i, 최솟값
- α = the significance level, the Type I error, 유의수준(有意水準), 보통 0.05 = 5% 조건 적용
- β = the Type II error
- $\nu = df = n-1$ = the degree of freedom(DF), 자유도(度, degree)
- $f(x)$ = the function of the(independent) input variable x
- $\sum_{i=1}^{n} x_i = x_1 + x_2 + ... + x_n$, = sum of the data x_i
- $z_{1-\alpha/2}$ = the quantile value of the standard normal distribution at the cumulative probability, $1-\alpha/2$. $z_{1-0.05/2} = -1.96$
- $z_{\alpha/2} = -z_{1-\alpha/2}$ = the quantile value of the standard normal distribution at the cumulative probability, $\alpha/2$. $z_{0.05/2} = 1.96$
- $t_{\nu,1-\alpha/2}$ = the quantile value of the Student t distribution with ν degree of freedom at the cumulative probability, $1-\alpha/2$. $t_{10,1-0.05/2} = 2.23$
- $t_{\nu,\alpha/2} = -t_{\nu,1-\alpha/2}$ = the quantile value of the Student t distribution with ν degree of freedom at the cumulative probability, $\alpha/2$. $t_{10,0.05/2} = -2.23$
- $X^2_{\nu,1-\alpha/2}$ = the quantile value of the X^2(chi-squared) distribution with ν degree of freedom at the cumulative probability, $1-\alpha/2$. $X^2_{10,1-0.05/2} = 20.48$
- $X^2_{\nu,\alpha/2}$ = the quantile value of the Student t distribution with ν degree of freedom at the cumulative probability, $\alpha/2$. $X^2_{10,0.05/2} = 3.25$
- $F_{\nu_1,\nu_2,1-\alpha/2}$ = the quantile value of the Student t distribution with ν_1, ν_2 degrees of freedom at the cumulative probability, $\alpha/2$. $F_{10,5,1-0.05/2} = 6.619$
- $F_{\nu_1,\nu_2,\alpha/2} = 1/F_{\nu_2,\nu_1,1-\alpha/2}$ = the quantile value of the F distribution with ν_1 and ν_2 degrees of freedom at the cumulative probability, $\alpha/2$. $F_{10,5,0.05/2} = 0.236$

- H_0 = the null hypothesis, 귀무가설(歸無假設), 영(零)가설
- $H_1 = H_a$ = the alternative hypothesis, 대립가설(對立假設)
- p = the p value, the probability
- SE = the standard error
- $y_i, \hat{y}_i$ = the observed and estimated (by model) values, respectively
- X = the multi-variate data set matrix, $(n \times p)$

찾아보기

국문

ㄱ

ㄴ

ㄷ

ㄹ

ㅁ

ㅂ

ㅅ

ㅇ

ㅈ

함수

에필로그

여러 가지 교재 혹은 전문도서를 접하면서 조금은 의아하게 느낀 것이 있다. 교재를 이용하여 차근차근 따라가는 수업시간이 아니고서는 처음부터 끝까지 혼자서 전문도서를 정독한다는 것이 그리 쉬운 일은 아니다. 매우 어렵다. 그래도 그 어려운 일을 해야만 하는 경우도 있기에 몇 번의 전문도서를 정독하는 과정을 거친 적이 있다. 그런데 대부분의 전문도서는 오로지 전문적인 내용으로 그 도서를 종결짓는다. 열심히 과정을 따라가다 보면 '어? 끝났나? 끝났구나!' 하는 시원섭섭한 결말을 맞는다. 대체로 도서의 말미에는 참고문헌과 부록이 이어지지만, 이 역시 전문적인 도서 내용의 연결일 뿐이다. 그 연결에 아쉬움이 있던 바, 닫는 글이라는 소위 에필로그를 추가한다. 어떤 암묵적인 규칙이 있는지는 모르겠지만, 전문도서에는 '닫는 글'을 본 적이 거의 없다. 어색하기는 하지만 책을 집필하며 느낀 감정을 몇 자 적으면서 이 책을 마무리짓고자 한다.

현대 세상은 데이터가 주도하는 세상이다. 즉, 데이터가 모든 일을 주도하는 것은 아니지만, 모든 일의 시작은 데이터에서 시작한다. 이러한 데이터에서 어떤 의미를 가지는 정보를 추출하는 과정이 통계분석의 목적이다.

"의미를 가지는 그 어떤 것"
"가치를 가지게 되는 그 어떤 것".

해양연구도 데이터에서 시작하고 데이터 수집(관측, 분석)이 매우 중요하고 큰 부분을 차지하지만, 데이터 자체가 연구는 아니다. 그 데이터에서 의미를 가지는 정보를 추출하고, 해석하는 것이 연구의 큰 틀이다. 이 과정에서 필수적인 것이 통계분석이다. 데이터와 통계분석이라는 도구를 요리에 견주어 보면, 각각 요리를 위한 재료와 도구라고 할 수 있다. 요리의 삼(三)요소, 어떤 요리를 할 것인가는 이렇게 결정된다. "어떤 재료가 있는 경우, 이 재료로 어떤 요리를 할 수 있을까?" 만들고 싶은 요리가 있는 경우, "어떤 재료가 필요할까?"

결국은 데이터로 어떤 요리를 하는 과정이다. 그 요리를 위한 도구를 선택하고, 그 도구로 요리를 하는 방법을 해양 통계학에서 배운다. 어떤 요리를 하고 싶은가? 어떤 요리를 할 수 있는가? 이를 해양과학자의 용어로 번역하면, "내가 가지고 있는 이 데이터로 내가 원하는 정보를 추정할 수 있는가?", "내가 원하는 정보를 추정하려면, 어떤 데이터가 필요한가?" 정도로 번역할 수 있을 것 같다.

데이터와 원하는 정보를 결정하여야 비로소 도구를 이용하여 요리를 할 수 있다. 주어진 재료로 원하는 요리를 할 수 없는 경우도 당연히 있다. 그 선행 판단도 매우 중요하다.

도구가 정보를 결정하는 것이 아니라, '데이터'와 '관심이 있고, 의미가 있고, 가치가 있는 구체적인 목표 정보'를 결정하는 것은 이 책을 보는 독자의 몫이다. 그다음으로, 결정된 내용을 직접 할 수 있도록 도와주는 것은 이 책의 몫이다. 독자는 시장에서 선택을 하면 된다. 원하는 적절한 도구가 없다면 시장에 요청하면 된다. 급하다면 다른 도구를 적절하게 조합하여 그 일을 수행하면 된다. 그 조합이 불가능하다면, 원하는 요리를 변경하여야 한다. 사람이 모든 일을 하지만, 도구의 도움이 필요하다.

데이터 요리의 수준을 높이고자 하는 사람은 이런저런 데이터, 또는 내가 자주 다루는 데이터를 이런저런 도구를 이용하여 다양한 요리를 해보는 지속적인 연습이 필요하다. 그렇게 하다보면 자신이 원하는 요리를 주도적으로 해 나갈 수 있을 것이다.

이 책을 읽는 독자가 한 명의 주도적이고 숙련된 '데이터 요리사'가 되기를 바란다.